中国地质大学“十五”规划教材

中国地质大学“211 工程”专项资助教材

全球定位系统(GPS)原理与应用

胡友健　罗　昀　曾　云　编

中国地质大学出版社

目　录

第一章 绪 论

出于生产和生活的需要，很久以前人们就曾试图通过某种方式来描述地形、地物乃至整个地球的位置和形状。无数科学家和研究人员为此付出了毕生的精力，但受制于生产力水平的发展，在人类历史上的大多数时间里这种描述通常难以达到相当的精度且存在诸多限制和不足。20 世纪 50 年代以来，人造卫星技术特别是全球定位系统（GPS）的建立和发展为解决这类问题开辟了广阔的前景。本章主要介绍全球定位系统的由来、特点、基本结构以及美国政府的有关政策等内容。

1.1 GPS 的由来、特点及作用

1.1.1 GPS 定位系统的由来

1957年10月4日,前苏联发射了有史以来第一颗人造地球卫星——斯普特尼克(Sputnik-1)。这是航天航空技术发展的一个里程碑，是人类想像力和创造力的体现。在它之后空间信息科学及其分支领域迅速发展并逐步影响到人们日常的生产生活。可以毫不夸张地说，人造卫星技术的发展大大改善了人类认识和适应自然的能力，使科学技术水平跨入了一个崭新的时代。人造地球卫星技术经过近半个世纪的发展已经被成功应用于通讯、气象、导航、资源勘探、环境保护、城市规划、工业建设、灾害预报、天文学、地球动力学、地球物理等许多学科领域。其广泛应用推动了科学技术水平和人们生产生活水平的提高，甚至影响到国际政治、经济和军事格局。

1958 年 12 月，美国海军武器实验室（NWL—Naval Weapon Laboratory）委托美国约翰霍普金斯大学应用物理实验室（The Johns Hopkins University Applied Physics Laboratory）研制为军用船舶提供导航服务的卫星系统，即海军导航卫星系统（NNSS－Navy Navigation Satellite System）。由于该系统中卫星轨道都经过地极，故也称子午卫星系统（Transit）。研究此系统主要是为军用的运载工具（如战斗机、军舰、导弹等）和各作战单位提供全天候的导航服务。

1964 年 NNSS 建成并投入使用。1967 年 7 月美国政府宣布解密子午卫星的部分导航电文，遂使高精度卫星导航技术得以应用于民用。由于子午卫星导航技术主要是利用多普勒频移（Doppler Shift）原理实现，所以又叫卫星多普勒定位技术。我国于 20 世纪 70 年代中期开始引进卫星多普勒接收机，80 年代曾进行多次大规模联测，利用此技术在西沙群岛、西北地区甚至南极乔治岛等地区施测，取得良好的定位效果。虽然海军导航卫星系统在空间信息技术史上“具有革命性突破”，但由于卫星数量少（5～6 颗）、轨道高度较低（约 1 000km）、卫星间隔时间较长（平均约 1.5hr）、难以提供高程数据等原因(详见表 1-1)，无法连续进行三维坐标定位，而且精度也较低（单点定位精度约 3～5m、相对精度约 1m、长时间联测精度约 0.5m）。显然，无论是军事领域还是民用领域，该技术的应用都有相当的局限性。该系统于 1996 年停止工作。

1973 年美国国防部（Department of Defense）协同有关军方机构共同研究开发新一代的

卫星导航系统。这就是“授时与测距导航系统/全球定位系统（NAVSTAR/GPS—Navigation System Timing and Ranging/Global Positioning System），简称全球定位系统（GPS）。

表 1-1 NNSS 卫星与 GPS 卫星比较

系统特征	NNSS	GPS
载波频率（GHz）	0.15 和 0.40	1.23 和 1.58
卫星平均高度（km）	约 1 000	约 20 200
卫星数量（颗）	5～6	24
卫星运行周期（min）	107	718
卫星钟精确度（ns）	10^{-11}	10^{-12}

1994 年 GPS 系统基本建成，成为全球共享的空间信息资源，是空间信息系统的一个重要组成部分。从 1973 年至今，美国政府还在不断地研究和更新 GPS 的软硬件设备，累计耗资超过 200 亿美元。

1.1.2 GPS 的基本特点和作用

与其它的导航和定位技术相比，GPS 定位技术主要有以下特点：

(1)全球范围内连续覆盖。由于 GPS 卫星的数目较多，其空间分布和运行周期经精心设计，可使地球上（包括水面和空中）任何地点在任何时候都能观测到至少 4 颗卫星（这是 GPS 定位系统获得解的必要条件）。从而可以保证全球范围的全天候连续三维定位。

(2)实现实时定位。GPS 定位系统可以实时确定运动载体的三维坐标和速度矢量。从而可以实时地监视和修正载体的运动方向，避开各种不利环境，选择最佳航线。这是许多导航定位技术难以企及的。

(3)定位精度高。利用 GPS 系统可以获得动态目标的高精度的坐标、速度和时间信息，在较大空间尺度上对静态目标可以获得 10^{-6}～10^{-7} 的相对定位精度。随着技术水平的提高，定位精度还将进一步提高。

(4)静态定位观测效率高。根据精度要求不同，GPS 静态观测时间从数分钟到数十天不等，从数据采集到数据处理基本上都是自动完成。而使用传统的测绘技术达到相同的精度则比较困难，且往往需要几倍乃至十几倍的观测时间并耗费大量人力物力。

(5)应用广泛。GPS 以其全天候、高精度、自动化、高效益等显著特点成功地应用于测绘领域、资源勘探、环境保护、农林牧渔、运载工具导航和管制、地壳运动监测、工程变形监测、地球动力学等多门学科。以下试举两例：

例 1-1 美国德州的科学家通过配备在奶牛脖子上的 GPS 定位装置（如图 1-1），跟踪它们的路线，观察奶牛饮水、吃草的区域和行进的路线，来研究水源、牧草分布等畜牧问题。图 1-1 中牛脖子下的金属装置即是一个 GPS 定位装置。这个“项圈”不到一磅重，采集并存储包括定位数据在内的几个种类数据，牛几乎不会注意到它的存在。

图 1-1 “GPS 奶牛”

例 1-2 联合制导攻击武器（JDAM－Joint Direct Attack Munition）是美国一种将常规炸弹经过改造使其具备精确打击能力的战术武器，主要是在常规炸弹上安装一个 GPS 收发装置，使其根据 GPS 系统提供的信息进行精确定位。美国军方称该技术具有极高的系统可靠性。自 1991 年海湾战争以后，JDAM 逐渐取代了昂贵的激光制导炸弹，成为美国空军的主要打击武器之一（如图 1-2）。

图 1-2　联合制导攻击武器（JDAM）

JDAM 炸弹能从远离攻击目标 24km 的高度投下，经 GPS 的矫正后让炸弹精确落到打击目标上，令人防不胜防。据报道，“9.11”恐怖袭击事件后，美军在对阿富汗前塔利班政权的军事打击中曾使用了该种武器。

有关的 GPS 应用将在第八章中详细介绍。

综上所述，GPS 技术的产生和发展，是空间信息技术的一次重大突破。不但使传统测量理论和方法发生巨大的变革，而且对其它相关信息技术领域产生深远影响。

1.2　GPS 系统的构成

一般说来，GPS 系统主要由 3 个部分组成：空间星座部分、地面监控部分和用户设备部分（如图 1-3）。这 3 个部分对 GPS 系统的正常工作所起的作用各不相同，缺一不可。

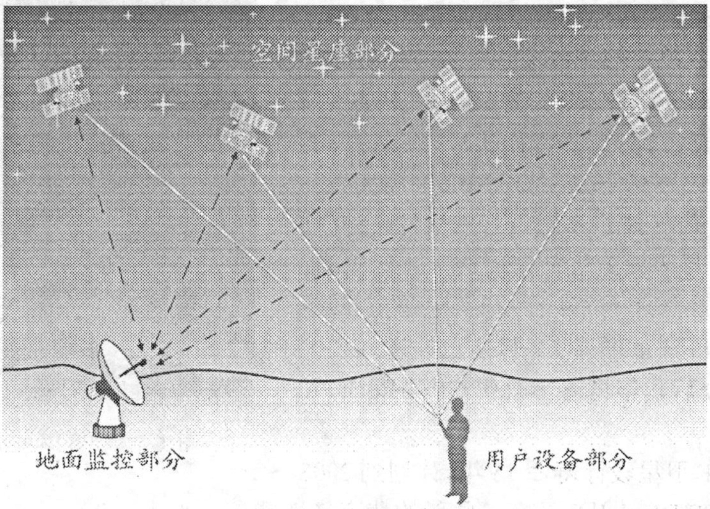

图 1-3　GPS 系统构成

1.2.1 空间星座部分（Space Segment）

一、卫星星座（GPS Constellation）及其几何分布

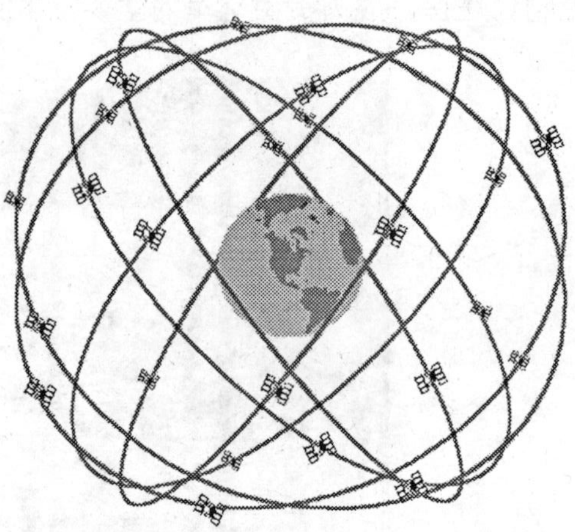

图 1-4　GPS 卫星星座空间分布

如图 1-4 所示。GPS 系统的星座部分主要由 24 颗（21＋3）卫星构成，其中 21 颗为工作卫星，另外 3 颗为备用卫星。这 24 颗卫星均匀分布在 6 个轨道平面内，每个轨道面包含 4 颗卫星。轨道面相对赤道面倾角为 55°，轨道的升交点赤经各相差 60°。每个轨道平面内各颗卫星之间的升交角距相差 90°，一个轨道平面上的卫星比西边相邻轨道平面上的相应卫星升交角距超前 30°。卫星轨道为椭圆形，平均高度约 20 200km，运行周期大约 11hr58min。在两万多公里高空中的 GPS 卫星，当地球自转一周时，它们绕地球运行二周。这样，对于地面观测者来说，每天将提前约 4 分钟见到同一颗 GPS 卫星，且每天见到的卫星几何分布相同。位于地平线以上的卫星颗数随着时间和地点的不同而有所不同，最少可见到 4 颗，最多时可见到 11 颗。在用 GPS 信号导航定位时，为了解算点位的经度（Longitude）、纬度（Latitude）和高程（Altitude），必须观测至少 4 颗 GPS 卫星。这 4 颗卫星在观测过程中的几何位置分布对定位精度有一定的影响。在某地某时由于地理位置和环境因素的影响或者图形结构较差时，可能难以测得精确的点位坐标，这种时间段叫做“间隙段”。但这种间隙段是很短暂的，并不影响全球绝大多数地方的全天候、高精度、连续实时定位。

空间星座中 3 颗备用卫星可在必要时根据指令替代发生故障的卫星。这对 GPS 系统高效而可靠地工作是非常重要的。

二、GPS 卫星的种类

图 1-5　GPS Block II F 卫星

从 1978 年发射第一颗 GPS 试验卫星截至 2003 年 2 月，仍然可以正常工作的 GPS 卫星有 28 颗。早期发射升空的 11 颗 GPS Block I 型卫星已全部停止工作（最后一颗 GPS Block I 型卫星于 1994 年 2 月停止使用）。目前这 28 颗卫星中的 21 颗属于 GPS Block II或IIA 型，另外 7 颗属于 GPS Block IIR 型。GPS Block IIR 共发射了 8 颗，1997 年曾有一颗 GPS Block IIR 卫星因发射失败未能进入预定轨道，最近的一颗是 2003 年 1 月 29 日发射升空的。最新型的 GPS Block II F（如图 1-5）目前已经进入了生产车间，预计在今后几年将逐步取代 GPS Block II 和IIA 型卫星。

GPS Block II F 卫星设计寿命 15 年，计划到 2008 年部署 18 颗。GPS Block II F 具有一些新的特点（性能参数见表 1-2）。

现行 GPS 信号主要包括两种频率不同的载波，L_1 载波和 L_2 载波。而新型 GPS Block

ⅡF 卫星拟加入的第二民用频率 L_5 载波可提高民用用户 GPS 信号精度。

目前有关机构正在研究未来 GPS 卫星导航的需求，讨论制定 GPS Block Ⅲ 型卫星系统结构、系统安全性、可靠程度和各种可能的风险，计划在未来的几年中发射 GPS Block Ⅲ 的第一颗实验卫星。

表 1-2　GPS Block ⅡF 卫星有关参数

尺寸（m）	1.8×1.6×1.4
质量（kg）	2 136
自主运行时间（d）	60
功率（W）	1 510
上行中继数据率（kbps）	1～2
下行中继数据率（kbps）	32
卫星钟精确度（ns）	20
设计寿命（yr）	15

三、GPS 卫星的主要功能

从图 1-5 可以看到，GPS 卫星的主体部分近似呈圆柱体，两侧配有双叶太阳能电池板。太阳能电池板能自动对日定向，保证卫星的日常工作用电。新型的 GPS Block ⅡF 卫星其太阳能电池板比Ⅱ、ⅡA 和ⅡR 更大。另外在每颗卫星内都配备 4 台原子钟，包括两台铷钟（RB－Rubidium）和两台铯钟（CS－Cesium），这是卫星的关键设备之一。它可发射标准频率信号，为 GPS 提供高精度的时间标准。

GPS 卫星的主要功能是：

(1) 接收并存储发自地面监控站的导航信息。

(2) 利用星载高精度原子钟提供精密时间标准。

(3) 通过卫星上的微处理机进行某些必要的数据处理。

(4) 向用户播发定位数据信息。

(5) 在地面监控站的指令下调整飞行姿态或启用备用卫星。

除了上述功能，部分 GPS 卫星还装配有某些附加设备，例如星载激光反射器和用于监测核爆炸的传感器。前者可用于激光测卫（SLR－Satellite Laser Ranging），后者主要用来监视美国以外的核国家在地面或大气层中进行核试验的情况。

1.2.2　地面监控部分(Control Segment)

GPS 的地面监控部分主要由分布全球的 6 个地面站构成，其中包括卫星监测站、主控站、备用主控站和信息注入站，分别位于科罗拉多（Colorado）、盖茨堡（Gaithersburg）、夏威夷（Hawaii）、南大西洋的阿松森群岛（Ascencion）、印度洋的迭哥伽西亚（Diego Garcia）和南太平洋的卡瓦加兰（Kwajalein），如图 1-6 所示。

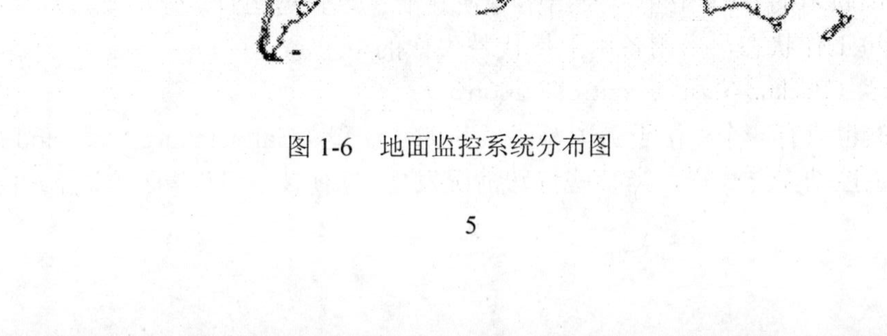

图 1-6　地面监控系统分布图

一、监测站（Monitor Station）

所有地面站都有监测站的功能，它们是主控站控制下的数据自动采集中心。其主要作用就是对 GPS 卫星数据和当地的环境数据进行采集、存储并传送给主控站。站内配备有 GPS 双频接收机、高精度原子钟、计算机和若干环境参数传感器。接收机用来采集 GPS 卫星数据、监测卫星工作状况。原子钟提供时间标准。环境参数传感器则收集当地有关的气象数据。所有数据经计算机初步处理后存储并传送给主控站，再由主控站做进一步的数据处理（参见图 1-7）。

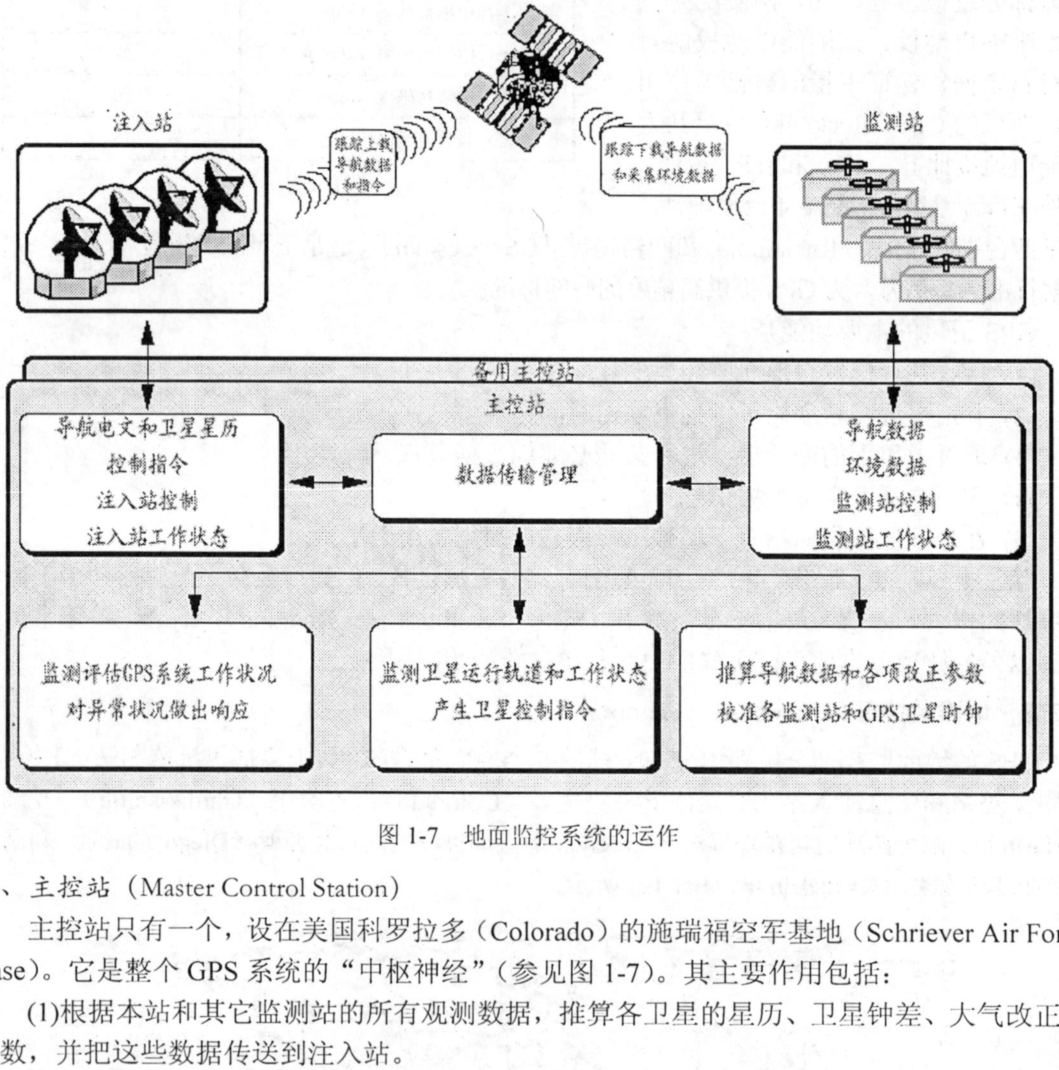

图 1-7　地面监控系统的运作

二、主控站（Master Control Station）

主控站只有一个，设在美国科罗拉多（Colorado）的施瑞福空军基地（Schriever Air Force Base）。它是整个 GPS 系统的“中枢神经”（参见图 1-7）。其主要作用包括：

(1)根据本站和其它监测站的所有观测数据，推算各卫星的星历、卫星钟差、大气改正等参数，并把这些数据传送到注入站。

(2)提供全球定位系统的时间基准。校准各监测站和 GPS 卫星的原子钟，所得误差编入导航电文再送到注入站。

(3)甄别偏离轨道的 GPS 卫星，发出指令使其沿预定轨道运行。

(4)判断卫星工作状态，启用备用卫星代替失效的卫星。

三、备用主控站（Backup Master Control Station）

备用主控站也只有一个，位于美国马里兰州的盖茨堡（Gaithersburg Maryland）。不言而喻它的作用和主控站完全一样，当某些特殊情况发生时启用。一旦需要，主控站的工作人员能在 24hr 以内集结于备用主控站并展开工作。为了确保万无一失，备用主控站每年都要进行实际操作演练。

四、注入站（Ground Antenna）

注入站目前有 4 个，位于科罗拉多、阿松森群岛等地。注入站的主要设备包括一个大型天线、一台 C 波段发射机和计算机。它的主要作用就是将主控站推算的卫星星历、导航电文、钟差和其它控制指令，以一定的格式注入到相应卫星的存储系统，并监测注入信息的准确性（参见图 1-7）。

GPS 系统地面监控部分的大部分工作都是在原子钟和计算机的控制下自动完成的，其中监测站和注入站均可做到 24hr 无人值守。各站点间数据通信都是利用了专用网络实现，具有较高的效率和自动化程度。

1.2.3 用户设备部分（User Segment）

作为被动式的定位技术，GPS 用户必须通过专用信号接收设备才能达到定位目的。

用户设备部分的主要设备是 GPS 接收机，它是一种特制的无线电接收机。其主要作用是接收导航卫星发出的信号，对卫星信号进行处理后依据所得数据确定接收机所在的地理位置。根据不同性质的用户和所需的功能，需要配置不同种类的 GPS 接收机。其性能结构、形状尺寸和价格也大相径庭。例如：航海和航空用的导航型接收机，要具有与存储卡或其它媒介相互通讯的功能，因为其中存有电子导航图等资料；测地用的接收机（如图 1-8a）就要求具有很高的精度，并能快速采集和存储数据；军用的接收机，要附加解码模块，如果用于地面部队则要求较高的机动性（如图 1-8b 为便携式军用 GPS 接收机）。

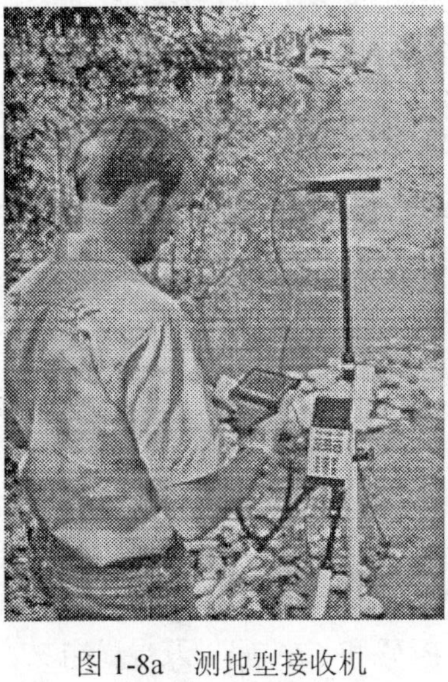

图 1-8a　测地型接收机

图 1-8b　军用 GPS 接收机

GPS 接收机的种类虽然很多，但它的硬件结构基本一致，分为天线单元和接收单元两部分。图 1-9 中为一个简化的接收机结构示意图。

天线单元由接收天线和前置放大器组成，其主要作用是接收卫星信号。接收单元包括有信号通道、存储、计算与显示控制及电源等部件。其主要功能是接收来自天线的信号，经过变频、放大、滤波等一系列处理，实现对 GPS 信号的跟踪、锁定、解调，分离出导航信息。根据收到的卫星星历、伪距观测数据以及载波观测量，计算出三维坐标和时间。接收单元的显示控制等部件可以完成人机对话、输入各种指令、控制屏幕显示等操作。

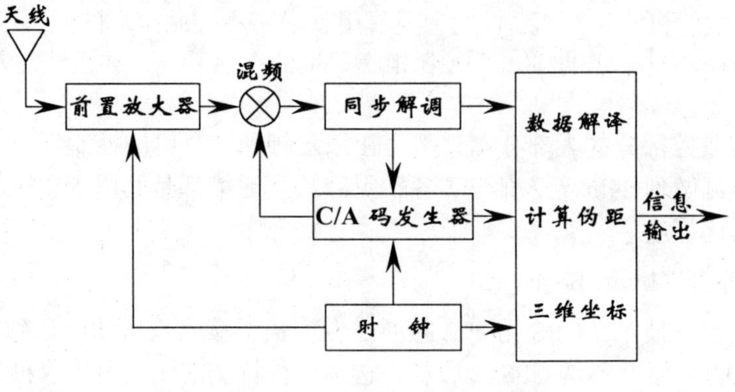

图 1-9　接收机基本结构示意图

1.3　美国政府的限制政策与用户策略

1.3.1　美国政府的限制性政策

1983 年，大韩民航 007 航班在前苏联领空被苏军战机击落。之后不久，当时的美国总统里根宣布将开放部分 GPS 导航信号以供民用导航使用。此言一出，许多厂商纷纷开始研发用于民用的 GPS 接收机，其中既有导航用的接收机，也包括测地型的接收机。为了保障其自身的利益与安全，美国政府随即又采取了一系列限制措施，以防止非经美国政府特许的用户获得高精度定位信息。限制政策主要包括：

（1）对不同的 GPS 用户，分别提供两种不同精度的定位服务。

（2）实施选择可用性政策，即 SA 政策（已被取消）。

（3）实施反电子欺骗防护措施，即 A-S 措施。

一、　精密定位服务与标准定位服务

利用测距码（Ranging Code）信号确定站星之间的距离是 GPS 定位的关键技术之一。而在 GPS 卫星发送的电磁波信号中，调制了两种精度不同的测距码，即所谓 C/A 码（Coarse/Acquisition Code）和 P 码（Precise Code）。前者测距精度低，又称粗码；后者测距精度高，又叫精码。对应这两种不同的测距码，GPS 提供两种定位服务，即标准定位服务（SPS－Standard Positioning Service）和精密定位服务（PPS－Precise Positioning Service）。

精密定位服务（PPS），主要提供 L_1 载波和 L_2 载波上的 P 码和 C/A 码以及导航电文。它所服务的对象是美国政府特许用户（Authorized Users）。所谓特许用户，除了美军及其盟军以外，还包括某些政府部门和经政府授权的民用用户。P 码具有良好的测距精度，加之双频观测（L_1 载波和 L_2 载波）可以有效削弱电离层弥散效应引起的误差，因此利用 PPS 单点实时定位的水平精度可达 5～10m。然而可解调 P 码的接收机设备非特许用户不易获得，所以很难加以利用。

标准定位服务（SPS），主要提供 L_1 载波上的 C/A 码以及导航电文。它服务的对象都是非特许用户。由于C/A码的测距精度相对较低，又不能利用双频观测抑制电离层的影响，因此，用户所能获得单点实时定位的水平精度只有15～20m左右（在取消SA政策以后）。不过，美国政府承诺未来将在L_2载波上加载民用信号（2001年1月曾进行过加载试验），由此非特许用户也可以利用双频观测削弱电离层引起的误差。SPS单点实时定位的精度可望进一步提高。

二、选择可用性（SA－Selective Availability）

为了降低SPS的定位精度，自1991年7月美国开始对所有在轨的工作卫星实施SA技术。该技术主要是利用人为加入的噪声干扰GPS基准信号和卫星星历，从而降低C/A码单点实时定位的精度。特许用户可以利用密匙自动消除SA的影响，而非特许用户在SA技术影响下，标准定位服务单点实时定位的水平精度降到约100m。且还可以根据需要加大干扰力度，进一步降低精度。

由于种种原因，美国政府于2000年5月1日已经停止了施加SA技术。

三、反电子欺骗（A-S－Anti-Spoofing）

当P码已被破解，或者有人掌握了特许用户接收机接收的卫星信号的频率和P码相位，便可以发射“适当”频率的干扰信号，诱使特许用户产生错误的定位信息。为了防止这种电子欺骗，美国政府采用反电子欺骗（A-S）技术。具体地说就是使用严格保密的W码，通过P码和W码模二相加，将P码转换成Y码。这时，非特许用户将无法继续应用P码进行精密定位或电子欺骗。

1.3.2 限制性政策下非特许用户的应对策略

美国政府的限制性政策无疑是出于对自身安全和利益的考虑，但这对包括美国本土在内的世界各国的广大非特许用户造成了影响。为了摆脱这种桎梏，广大用户展开许多研究和试验工作，并取得了一系列成果。目前采取的措施主要包括：

一、建立独立的GPS测轨系统

GPS卫星定轨精度直接关系到定位精度，而卫星定轨主要是靠GPS卫星发送的“官方”广播星历。为了提高定轨精度，降低对广播星历的依赖性，一些非官方的民间机构和组织利用GPS卫星建立独立的跟踪系统，为广大的非特许用户提供精密卫星星历。显然，独立的定轨系统对摆脱美国政府的限制，促进对GPS的研究和广泛应用具有重要意义。

自美国政府宣布GPS将为民用提供服务后不久，美国、加拿大、澳大利亚以及一些欧洲国家的科研教育机构和组织纷纷开始筹建区域性或全球的精密测轨系统。进入20世纪90年代以后，其跟踪站已广泛分布全球五大洲的几乎各个角落，形成一个跟踪网络，其定轨精度最高可达到分米级水平。所谓跟踪站（Satellite Tracking Station），就相当于民用测轨系统的监测站。其设备和作用与GPS系统的官方监测站（详见1.2.2）非常类似。从理论上讲，数量更多、分布更广的跟踪网所能获得的定轨精度将高于监测站。

1993年，国际大地测量协会（IAG－the International Association of Geodesy）宣布成立国际地球动力学GPS服务组织（IGS－the International GPS Service for Geodynamics）。IGS的任务主要是为大地测量、地球动力学和地球物理等学科领域提供服务，其次也为政府部门和某些商业组织的GPS应用提供数据支持。截至2003年1月8日，该组织所属的跟踪站已达348个之多（见图1-10），其中也包括中国境内的跟踪站。IGS跟踪网确定的GPS卫星星历的精度可达到厘米级，而且经过大量的研究和试验取得了许多的科研成果。这些研究对发展和普及GPS系统具有重要意义。

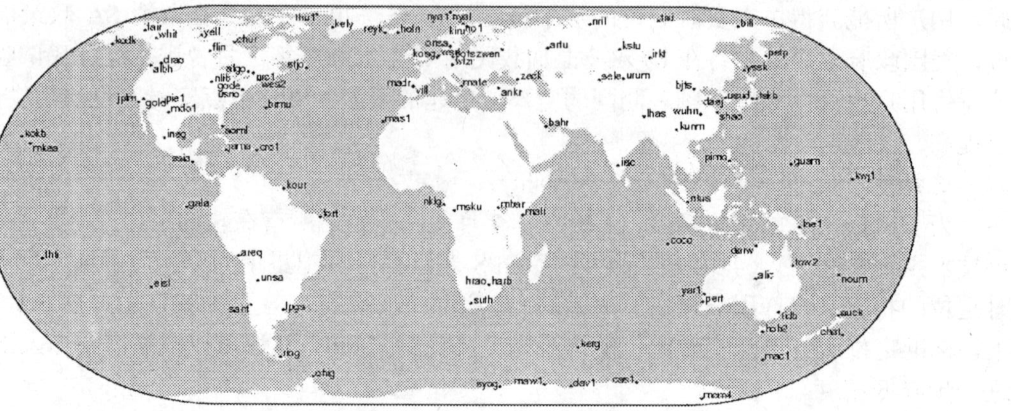

图 1-10　IGS 跟踪站分布图

虽然利用 IGS 提供的精密星历可以获得很高的定位精度，但由于种种障隔，这种全球独立测轨系统多数是应用在科研教育等领域，目前还难以对日常的生产生活产生影响。

二、研究、开发差分 GPS（DGPS－Differential GPS）定位系统

差分 GPS 定位的基本方式之一就是对观测值之间进行线性组合。例如在一个测站对两颗卫星的观测量、两个测站对一颗卫星的观测量或一个测站对一颗卫星的两次观测量之间求差。这样做的目的意在消除或削弱某些误差项（比如电离层和对流层引起的误差），提高定位精度。差分的方式在以前的无线电导航系统中曾被广泛应用。

根据差分信号作用范围的不同，差分 GPS 定位可分为两类，即局域差分 GPS（LADGPS－Local Area Differential GPS）和广域差分 GPS（WADGPS－Wild Area Differential GPS）。前者作用范围较小（例如 150km），主要提供综合的差分 GPS 改正信息。后者作用范围较大（一般超过 1 000km 甚至全球范围），主要是针对具体的误差源提供改正信息。

20 世纪 90 年代中后期，美国联邦航空局（FAA－Federal Aviation Administration）开始建立广域增强系统（WAAS—Wide Area Augmentation System）。该系统有较大覆盖范围（参见图 1-11），主要为民用航空器的飞行和起降提供导航。其工作原理是：首先由地面的参考站（Wide-area Reference Station）采集 GPS 信号并传送给主控站（Wide-area Master Station），

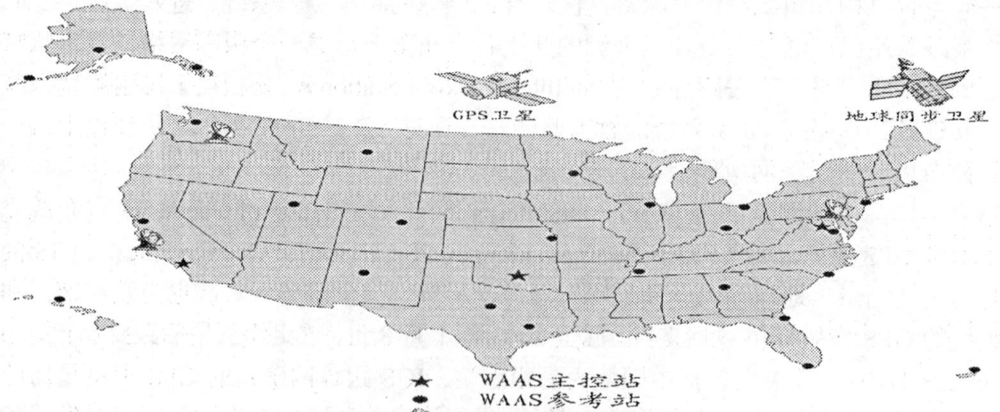

图 1-11　WAAS 系统分布图

主控站获取数据后经计算求得差分改正信息，再将改正信息传送至地球站（Ground Earth Station），由地球站将改正信息上传给在轨的地球同步卫星（Geostationary Earth Orbit Satellite），最后由地球同步卫星向广大用户播发 WAAS 差分信号。该系统于 2000 年 8 月开始投入使用，其动态定位水平精度可达到 3～5m，垂直精度可达到 3～7m。

静态差分定位可以达到毫米级精度，广泛应用于精密工程测量、工程与地壳变形监测、灾害预报以及地球动力学等领域。

三、建立独立的导航定位系统

GPS 虽系军民两用的卫星导航系统，实则完全由美国政府握柄。它能随时施加具有可伸缩性的限制政策，其它各国难免格于成例，受制其中。于是，俄联邦、欧共体、中国等一些国家和地区开始发展自己的卫星导航系统。

1．全球导航卫星系统

20 世纪 60 年代，前苏联建立了帕瑞斯（Parus）卫星导航系统，有的文献也称之为 Tsikada-M。该系统主要用于军事用途，几乎从未被官方提及，因而外界知之甚少。到了 70 年代，前苏联又启动了契卡达（Tsikada-C）导航系统，这个导航系统曾用于前苏联的海船导航，被认为是一个民用卫星导航系统并一直沿用到 90 年代。

1978 年前苏联开始研发类似于 GPS 系统的全球导航卫星系统（GLONASS－Global Navigation Satellite System）。该系统也包含 24 颗卫星（其中包括 3 颗备用卫星），均匀分布于 3 个轨道面。轨道倾角约 64.8°，轨道高度约 19 130～20 180km。卫星绕地球一圈的周期约为 11hr15min。卫星识别采用频分多址，即不同的卫星发射频率不同。由于卫星轨道倾角大于 GPS 倾角，所以在高纬度（50°以上）地区的卫星可视性要比 GPS 好。该种导航卫星的设计寿命为 3～5yr（参见图 1-12）。

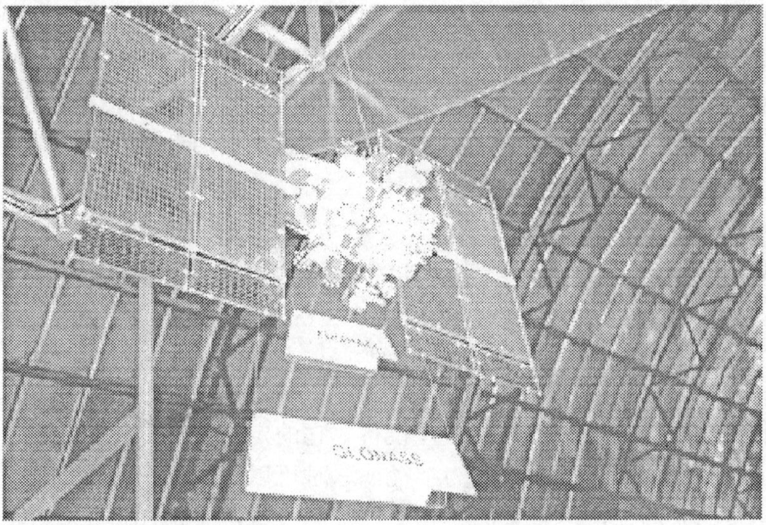

图 1-12 GLONASS 卫星

GLONASS 的地面监控系统有 5 个跟踪站、9 个监测站和 1 个主控站，它们均设于前苏联本土。用户可以通过接收调制在两个载频上的民用测距码和高精度测距码以及卫星星历等导航信息实现定位，其算法与 GPS 定位算法类似。

自 1982 年 10 月 12 日前苏联发射第一颗 GLONASS 卫星截至 2001 年 12 月 31 日，一共发射了至少 82 颗 GLONASS 卫星。该定位系统曾一度于 1996 年基本完成部署，后因故未能有效维护，目前尚可在轨正常工作的卫星还有 9 颗，其中最近三颗于 2001 年 12 月 1 日由俄质子火箭运载升空。该系统一旦正常投入使用，其定位精度与 GPS 基本相当。

2．伽利略系统

20 世纪 80 年代，欧洲空间局（ESA－European Space Agency）提出建立一种民用的全球卫星导航系统。计划发射 18 颗卫星，轨道高度约 20 000km，周期约 12hr。与 GPS、GLONASS 一样，该系统也能在全球范围内连续提供三维位置、三维速度和时间。此系统在有的文献中叫 NAVSAT，它由于种种缘故并未真正施行。

20 世纪 90 年代，欧盟委员会（EC－European Commission）、欧洲空间局（ESA）等机构提出，希望通过国际合作建立一种民用的全球卫星导航系统(GNSS－Global Navigation Satellite System)，以满足欧洲乃至更大范围内的海、陆、空导航以及搜索、营救、预警等需要。此计划分两步走： 第一步是建立一个与美国 GPS 系统和俄罗斯 GLONASS 系统兼容的区域性导航卫星系统（GNSS-1）；第二步是建立一个完全独立于 GPS 和 GLONASS 系统之外的全球导航卫星系统（GNSS-2）。

GNSS-1 系统是利用欧洲地球静止卫星导航覆盖服务（EGNOS—European Geo-stationary Navigation Overlay Service），把美国 GPS 系统和俄罗斯 GLONASS 系统的信号综合在一起，为用户提供精确的定位数据。Egnos 系统由 3 颗地球静止轨道卫星（包括 2 颗 Inmarsat-3 卫星和 1 颗 Artemis 通信卫星）、地面监控站和用户设备构成。从 2000 年至今已分别在汽车、舰船和飞机上进行过数次试验，水平定位精度目前约 16～220m。GNSS-1 系统需要建立若干地面监控站，预计 2004 年才能正式投入使用。

GNSS-2 又叫伽利略计划（Galileo Program），是欧洲未来的卫星导航系统。与 GNSS-1 不同，该系统是完全独立于 GPS 和 GLONASS 的民用全球导航系统。它由大约 30 颗在轨卫星和若干地面监控站构成，能为用户提供三维坐标和时间。如今该系统正在积极筹措之中，由于其实施方案尚未最后公布，因此，Galileo 系统的卫星星座部署、卫星信号、定位精度以及其它附加功能等技术细节目前还难以认定。2002 年 3 月 26 日，欧盟 15 国交通部长会议（Transport Ministers of the European Union）一致决定正式启动伽利略卫星导航定位系统计划。该系统预计至少要到 2008 年方可投入使用。

3．北斗导航系统

中国于 2000 年 10 月 31 日和 12 月 21 日相继成功发射两颗导航定位试验卫星，也就是所谓的“北斗导航系统”(Beidou Navigation System)。

北斗导航系统属于区域性导航卫星系统，它的系统构成包括两颗地球静止卫星（Geostationary Satellite，也叫地球同步卫星）、一个装备有三维电子地图的地面中心站、若干个分布全国的参考站以及用户机等软硬件设备。它的定位原理是：以两颗卫星的已知坐标为圆心，以测定的双星到用户机的距离为半径，这时可以形成两个圆球面。而用户机必定位于这两个球面相交的大圆上，这个大圆称作交线圆。三维电子地图提供一个以地心为球心，以球心至地表高度为半径的非均匀三维球面。求解交线圆与地球表面的交点即可获得用户位置。

北斗导航系统目前尚处于初级阶段，有许多技术问题亟待解决和完善，短时间内还难以取代 GPS 系统。但它的研制成功对于摆脱对国外卫星导航技术的依赖、促进我国航空航天和卫星通讯技术的发展都具有重大的战略意义。

1.4 其它导航系统

卫星导航技术虽属高新技术，但也并非无所不能。开发研究其它的导航定位系统不但弥补卫星导航技术的不足，提高系统可靠性，同时也促进它的发展。

说到导航，人们使用时间最长的导航方法是星历导航，人类通过观察星座的位置变化来确定自己的方位。最早的导航仪是中国人发明的指南针，几个世纪以来它经过不断的改进变得越来越精密，并一直为人们广泛应用。最早的航海表是英国人 John Harrison 经过 47 年的艰苦工作于 1761 年发明的。在其后的两个世纪，人类主要通过综合利用星历知识、指南针和航海表这三样东西进行导航和定位。进入 20 世纪以后，新的导航技术主要可分为三类，除了卫星导航，还包括惯性导航和无线电导航。

一、惯性导航

惯性导航（Inertial Navigation）技术，主要通过惯性元件（陀螺仪和加速度计）获知运动载体加速度，并对加速度进行积分来确定空间位置变化。1972 年，美国利登（Litton）公司研制了世界上第一台惯性测量仪。其后陆续又有一些公司和组织机构开发新的惯导系统，不但精度大为提高，还可测定重力异常和垂线偏差。惯性导航技术在军事上主要可用于运动目标的导航和地面布网；在民用上可用于地下、水下或城市高层建筑以及某些特殊环境下的导航定位。将惯性导航技术与卫星导航技术相组合，两者优势互补，是未来的导航技术体制发展方向之一。

二、无线电导航

无线电测向技术最早出现在 20 世纪初。由于测向的精度低，作用距离短，目前在航海上已很少用它来定位。第二次世界大战期间和战后，美国等国家相继研制了罗兰、欧米加等双曲线导航系统，以及其它方式的以地面导航台为基准的陆基无线电导航系统（Land-based Radio Navigation System）。

罗兰（LORAN－Long Range Navigation）系统是一种较早建成的中频双曲线导航系统（Hyperbolic Navigation System），该系统是麻省理工学院（MIT－the Massachusetts Institute of Technology）在“二战”期间研制的，于 1942 年正式投入使用，定位精度 0.5～1.5n。后来人们称它为罗兰-A（LORAN-A）导航系统。20 世纪 60 年代，中国在沿海布设了罗兰-A 发射台，叫做中导-1 型系统。

1957 年，在罗兰-A 基础上，美国研制成功了频率较低的罗兰-C 远程导航系统。罗兰-C 定位的基本原理是通过主站和从站之间脉冲到达的时间差来计算实时位置。罗兰-C 系统可供舰船和飞机导航定位，其信号还能入水 3～5m。罗兰-C 比罗兰-A 系统覆盖范围大，定位精度高（0.2～0.5n）。中国于 1988 年建立了罗兰-C 发射台，并把这系统定名为远导-1 系统，20 世纪 90 年代中国沿海均能用罗兰-C 导航定位。

欧米加（OMEGA）导航系统是美国研制的一种甚低频（VLF－Very Low Frequency）、超远程导航系统。1972 年建立了第一个欧米加导航台，1982 年建成分布在全球的 8 个导航台。欧米加定位精度较低，约 2～4n。但它的信号作用范围很大且能入水十几米深，可供飞机、大洋航行的舰船以及水下潜艇导航定位用。

第二章　GPS 使用的坐标系统和时间系统

一般说来，确定未知点的坐标需要知道至少一个已知点的坐标和该已知点与未知点的若干相互关系（如角度、距离和高差等）。GPS 定位也不外乎此理，它以卫星作为已知点，测定卫星到未知点的距离，进而获得未知点坐标。在这个过程中，不可避免地需要对时空进行度量。因此，必须首先定义适当的空间参考框架和时间基准，继而再利用天体力学、球面天文学以及测绘科学的有关知识确定卫星和地面点的空间位置。坐标系统、时间系统、地图投影等理论和模型，既是 GPS 定位所必需的，更是地理信息数字化表达的重要依据。本章主要介绍 GPS 系统使用的坐标系统和时间系统。

2.1　概述

一、GPS 使用的坐标系统

GPS 定位中，坐标系统可以分为两类。

一类是惯性坐标系（Inertial System）。它与地球的自转运动无关，主要用来描述卫星或其它天体的运动状态。根据经典牛顿力学的理论，理想的惯性系在空间中的定位和定向应保持不变或仅作匀速直线运动。但因为宇宙中天体间的相互作用非常复杂，严格满足这个条件是比较困难的，所以天体测量中通常是使用某些坐标系以某种方式近似实现这个条件。本章中介绍的协议天球坐标系即属此类，它为描述 GPS 卫星的运动轨迹提供了参考框架。

另一类是非惯性坐标系（Non-Inertial System）。GPS 中一般是指与地球固连的坐标系，它主要用于描述地表、水下或低空待定点的空间位置。但地球并不是一个刚体，其内部构造和自身运动的复杂性是不言而喻的，建立严格意义上的地固参考系也不是一件容易的事，因此只能根据不同的应用范围选取近似稳定的坐标系统。地固坐标系也叫地球坐标系，它可分为地心坐标系、参心坐标系和站心坐标系。本书主要介绍的天文坐标系、地心空间直角坐标系和地心大地坐标系皆属地心坐标系。

确定一个坐标系统无非是定义坐标原点、坐标轴指向和单位尺度这 3 个要素，不论惯性系还是地固系都是如此。由于在历史上，不同的时期、不同的国家和地区对这 3 个要素有着不同的定义，因此国际上通过协议来统一某些全球坐标系统。于是就产生了协议惯性坐标系（CIS—Conventional Inertial System）和协议地球坐标系统（CTS—Conventional Terrestrial System）。

二、GPS 使用的时间系统

和测定空间位置类似，测量时间也需要先定义时间基准（Temporal Datum），也就是定义时间的原点和单位尺度。天文学上把观测资料所对应的时刻（观测瞬间）叫历元（Epoch），因此时间的原点也叫起始历元（Initial Epoch）。起始历元可根据需要而有所选择，不同的时间系统可能有不同的时间原点，但从本质上讲，真正的差异体现在度量时间的工具——时钟上。不同的时钟有着不同的度量时间的方式，因此时间单位尺度的定义也有所区别。

GPS 定位对时间度量的精度要求是非常严格甚至是苛刻的。这是因为：

(1) GPS 卫星作为高空动态已知点，其位置是瞬息变化的。时间度量的精度就意味着空间位置的精度。例如，若要定轨误差小于 1cm，则时间精度至少要求 2.6×10^{-6}s。

(2) GPS 定位是通过测定电磁波信号传播时间来确定站星距离的。因此时间测量误差与站星距离误差之间的关系是一个线性函数。例如，欲使站星距离误差小于 1cm，则时间精度至少要求 3×10^{-11}s。

(3) 惯性系与地固系之间的坐标转换需要精确的时间尺度。地球在不断地作自转运动，地球上的点位在惯性系中的坐标也在以相同的速度变化。例如，时间误差为 0.01s，该坐标误差就至少可达 5m。

2.2 GPS 使用的坐标系统

2.2.1 协议天球坐标系

一、天球的基本概念

天球（Celestial Sphere）是一个半径巨大的假想的虚球（Imaginary Sphere），是天文学上用来描述天体位置的参照物。根据天球中心位置的不同，天球可分为日心天球、站心天球和地心天球。天文学中，为了使星表中提供的恒星位置不随地球公转而变化，一般把坐标系原点设在太阳中心，称日心天球；在地球上某一点观测天体坐标，可将中心设在测站中心上，称站心天球；对于 GPS 卫星而言，我们关心的是卫星相对于地球的运动，因而总把原点置于地心上，叫地心天球（Geocentric Celestial Sphere）。同一个天体在任意瞬间，可以有这 3 种坐标，它们之间是有差异的，也可以相互转换。本书主要介绍地心天球坐标。

在介绍天球坐标系之前，必须先了解一下天体的视运动。由于地球不停息地自西向东作自转运动，我们可以观察到天球上的日月星辰自东向西地旋转，每日旋转一周，从而产生天体每日东升西落的自然现象。这种由于地球自转产生的天体或天球的视运动，称为天体（或天球）的周日视运动（Apparent Diurnal Motion）。视运动并非天体的真实运动，天体的周日视运动会因为观察者的地理纬度之不同而有所差异。除了周日视运动，还有一种不易觉察的天体的周年视运动。以太阳为例，如果观察者沿着地球公转轨道自西向东走一圈，可以看到太阳也在天球上自西向东运动一圈，这种由于地球公转引起的太阳的视运动，叫太阳的周年视运动（Apparent Annual Motion）。

天文学中，通常是将天体投影到天球面上，利用球面坐标表达和研究天体的位置和相互关系。欲建立坐标系统，必须先定义天球球面上的点、线、面和圈。如图 2-1 所示。

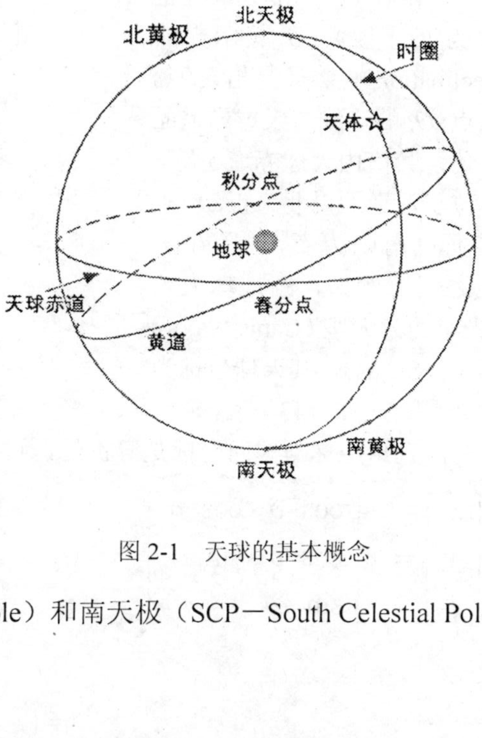

图 2-1　天球的基本概念

天轴（Celestial Axis）——地球自转轴所在的直线。

天极（Celestial Poles）——天轴与天球的两个交点。包括北天极（NCP—North Celestial Pole）和南天极（SCP—South Celestial Pole）。

天球赤道（Celestial Equator）——通过地球质心与天轴垂直的平面，叫天球赤道面。天球赤道面与地球赤道面可视作重合，该面与天球相交的大圆称为天球赤道。

天球子午线（Celestial Meridian）——包含天轴的平面叫天球子午面。而天球子午面与天球相交的大圆称作天球子午线（或天球子午圈）。

时圈（Hour Circle）——通过天轴的平面与天球相交的半个大圆。

黄道（Ecliptic）——地球公转轨道面与天球相交的大圆。即太阳在天球上的周年视运动轨迹。黄道面与赤道面的夹角 ε，称为黄赤交角（Obliquity of the Ecliptic），约为 23.5°。

黄极（Ecliptic Poles）——通过天球中心，且垂直于黄道面的直线与天球的两个交点。靠近北天极的叫北黄极（North Ecliptic Pole），靠近南天极的叫南黄极（South Ecliptic Pole）。

春分点（Vernal Equinox）——当太阳沿着黄道作周年视运动时，自南半球向北半球运行时，黄道与天球赤道的交点叫春分点。如果是从北到南运行，则黄道与天球赤道的交点叫秋分点（Autumnal Equinox）。

二、天球坐标系（Celestial Coordinate System）

以天球为参照，可以建立天球坐标系统。天体的位置，在天球坐标系中，可以用球面坐标或空间直角坐标两种形式加以描述，如图 2-2 所示。

天球空间直角坐标系中，天体 s 的坐标可以表达为（x, y, z）。原点 O 位于天球中心；Z 轴指向北天极（NCP）；X 轴指向春分点 γ；Y 轴垂直于 XOZ 平面，与 Z 轴和 X 轴构成右手系。

天球球面坐标系中，天体 s 的坐标可以表达为（α, δ）。原点 O 依旧位于天球中心。α 表示赤经（Right Ascension），赤经是指过天体 s 的时圈与经过春分点的时圈所夹的二面角。其值由春分点起算，沿天球赤道逆时针方向计量，范围在 0～24hr 之间（也可化为度分秒）。δ 表示赤纬（Declination），赤纬是指天体 s 到原点 O 的连线与天球赤道面的夹角；其值由天球赤道起算，天体位于赤道面以北为正，位于赤道面以南则为负，范围在 ±90° 之间。例如，距地球大约 8.7 光年的大犬座（Canis Major）天狼星（Sirius），其天球坐标为（$6^{hr}45^{min}$，$-16°43'$）。

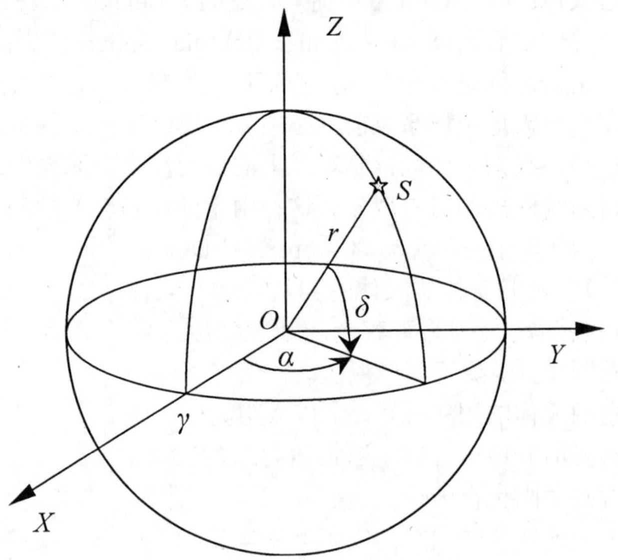

图 2-2　天球坐标系

空间直角坐标与球面坐标是等价的，可用以下两个公式相互转化。

$$\begin{bmatrix} x \\ y \\ z \end{bmatrix} = r \begin{bmatrix} \cos\delta \cdot \cos\alpha \\ \cos\delta \cdot \sin\alpha \\ \sin\delta \end{bmatrix} \tag{2-1}$$

或

$$\begin{cases} \alpha = \operatorname{arctg}\dfrac{y}{x} \\ \delta = \operatorname{arctg}\dfrac{z}{\sqrt{x^2+y^2}} \\ r = \sqrt{x^2+y^2+z^2} \end{cases} \qquad (2\text{-}2)$$

其中 r 是向径（Astronomical Distance），表示天体 s 到天球中心的距离。

三、*岁差与章动*

理想的惯性系，其参考点、线和圈都应该保持其惯性。天球坐标系中的点、线和圈的定义都依赖于地球的自转和公转运动，由于地球弹性、液态外核以及其它天体摄动力作用的影响，地球的运动状态不可能保持恒定不变，于是就引起岁差（Precession）和章动（Nutation）。它们可以简单地阐释为：在日、月以及行星引力的联合作用下，地球公转轨道面与地球自转轴之间的相互位置发生改变。

人类研究岁差和章动的历史由来已久。早在公元前 125 年，希腊天文学家依巴谷（Hipparchus）根据对以往天文观测资料的分析和比较发现，春分点在黄道上每百年西移约 1°。经过近代长期的观测和研究，现在可以精确知道春分点大约每 72 年西移 1°，每年西移约 50.2″。春分点西移是由于地球自转轴在空间中位置的改变而引起的。根据推算，4 000 多年前占据北极星（Polaris）位置的是天龙座（Dragon）的右枢星（Thuban）；到公元 10 000yr 将是天鹅座（Cygnus）的天津四（Deneb）；在公元 14 000yr 之后，天琴座（Lyra）织女星（Vega）又将成为那时的“北极星”。春分点每年在黄道上西移的这种现象叫岁差。

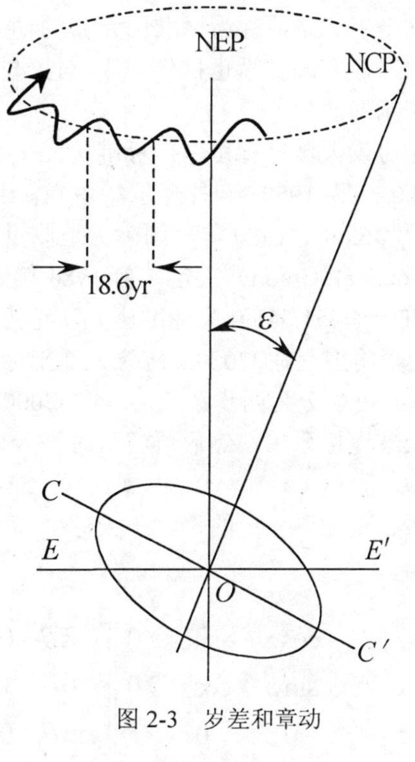

图 2-3　岁差和章动

岁差产生的原因，主要是由于地球的自转轴与黄道和白道（Moon’s Path）都不垂直，且地球也不是一个圆球，而是椭球，因而日、月对地球赤道的隆起部分的引力作用，使自转轴产生一个力矩，这个力矩把赤道面推向黄道面，类似于旋转的陀螺在重力场中产生进动。其次，太阳系行星引力对地球公转轨道面产生摄动作用，使黄道也发生变化。因此，北天极和北黄极在天球上并非固定不动，它们都在缓慢移动，相比之下，北天极的移动更为显著。

如图 2-3 所示。如果日月引力固定不变，且忽略行星引力，从天球以外观察北半天球，可以看到北天极（NCP）在绕着北黄极（NEP）顺时针缓缓转动，自转轴围绕北黄极画出一个圆锥，其锥角等于黄赤交角 ε(＝23.5°)，它的周期约为 25 800yr。而事实上，由于日、月对地球的引力作用的大小和方向都不断地周期性变化，北天极与北黄极的相对运动更趋复杂。通常把绕北黄极均匀移动的北天极称作瞬时平北天极，简称平北天极（Mean North Celestial Pole），而观测瞬间的北天极叫瞬时北天极（Instantaneous North Celestial Pole）。瞬时北天极围绕平北天极产生旋转，其轨迹大致成一个椭圆，椭圆长半轴约 9.2″，主周期约 18.6yr。该椭圆叫章动椭圆（Nutation Ellipse），这种现象叫章动。

由于北天极与北黄极的相对运动比较复杂，为了便于分析，把这一运动分成两个部分：一个是北天极绕北黄极 25 800yr 转动一圈的长周期运动，也就是岁差。另一个是瞬时北天极以 18.6yr 为周期围绕平北天极运动的短周期运动，也就是章动。这两种运动合成的结果使北天极的真实运动并不是作均匀的圆周运动，而是沿着一个似圆非圆的波浪状曲线围绕北黄极顺时针运动（如图 2-3 所示，图中 CC' 表示赤道面，EE' 表示黄道面）。

地球在空间的定向主要由 3 种运动描述：一是地轴方向相对于空间的变化；二是地轴方向相对于地球本体的变化；三是地球自转速度的变化。第一项变化主要是来自岁差和章动的影响；第二项变化称作极移；第三项称作地球自转速度变化或日长变化。第二、三两项也合称为地球自转不均匀。一般说来，对上述 3 种地球自转运动定量描述的参数，称地球定向参数（EOP－Earth Orientation Parameter）。EOP 主要包括岁差、章动、地球自转速度变化和地极坐标（X_P，Y_P）等参数。

四、协议天球坐标系

由于岁差和章动的影响，瞬时天极的指向总是不断变化。相应地，瞬时春分点、瞬时赤道面乃至整个瞬时天球坐标系（ICS－Instantaneous Celestial Systems）也在连续变化。显然，瞬时天球坐标系并不严格等同于一个惯性参考系，不能直接利用牛顿力学来分析卫星的运动规律。解决这个问题的方法通常是选择某一时刻 t_0 作为标准历元（Standard Epoch），此刻的瞬时北天极、瞬时春分点和瞬时天球赤道经该时刻岁差和章动改正后，可构成一个天球坐标系。这个坐标系，称为标准历元 t_0 的平天球坐标系，或协议天球坐标系，也叫协议惯性坐标系（CIS），有的文献也称作习用惯性坐标系。通常，天文学使用的天体的星历也是在该坐标系中表示的。

在协议天球坐标系中，标准历元 t_0 过去通常选取为儒略日 JD＝2 415 020.313 5，记为 B1950.0（即 1950 年白塞尔年岁首，详见本章 2.3.5），公历约为 1949 年 12 月 31 日 $22^{hr}09^{min}46.08^{s}$。1980 年，国际大地测量学会（IAG）和国际天文联合会（IAU－International Astronomical Union）决定，自 1984 年 1 月 1 日后启用新标准历元的协议天球坐标系，以儒略日 JD＝2 451 545.0 为标准历元，记为 J2000.0，公历为 2000 年 1 月 1 日 $12^{hr}00^{min}00^{s}$。

为了将卫星在 J2000.0 协议天球坐标系中的坐标转换到实际观测历元 t 的瞬时天球坐标系中，通常可以分为两步：首先是将 J2000.0 协议天球坐标系中的坐标，转换到观测历元 t 的瞬时平天球坐标系中；然后再将瞬时平天球坐标系中的坐标，转换到观测历元 t 的瞬时天球坐标系中。假设 $(x\ \ y\ \ z)_{CIS}$、$(x\ \ y\ \ z)_{Mt}$ 和 $(x\ \ y\ \ z)_{ICS}$ 分别表示卫星在 J2000.0 协议天球坐标系、观测历元 t 的瞬时平天球坐标系和观测历元 t 的瞬时天球坐标系中的坐标，其转换过程为：

$$\begin{bmatrix} x \\ y \\ z \end{bmatrix}_{Mt} = \begin{bmatrix} \cos z & -\sin z & 0 \\ \sin z & \cos z & 0 \\ 0 & 0 & 1 \end{bmatrix} \begin{bmatrix} \cos\theta & 0 & -\sin\theta \\ 0 & 1 & 0 \\ \sin\theta & 0 & \cos\theta \end{bmatrix} \begin{bmatrix} \cos\zeta & -\sin\zeta & 0 \\ \sin\zeta & \cos\zeta & 0 \\ 0 & 0 & 1 \end{bmatrix} \begin{bmatrix} x \\ y \\ z \end{bmatrix}_{CIS} \tag{2-3}$$

$$\begin{bmatrix} x \\ y \\ z \end{bmatrix}_{ICS} = \begin{bmatrix} 1 & 0 & 0 \\ 0 & \cos(\varepsilon+\Delta\varepsilon) & -\sin(\varepsilon+\Delta\varepsilon) \\ 0 & \sin(\varepsilon+\Delta\varepsilon) & \cos(\varepsilon+\Delta\varepsilon) \end{bmatrix} \begin{bmatrix} \cos\Delta\psi & -\sin\Delta\psi & 0 \\ \sin\Delta\psi & \cos\Delta\psi & 0 \\ 0 & 0 & 1 \end{bmatrix} \begin{bmatrix} 1 & 0 & 0 \\ 0 & \cos\varepsilon & \sin\varepsilon \\ 0 & -\sin\varepsilon & \cos\varepsilon \end{bmatrix} \begin{bmatrix} x \\ y \\ z \end{bmatrix}_{Mt} \quad (2\text{-}4)$$

其中，z、θ、ζ 分别是与岁差有关的 3 个旋转角，ε、$\Delta\varepsilon$、$\Delta\psi$ 分别表示与章动有关的 3 个参数。

实际工作中，上述转换过程一般都是根据相应的数学模型，借助计算机软件自动完成的。关于协议天球坐标系转换到瞬时天球坐标系的具体过程，这里不作详细讨论，有兴趣的读者可以参阅有关的天文书籍。

2.2.2 协议地球坐标系（CTS）

根据前面 2.2.1 的论述，我们已经可以描述 GPS 卫星在观测历元 t 的瞬时天球坐标系中的坐标。但天球坐标系与地球自转无关，而待定点的位置却多半在地表上，所以必须建立一个与地球固联的坐标系来描述待定点的位置。本小节介绍的地球坐标系主要包括：天文坐标系、地心空间直角坐标系和地心大地坐标系。为此，我们先来讨论一下地球的形状。

一、地球的形状

公元前 6 世纪，古希腊哲学家毕达哥拉斯（Pythagoras）提出地圆说。两百多年后，亚里斯多德（Aristotle）根据月食（Lunar Eclipse）时月球上的地影是一个圆，第一次论证了地球是个球体。公元 16 世纪，麦哲伦（Magellan，Ferdinand）船队的环球航行，用实践证明了地球是一个球体。人类的祖先花了两千多年的时间终于搞清楚地球是“圆的”，而这只是对地球形状定性的描述。对地球形状定量描述始于公元前 3 世纪，希腊天文学家埃拉托色尼斯（Eratosthenes）运用他首创的子午圈弧度测量法（Arc Measurement）测得地球半径约合 6 267km，与现在的观测值相比误差仅为 2%。继埃拉托色尼斯之后，公元前 1 世纪的波斯丹尼（Posidonius）和公元 8 世纪的中国唐代高僧一行（683～727）都利用类似的方法进行过精度不等的弧度测量。

近代大地测量发现地球更接近于两极略扁的椭球，长短半径相差约 21km。进一步的研究还发现，在地球南北极方向上，北半球的半径比南半球的半径略短，类似于一个梨形。自然地表的高原、盆地、山脉以及河流等使得真实地球的形状起伏较大而且又极不规则，不适合用来代表地球的形状。后来，人们发觉占地球面积约 71%的海洋面的形状比较规则，于是提出了大地水准面的概念。所谓水准面（Level Surface），就是水处于静止时的表面。设想在重力作用下，静止的海水面无限延伸，穿越大陆、岛屿、山川和平原而形成的自行封闭的曲面，就称为大地水准面（Geoid）。大地水准面是水体在地球重力作用下达到平衡而形成的物理表面，是一个重力等位面（Gravitational Equipotential Surface），又是一个相对比较规则光滑的曲面，因此通常被用来代表地球的形状。由于地球内部物质分布不均匀，导致大地水准面也不是一个规则曲面，但这种不规则的起伏比陆地和海底的起伏幅度要小得多，全球来讲大约有 100 多米的起伏。

大地水准面的不规则使我们不能用一个简单函数来表达它，但从总体上看起伏并不大。为了便于计算，科学家们选择了规则的椭球来代表大地水准面的形状（或者说是地球形状）。这个椭球称为地球椭球（Earth Ellipsoid）。确定一个地球椭球需要有椭球参数和椭球的定位、定向。前者描述椭球的大小和形状；后者描述椭球与大地水准面的相互位置关系。对于旋转椭球（Ellipsoid of Gyration）而言，一般用椭球长半轴（Semi-major Axis）和扁率（Flattening

Factor）两个参数表达。1967 年以后，为了从几何和物理两个方面来研究地球，国际上普遍采用 4 个参数表达地球椭球，它们是椭球长半轴 a，引力常数和地球质量乘积 GM，地球重力场二阶带球谐系数 J_2 和地球自转角速度 ω。所谓椭球的定位、定向，主要是使椭球中心与地球质心之间、椭球短轴与地球自转轴之间以及起始大地子午面与起始天文子午面之间保持某种关系，从而确定椭球与大地水准面的相互关系。一个大小、形状和定位、定向都已经确定的地球椭球称为参考椭球（Reference Ellipsoid）。参考椭球一经确定，则标志着大地坐标系已经建成。

如果把地球椭球近似看成一个匀质椭球，那么它对 GPS 卫星的引力作用就是中心引力（详见本书 3.1）。大地水准面和椭球面的差异，也就是地球形状不规则的小扰动部分，称为大地水准面差距（Geoid Separation），简称差距，常用 N_g 表示。知道了大地水准面差距也就可以确定大地水准面的整体形状。

以大地水准面和参考椭球为基准，可以定义不同类型的地球坐标系。

二、天文坐标系（Astronomical Coordinate System）

天文坐标系是一种以大地水准面和铅垂线（Plumb Line）为基准的地固坐标系（地球坐标系）。如图 2-4 所示，在天文坐标系中，天文子午面（Astronomical Meridian Plane），就是包含铅垂线方向并与地球瞬时自转轴平行的平面。起始天文子午线（Prime Meridian），就是全球用来计量天文经度的起始经线（零度经线），也叫本初子午线或首子午线。起始天文子午面（Initial Astronomical Meridian Plane）就是起始天文子午线所决定的平面。

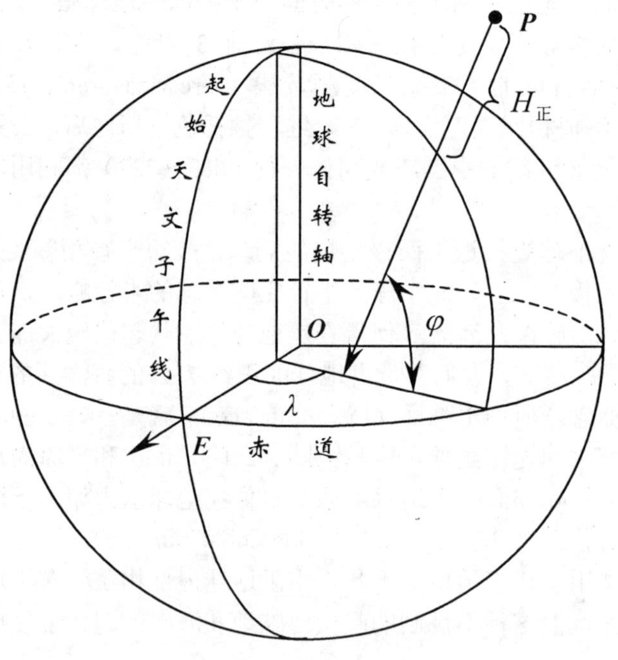

图 2-4　天文坐标系

这样，地面一点 P 的坐标可以表示为 P（λ，φ，$H_{正}$）。λ 表示天文经度（Astronomical Longitude），即过 P 点的天文子午面与起始天文子午面的夹角。φ 表示天文纬度（Astronomical Latitude），即 P 点的铅垂线方向与瞬时赤道面的夹角。$H_{正}$ 表示正高（Orthometric Elevation），即 P 点沿铅垂线方向到大地水准面的距离。

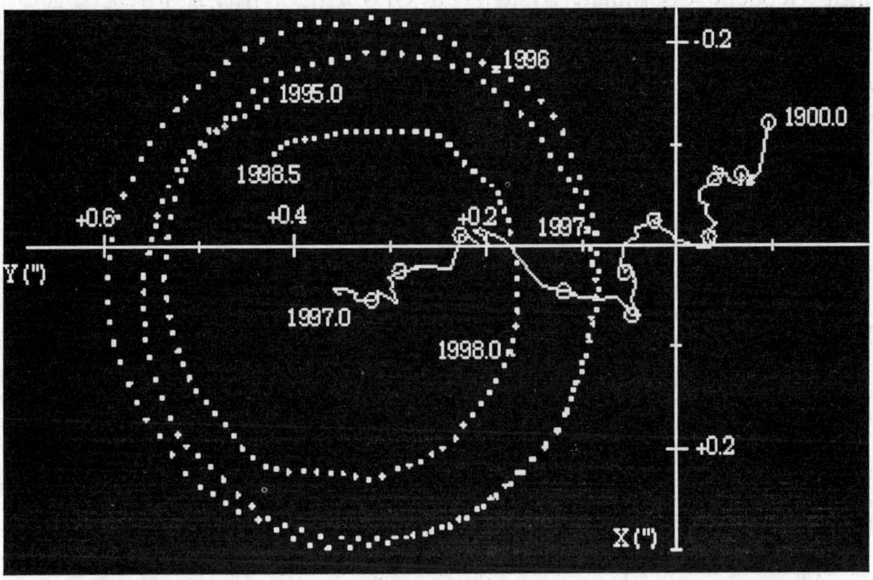

图 2-5　1900～1998 年极移

与天球坐标系不同，以大地水准面和铅垂线为基准的天文坐标系，它的稳定依赖于地球自身运动状态的稳定。如果假定地球内部物质运动以及地球与其它天体的相互作用都不存在，那么地球就可以被视为一个刚体（Rigid Body）作匀速自转运动。而实际上，由于地球内部物质运动以及地球与其它天体的相互作用都真实存在，地球自转轴在地球内部也在不断运动，所以地球极点在地表的位置随时间而改变，这种现象称为极移（Polar Displacement）。如图 2-5 所示，随时间变化的极点叫瞬时极（Instantaneous Pole），随时间变化的自转轴叫瞬时自转轴（Instantaneous Rotation Axis），此时的地球坐标系叫瞬时地球坐标系（ITS－Instantaneous Terrestrial System）。

极移的存在，致使地面点的天文坐标具有类似周期性的变化，使用起来繁悖丛生。解决这个问题的办法类似于协议天球坐标，就是选取一段时间地极在地表运动轨迹的平均位置来定义天文坐标系。这个位置称为平均极点（Mean Pole），简称平极。1967 年，根据 1900～1906 年期间（平均历元 1903.0）5 个纬度站的观测结果，国际上开始采用 1903.0 平极作为地极原点，称作国际协议原点（CIO－Conventional International Origin）。

在历史上，国际上曾一度把通过格林尼治天文台（RGO－Royal Greenwich Observatory）的子午线作为起始天文子午线。20 世纪 60 年代，由于格林尼治天文台迁址等原因，国际时间局（BIH－Bureau International de l’Heure）决定改用平均天文台（Mean Observatory）来保持起始天文子午线的位置，由于历史渊源，习惯上仍然称作格林尼治平均天文台。这个系统被称为 BIH 1968，它的经度原点 E（起始天文子午线与赤道的交点，如图 2-4 所示）由平均天文台 40 多个天文台站的观测值综合确定，它的地极原点则采用国际协议原点（CIO）。后来，随着科学技术水平的提高以及更多的天文台站参与观测，又相继出台了 BIH 1979 和 BIH 1984。由此，地固坐标框架就相对固定了，避免用一个天文台来保持经度原点的不科学，同时地面点的天文坐标也不会因为极移而产生歧误。

三、地心空间直角坐标系和地心大地坐标系

地心空间直角坐标系（Geocentric Space Rectangular Coordinate System）和地心大地坐标

系（Geocentric Geodetic Coordinate System）是 GPS 定位常用的坐标系统。地心空间直角坐标系与地球椭球无关，而地心大地坐标系则是一种以椭球面和法线（Normal）为基准的地球坐标系，如图 2-6 所示。

在地心空间直角坐标系中，原点 O 与地球质心重合，Z 轴指向地球北极，X 轴指向经度

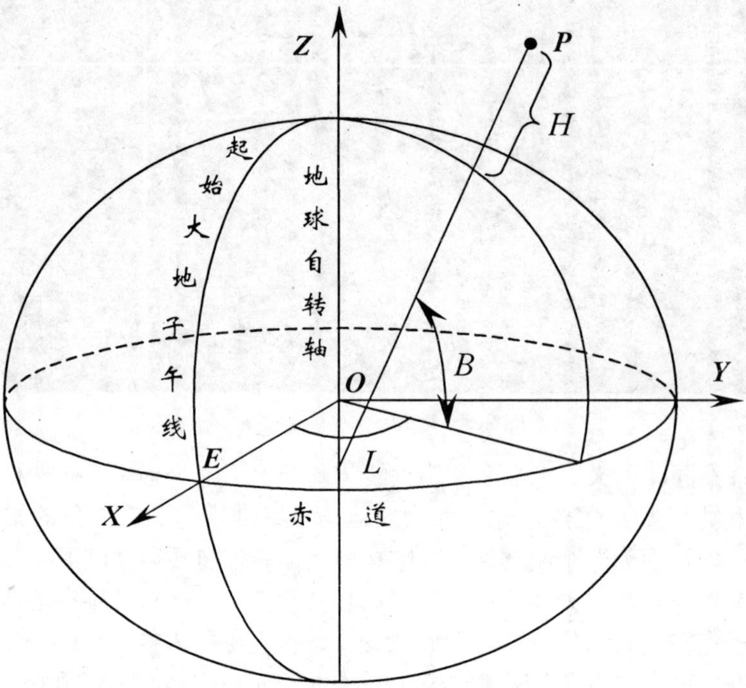

图 2-6　地心空间直角坐标系和地心大地坐标系

原点 E，Y 轴垂直于 XOZ 平面构成右手坐标系。于是，P 点的坐标可以表示为 P（X，Y，Z）。

在地心大地坐标系中，地球椭球的中心与地球质心重合，椭球短轴与自转轴重合，起始大地子午面（Initial Geodetic Meridian Plane）与起始天文子午面重合。这样，P 点的坐标可以表示为 P（L，B，H）。其中，L 表示大地经度（Geodetic Longitude），即过 P 点的大地子午面与起始大地子午面的夹角。B 表示大地纬度（Geodetic Latitude），即 P 点的法线方向与赤道面的夹角。H 表示大地高（Ellipsoidal Height），即 P 点沿法线方向到椭球面的距离。

需要指出的是，天文坐标系的建立与地球自身物理特性关系密切，而大地坐标系则是建立在椭球面上的，椭球面缺乏明确的物理意义，只是一个几何曲面。所以地表上两点之间的正高之差可以决定水的流向，而它们的大地高之差则不能。此外，同一个点的大地高与正高的大小和方向也不一样，它们之差称为该点大地水准面差距 N_g；而它们的方向之差，也就是过某点的铅垂线方向与法线方向之间的夹角，称为垂线偏差（Deflection of Vertical）。

天文坐标系、地心空间直角坐标系和地心大地坐标系同属地心坐标系，因此可以根据大地测量和球面天文学的有关理论相互转化，而转化的过程并不涉及任何观测历元。设任一地面点 P，其天文坐标系、地心空间直角坐标系和地心大地坐标系分别为（λ，φ，$H_{正}$）、（X，Y，Z）和（L，B，H），　它们之间的换算关系为：

$$\begin{cases} L = \operatorname{arctg}\left(\dfrac{Y}{X}\right) \\ B = \operatorname{arctg}\left[\dfrac{Z}{\sqrt{X^2+Y^2}}\left(1-\dfrac{e^2N}{N+H}\right)^{-1}\right] \\ H = \dfrac{\sqrt{X^2+Y^2}}{\cos B} - N \end{cases} \tag{2-5}$$

$$\begin{cases} X = (N+H)\cos B\cos L \\ Y = (N+H)\cos B\sin L \\ Z = \left[N(1-e^2)+H\right]\sin B \end{cases} \tag{2-6}$$

$$\begin{cases} L = \lambda - \eta_g \cdot \sec\varphi \\ B = \varphi - \xi_g - 0.171H \cdot \sin(2\varphi) \\ H = H_{正} + N_g \end{cases} \tag{2-7}$$

式中，$N = \dfrac{a}{\sqrt{1-e^2\sin^2 B}}$，表示过 P 点的卯酉圈曲率半径（the Radius of Curvature in the;

$e = \sqrt{\dfrac{a^2-b^2}{a^2}}$，表示椭球第一偏心率（First Eccentricity）；

ξ_g 为 P 点的垂 Prime Vertical）线偏差在子午圈的分量；

η_g 为 P 点的垂线偏差在卯酉圈的分量；

N_g 为大地水准面差距。

四、协议地球坐标系

通过前面的论述，我们知道地球坐标系与地球自转运动密切相关。地球坐标系的建立在很大程度上取决于自转轴相对于地球本身的运动和经度原点 E 的稳定性。为了固定地极的位置，国际上采用了协议地极（CTP－Conventional Terrestrial Pole）来统一地心坐标系。所谓协议地球坐标系（CTS），一般地，就是以协议地极（CTP）为基准点建立的坐标系。前面提到过的国际协议原点（CIO）就是一种目前仍被普遍采用的协议地极（CTP）。定义一个协议地球坐标系，除了需要协议地极和起始天文子午线，还需要进一步确定椭球参数和椭球的定位、定向。这个过程将涉及全球重力场模型、地极运动模型、岁差和章动模型、地球自转角速度、地球引力常数以及光速等一系列函数模型和基本常数。其难度大大超过建立一个参心地球坐标系。

20 世纪 60 年代以来，随着空间技术和电子技术的发展，美、俄（前苏联）等国相继利用卫星定位技术，综合地面天文、大地和重力测量等资料，开展了建立地心坐标系的工作。比如美国国防部制图局（DMA－Defence Mapping Agency）建立的 1960 年世界大地坐标系

（WGS-60－World Geodetic System 1960），以及之后的 WGS-66 和 WGS-72 等世界大地坐标系。自 1987 年 1 月 7 日起，GPS 开始采用 WGS-84 作为其地球坐标系统。WGS-84 是美国国防部制图局（DMA）经过多年研究和完善，发展起来的一种新的世界大地坐标系，它也属于协议地球坐标系（CTS）。

WGS-84 的原点是地球质心，Z 轴指向 BIH 1984.0 定义的协议地极（CTP），X 轴指向 BIH 1984.0 定义的经度原点，Y 轴与 Z 轴、X 轴构成右手坐标系。与 WGS-72 相比，WGS-84 具有更精确的地球重力场模型，更优越的单位尺度变化和椭球定向，更广泛的参心坐标系转换模型以及能获得更精确的地图。它的椭球参数详见表 2-1。

表 2-1　WGS-72 和 WGS-84 的椭球参数比较

基本椭球参数	单位	WGS-72	WGS-84
椭球长半轴 a	m	6 378 135	6 378 137
引力常数和地球质量乘积 GM	$m^3 \cdot s^{-2}$	$3\,986\,008\times10^8$	$3\,986\,005\times10^8$
重力场正常化二阶带球谐系数 $\overline{C}_{2,0}$	无量纲	$-484.166\,05\times10^{-6}$	$-484.166\,85\times10^{-6}$
地球自转角速度 ω	$rad \cdot s^{-1}$	$7.292\,115\,147\times10^{-5}$	$7.292\,115\times10^{-5}$

协议地球坐标系是与地球固联，并随地球一起自转，用来描述地球自身的几何、物理特性的全球参考框架。它的建立和维持需要许多天文台站的长期观测实现。鉴于天文台站是于非刚体的地球相连接，兼之目前对地球的各种形变还难以精确模拟，因此，协议地球坐标系与理想的地球坐标系还有很大差距，只能算是一种准地固坐标系（Pseudo Body-fixed System）。但随着科学技术的发展，全球重力场模型、地极运动模型等基本参数将不断改善，世界大地坐标系也将逐步接近理想的地球坐标系。

由于极移的影响，观测历元 t 的瞬时地球坐标系（ITS）相对于协议地球坐标系（CTS）产生旋转。这点与协议天球坐标系和瞬时天球坐标系（ICS）的相互关系（详见本章 2.2.1 第四小节）非常相似。GPS 定位使用的是协议地球坐标系，所以必须将任意观测历元 t 时刻地面点的瞬时地球坐标转化到协议地球坐标系之中。假设 $(x,\ y,\ z)_{CTS}$ 和 $(x,\ y,\ z)_{ITS}$ 分别为 P 点的协议地球坐标和观测历元 t 的瞬时地球坐标，则它们的转化可以简单表示如下：

$$\begin{bmatrix} x \\ y \\ z \end{bmatrix}_{ITS} \xrightarrow{\text{(改正极移)}} \begin{bmatrix} x \\ y \\ z \end{bmatrix}_{CTS}$$

2.2.3 坐标转换

坐标转换是在 GPS 定位中运用普遍的一种运算。之所以需要坐标转换，那是因为卫星的位置是在惯性坐标系下描述的，而地面点的位置则必须在地固坐标系下计算，所以需要将卫星在观测历元 t 的瞬时天球坐标转换到协议地球坐标系中，才能进行计算。此外，根据地面点所在的国家和地区的不同，还需要将地面点在协议地球坐标下的坐标，转换到它所在的区域坐标系（或地球参心坐标系）中。

一、协议天球坐标系与协议地球坐标系的转换

根据前面介绍的协议天球坐标系和协议地球坐标系，我们可以知道：

(1) 两个坐标系原点相同，都位于地球质心。

(2) 瞬时天球坐标系（ICS）Z 轴与瞬时地球坐标系（ITS）Z 轴指向相同。

(3) 两瞬时坐标系的 X 轴指向不同，其夹角为瞬时春分点的格林尼治恒星时（GAST）。

由于惯性系与地球自转无关，而地球坐标系与地球固联，它们的相互关系是时刻变化的，或者说它们的转换关系是时间的函数。假设 $(x, y, z)_{CIS}$、$(x, y, z)_{Mt}$、$(x, y, z)_{ICS}$、$(x, y, z)_{ITS}$ 和 $(x, y, z)_{CTS}$ 分别表示卫星在 J2000.0 协议天球坐标系、观测历元 t 的瞬时平天球坐标系、观测历元 t 的瞬时天球坐标系、观测历元 t 的瞬时地球坐标系和协议地球坐标系中的坐标。结合本章 2.2.1 第四小节和 2.2.2 第四小节的有关内容，给出卫星自协议天球坐标系转换到协议地球坐标系的简单过程（表 2-2）。

表 2-2 卫星自协议天球坐标系转换到协议地球坐标系的简单过程

步骤	作用	坐标向量	坐标系
			J2000.0 协议天球坐标系（CIS）
第一步	消除岁差的影响	$\begin{bmatrix} x \\ y \\ z \end{bmatrix}_{CIS} \Rightarrow \begin{bmatrix} x \\ y \\ z \end{bmatrix}_{Mt}$	
			观测历元 t 的瞬时平天球坐标系(Mt)
第二步	消除章动的影响	$\begin{bmatrix} x \\ y \\ z \end{bmatrix}_{Mt} \Rightarrow \begin{bmatrix} x \\ y \\ z \end{bmatrix}_{ICS}$	
			观测历元 t 的瞬时天球坐标系（ICS）
第三步	瞬时天球坐标转换为瞬时地球坐标	$\begin{bmatrix} x \\ y \\ z \end{bmatrix}_{ICS} \Rightarrow \begin{bmatrix} x \\ y \\ z \end{bmatrix}_{ITS}$	
			观测历元 t 的瞬时地球坐标系（ITS）
第四步	消除极移的影响	$\begin{bmatrix} x \\ y \\ z \end{bmatrix}_{ITS} \Rightarrow \begin{bmatrix} x \\ y \\ z \end{bmatrix}_{CTS}$	
			协议地球坐标系（CTS）

上述的坐标变换的过程是通过专用计算机软件自动完成，所需的岁差、章动、地球自转速度变化和地极坐标(X_P, Y_P)等参数，目前一般由国际地球自转服务组织(IERS－International Earth Rotation Service）定期发布。坐标变换的具体计算比较复杂，这里不作详细讨论，如果读者想了解更多细节，可以参阅有关的大地测量书籍资料。

二、参心坐标系与协议地球坐标的转换

前面已经讨论过，地球椭球是用来代表地球形状的，那么它当然是越接近大地水准面越好，大地测量学中称之为“密合”。在实践上，通常先用重力技术推算出大地水准面，然后再用数学上的最佳拟合方法计算与大地水准面最密合的旋转椭球体，确定它的形状和大小。拟合的原则是使全球大地水准面差距平方和最小，即$\Sigma N_g^2=\min$（如图 2-7a 所示）。这样确定的椭球称为总地球椭球（Datum-centered Ellipsoid）或平均地球椭球，总椭球在理论上是唯一的。

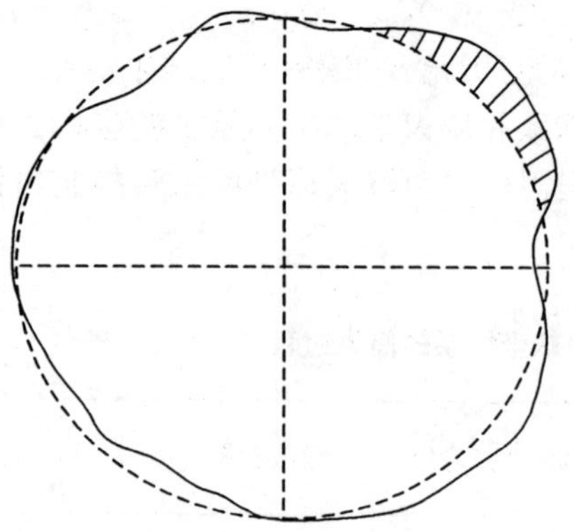

图 2-7a　总地球椭球

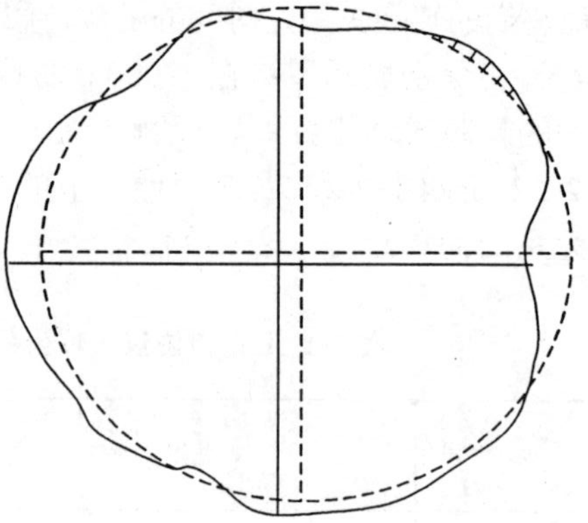

图 2-7b　参心椭球

由于总椭球的建立要求全球范围ΣN_g最小，于是有的地方（如海洋）与椭球面非常接近，差距 N_g 较小；有的地方（如青藏高原和喜马拉雅山脉）大地水准面起伏较大，则差距 N_g 较大。后者给该地区测绘成果的归算以及地图投影引来了误差和不便。为了解决这个问题，人们引入了参心椭球（Local Ellipsoid）。参心椭球只要求在某一特定范围内的$\Sigma N_g^2=\min$（如图 2-7b 所示）。参心椭球的中心一般不与地球质心重合，但要求其短轴平行于自转轴，其起始大地子午面平行于起始天文子午面（所谓“双平行”条件）。确定了参心椭球的形状、大小和它的定位、定向，参心坐标系（LECS－Local Ellipsoidal Coordinate System）即告建成。

19 世纪以来，世界上许多国家和地区都使用各自的参心大地坐标系，纷繁猗错，不胜枚举。1949 年以后，中国使用的参心大地坐标系主要有两种，一种是 1954 年北京坐标系，简称 54 北京坐标系；另一种是 1980 年国家大地坐标系，简称 80 坐标系。前者采用克拉索夫斯基椭球（Krasovski Ellipsoid of 1938），椭球参数为长半轴 a=6 378 245m，扁率 f=1/298.3；后者采用国际大地测量与地球物理联合会（IUGG－International Union of Geodesy and Geophysics）1975 年推荐的椭球参数，长半轴 a=6 378 140m，扁率 f=1/298.257。两者相比较，80 坐标系的椭球参数、椭球定位、椭球面与大地水准面的密合程度以及地心坐标转换参数等均有较大改善，明显优于 54 北京坐标系。

目前，中国的生产建设多采用 1980 年国家大地坐标系，所以在 GPS 定位时，有必要将地面点的 WGS-84 坐标转换成 80 坐标系下的坐标。假设$(x, y, z)_{80}$和$(x, y, z)_{CTS}$分别是 P 点的参心坐标和协议地球坐标，那么它们的转化可以简单表示如下：

$$\begin{bmatrix} x \\ y \\ z \end{bmatrix}_{CTS} \xrightarrow{\text{(坐标转换)}} \begin{bmatrix} x \\ y \\ z \end{bmatrix}_{80}$$

一般说来，GPS 商用数据处理软件都内置有各国常用的地球参心坐标系转换参数（包括 80 坐标系）。完成坐标转换以后，就可以获得点位在 80 坐标系下的坐标了。

2.2.4 地图投影与高斯-克吕格平面直角坐标系

一、地图投影

日常生产生活中使用的地图，都是平面地图。地球表面是一个曲面，如果要把曲面地表上的点表达在一个平面上，同时还要在某种程度上保持点与点之间的相互关系，就需要投影。所谓投影（Projection），简单地说就是两个面之间，点与点的对应。将椭球面上的点的大地坐标，按照一定的数学法则，变换为平面上相应点的平面坐标，称为地图投影（Map Projection）。用两个方程式表示就是：

$$\begin{cases} X = F_x(L,B) \\ Y = F_y(L,B) \end{cases} \tag{2-8}$$

地图投影会产生变形，就像把一个桔子皮摊平，桔子皮必定会破损一样。投影的方式很多，如果按照投影变形来分类的话，地图投影可以分为等角投影（Equal-angle Projection）、等积投影（Authalic Projection）和任意投影（Arbitrary Projection）。等角投影就是投影前后角度不变；等积投影是投影前后面积不变；而既非等角投影，又非等积投影的则归入任意投影。比如，“云破月来花弄影”，这是透视投影（Perspective Projection），属任意投影一类。

二、高斯-克吕格平面直角坐标系

等角投影又称正形投影（Orthomorphic Projection），或相似投影。由于该投影在投影后得到的图形与投影前椭球面上的原形保持相似，因而被广泛采用。高斯-克吕格投影（Gauss-Kruger Projection）就属于一种等角投影。如图 2-8 所示，设想有一个椭圆柱面横套在地球椭球外面，与某一大地子午线相切，且椭圆柱中心轴经过椭球中心。与椭圆柱面相切的子午线称为中央子午线（Central Meridian），或叫轴子午线。

高斯-克吕格投影又称为横轴椭圆柱等角投影（Transverse Ellipsoid Cylindrical Projection），通常简称高斯投影。如图 2-9 所示，投影计算以后可以获得以下投影效果：

(1) 投影以后角度无变形。

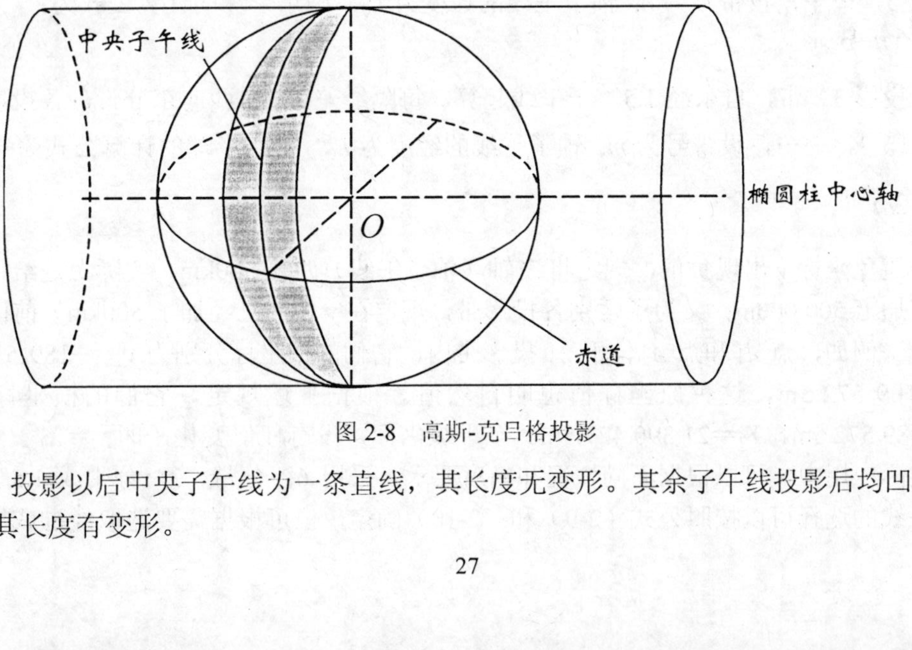

图 2-8 高斯-克吕格投影

(2) 投影以后中央子午线为一条直线，其长度无变形。其余子午线投影后均凹向中央子午线，其长度有变形。

(3) 投影以后赤道也为一条直线，但长度有变形。其余纬线投影后均凹向两极，其长度有变形。

投影后的中央子午线和赤道皆为一条直线，如果以中央子午线和赤道分别为 X 轴、Y 轴，以两者的交点 O 为坐标原点，这就构成了高斯-克吕格平面直角坐标系（Gauss-Kruger Planimetric Rectangular Coordinate System）。投影后的平面坐标（x , y）可以根据一定的解析式求得，这种投影不能用任何的几何透视方法严格表达。高斯投影的精确解析式形式冗繁，这里不作讨论，有兴趣的读者请参阅有关资料。

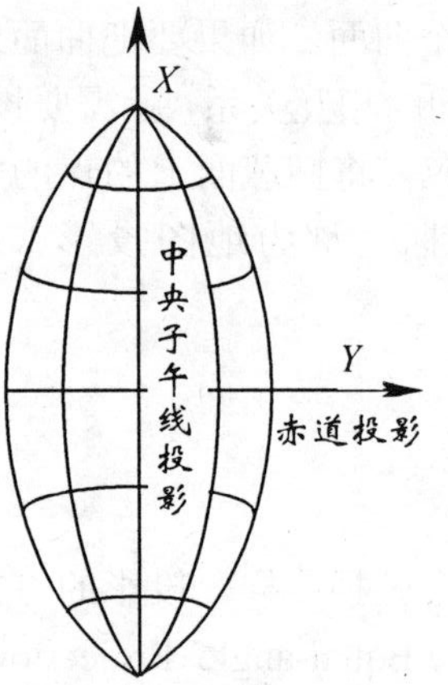

图 2-9　投影效果

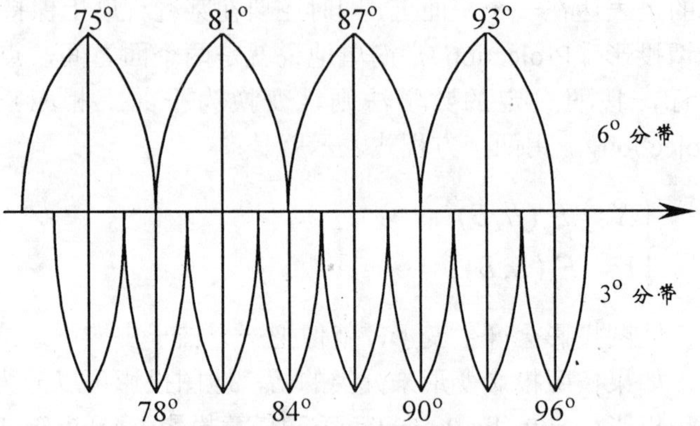

图 2-10　分带投影

三、投影分带与编号

中央子午线是投影后唯一没有长度变形的曲线，其它的曲线均有长度变形。且离中央子午线越远，变形愈大。为了控制投影后的长度变形，按一定经差将地球如切西瓜般分成若干投影带（如图 2-10 所示），然后逐带进行投影，这就是分带投影。根据不同的经差，投影分带有 6° 带、3° 带和 1.5° 带之别。显然，经差越小，分的投影带越多，投影误差越小。为了区别这诸多的投影带，需要进行编号以利识别。

高斯投影 6° 带，自起始大地子午线起算，每隔经差 6° 自西向东分带，各投影带依次编号 1，2，3，……，设带号为 n, 轴子午线的经度为 L_0，则东半球的计算公式为：

$$L_0=6n-3 \tag{2-9}$$

高斯投影 3° 带，自东经 1.5° 子午线起算，每隔经差 3° 自西向东分带，各投影带依次编号 1，2，3，……，设带号为 m, 轴子午线的经度为 L_0，则东半球的计算公式为：

$$L_0=3m \tag{2-10}$$

为了避免坐标 y 出现负值，规定将 X 轴（轴子午线）西移 500km，实际上是给每个点坐标 y 的值加上 500 000m；又为了区别各投影带，规定在 y 值（已经加了 500km）前面冠以投影带带号。例如，点 A_1 和点 A_2 位于 21 投影带内，它们的横坐标分别为 y_1＝+189 572.5m 和 y_2 ＝－109 572.5m，这种原坐标值也叫自然值。根据上述规定，它们的横坐标值变为 Y_1＝21 689 572.5m，Y_2＝21 390 427.5m。至于纵坐标，没有任何变化，即 x_i＝X_i 。

在实际应用中，可以根据不同情况和精度要求，采用 6° 分带、3° 分带或 1.5° 分带。中央子午线的选择可以按照公式（2-9）和（2-10）确定，也可根据需要选取经过或靠近测区范围的某条子午线作为高斯投影中央子午线。前者的投影计算利用 GPS 商用软件即可完成，后者一般说来需要另行计算。

在地理信息系统（GIS）中，除了高斯投影，比较常见的投影方式还有横轴墨卡托投影和兰勃特投影等，采用何种方式取决于不同的地图投影设计与配置。无论采取何种投影方式，其基本原则是保证在一个特定范围内，能够实现信息数据的交换、配准和共享。

2.3 GPS 使用的时间系统

科学技术水平的提高，使得时间测量精度不断提高，而与此同时，人们对时间测量精度的要求也越来越高。GPS 就是一种需要高精度时间基准的应用技术。本章概述中已经提到，不同时间系统的本质区别在于量度时间的“时钟”不同，或者可以说，是单位尺度的不同。从理论上讲，任何可复制的周期性物质运动都可以作为度量时间的单位尺度（如沙漏、摆钟等）。如果按照不同物质的周期性运动给目前常用的高精度时间系统分类的话，可以分为三类：

(1) 以地球的周期性自转运动为基准的时间系统，如恒星时和真太阳时（平太阳时）等。

(2) 以地球围绕太阳的周期性公转运动为基准的时间系统，如历书时。

(3) 以原子核外电子在能级跃迁时辐射或吸收的电磁波频率为基准的时间系统，如原子时。

2.3.1 恒星时、真太阳时、平太阳时与世界时

一、恒星时（ST—Sidereal Time）

恒星时是以地球的周期性自转运动为基准的时间系统。天体的周日视运动是地球自转运动的反映。如果以一个天体或者天球上某个特殊点作为参考点，观察参考点连续两次经过测站点子午圈的时间段，即为地球的一个自转周期。选取春分点作为参考点，用它的周日视运动周期来描述时间的时间计量系统，称作恒星时，简称恒时，常用 s 表示。恒星时在天文学中有着广泛应用。由于岁差和章动的影响，春分点有瞬时春分点和平春分点之分。如果以瞬时春分点作为参考点，称为真恒星时（True Sidereal Time），或视恒星时。而以平春分点作为参考点，则称为平恒星时（Mean Sidereal Time）。

春分点连续两次经过测站点上中天所经历的时间段，称作一个恒星日（Sidereal Day），它是恒星时系统的基本单位。一个恒星日可等分为 24 个恒时小时（Sidereal Hour）；一个恒时小时可以等分为 60 个恒时分（Sidereal Minute）；而一个恒时分又可以等分为 60 个恒时秒（Sidereal Second）。当春分点恰好经过测站子午圈的一瞬间，则有 $s=0^{hr}\,00^{min}\,00^{s}$。恒星时的时、分、秒都是恒星时的计量单位。

如图 2-11 所示，在瞬时天球坐标系（ICS）中，X 轴始终指向瞬时春分点 γ，而瞬时地球坐标系（ITS）的 X 轴则指向格林尼治平均天文台定义的经度原点 E。这样，如果以零度经线作为测站点子午圈，其恒星时正好等于两个坐标系 X 轴的夹角，这个时间（夹角）叫做瞬时春分点的格林尼治恒星时（GAST－Greenwich Apparent Sidereal Time），也叫格林尼治视恒星时。它是坐标转换的重要参数之一。

需要指出的是，瞬时春分点受岁差的影响，每年西移约 50.2″，所以真恒星时并不严格等于地球自转周期，而是约短 0.008s 左右。

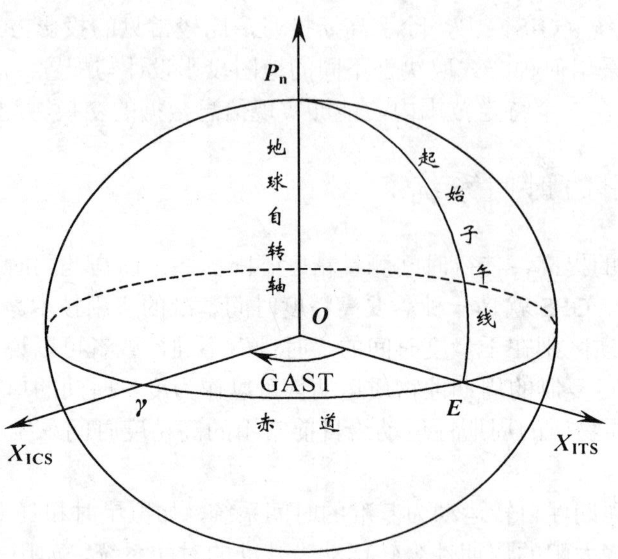

图 2-11　瞬时春分点的格林尼治恒星时

二、真太阳时（True Solar Time）与平太阳时（Mean Solar Time）

恒星时是以春分点为参考点的时间系统。如果选取真太阳（视太阳）为参考点，以真太阳的周日视运动为基准建立的时间计量系统，称为真太阳时，或者叫视太阳时（Apparent Solar Time），可用 T_{AST} 表示。与恒星时类似，真太阳连续两次通过测站上中天所经历的时间段为一个真太阳日（True Solar Day）。一个真太阳日可以等分为 24 个真太阳小时，每个真太阳小时可以等分为 60 个真太阳分，每个真太阳分又可以等分为 60 个真太阳秒。

由于真太阳周年视运动的不均匀，真太阳的周日视运动并不是严格等于地球自转周期。每个真太阳日长短不一，冬长夏短，最长和最短的真太阳日相差约 51 秒。因此，真太阳的视运动并不适合用来建立一个时间系统。假设一个参考点的运动速度等于真太阳周年视运动的平均速度，且该点在赤道上作周年视运动，那么这个参考点天文学上叫赤道平太阳（Mean Equatorial Sun），简称平太阳。以此为基础建立的时间系统称为平太阳时，简称平时。

平太阳连续两次经过测站子午圈的时间间隔，称为一个平太阳日（Mean Solar Day），一个平太阳日包含 24 个平太阳小时，每个平太阳小时有 60 个平太阳分，一个平太阳分又等分为 60 个平太阳秒。

三、世界时（UT－Universal Time ）

世界时就是以平子夜为零时起算的格林尼治平太阳时。世界时与平太阳时的单位尺度相同，只是起算点不同而已，前者比后者晚 12hr。世界时作为一种以地球的周期性自转运动为基准的时间系统，它的精确度主要受地球自转运动速度不均匀和极移的影响。

地球的周期性自转运动过去被认为是一种均匀的时间系统。但随着科学技术的发展，人们发现地球的自转运动速度并不均匀，其均匀性只能达到大约 10^{-8} 量级。造成这种不均匀的原因主要分为 3 种。

(1)长期变化：由于日月引力作用下产生的潮汐和固体潮的滞后作用，这一影响使得地球自转速度逐渐变慢，每个平太阳日每百年增长约 0.001 6s。

(2)季节性变化：由于大气层中的气团随季节变化而移动，使得地球自转速度产生周期性变化。它的影响使一年内日长有±0.001s 的变化。

(3)不规则变化：由于地球内部物质运动，引起地球自转速度的不规则变化。它使得日长时而增加、时而减少，在一年内最大可达 5×10^{-8} 的相对变化。

除了自转运动速度不均匀的影响以外，极移对世界时也有较大影响。

由于上述原因，平太阳时（或恒星时）的日长和秒长并非固定常数。为了消除某些因素对地球自转速度的影响，1955 年国际天文联合会（IAU）决定在世界时中加入不同的改正，把世界时分成 3 个系统。它们分别是 UT_0、UT_1 和 UT_2 系统。其中 UT_0 系统是未经任何改正的世界时，UT_1 加入了极移改正 $\Delta\lambda$，而 UT_2 则加入季节性改正 ΔT_s。它们的关系可表示为：

$$\begin{cases} UT_1 = UT_0 + \Delta\lambda \\ UT_2 = UT_1 + \Delta T_s \end{cases} \tag{2-11}$$

UT_2 虽然加入了季节性改正 ΔT_s，但依然包含长期变化和不规则变化，所以 UT_2 也不是一个严格均匀的时间系统，其稳定性可达约 10^{-8} 左右。

2.3.2 历书时(ET—Ephemeris Time)

由于地球自转的不均匀，以地球自转为基准的时间系统不能满足越来越高的精度要求。于是在 1958 年国际天文联合会（IAU）决定，自 1960 年起各国开始使用以地球公转周期为基准的历书时编算天文年历。

历书时从太阳平黄经（Mean Ecliptic Longitude）279° 41′ 48.04″ 的瞬间起算，这个瞬间定义为历书时 1900 年 1 月 1 日 12 时整。历书时的基本时间单位历书秒（等于 1900 年 1 月 1 日 12 时瞬间的回归年长度的 1/31 556 925.974 7。

上面定义的历书时，是建立在 19 世纪末的纽康理论（Newcomb Theory）上，历书时就是纽康太阳历表中均匀变化的时间自变量。

历书时的观测精度随着观测设备和技术的提高而逐渐增强，从早期的 ET_0、ET_1 发展到 Ephemeris Second）后来的 ET_2，其精度可达到 10^{-11}～10^{-9} 量级。这个精度高于恒星时、世界时等以地球自转为基准的时间系统，但由于精度有限，且不能实时给出精确的历书时，所以它在使用上有一定的局限性。1976 年国际天文联合会决定，自 1984 年起采用地球力学时和太阳系质心力学时取代历书时。

2.3.3 原子时、协调世界时与 GPS 时间

一、原子时（AT－Atomic Time）

随着空间技术和现代天文学与大地测量技术的发展，对时间的精度要求越来越高。以地球自转时间系统越来越难以满足要求，于是从 20 世纪 50 年代起，人们建立了以物质内部原子运动特征为基础的原子时系统。

早在 20 世纪 40 年代末，美国国家标准局（NBS－National Bureau of Standards）就制成了氨分子钟，其精度达 10^{-8} 左右。1955 年，英国皇家实验室试制成功第一台铯原子谐振器，其精度为 10^{-9}。后来的实践证明，由铯原子辐射频率导出的时间单位尺度，其精度远高于历书时秒长，且能连续实时提供精确的时间单位。

由于物质内部原子跃迁时辐射和吸收的电磁波频率具有较高的稳定性和复现性，由此建立的原子时，是目前最理想的时间系统。国际上原子时秒长的定义为：位于海平面上的铯原子基态两个超精细能级，在零磁场中跃迁辐射振荡 9 162 631 770 周所持续的时间为一原子秒

（Atomic Second）。原子时的原点则由下式定义：

$$AT = UT_2 - 0.003\,9s \tag{2-12}$$

为了统一世界各国的原子时，国际上将 100 多台原子钟，通过相互比对，经由数据处理推算出统一的原子时系统，称为国际原子时（IAT－International Atomic Time）。IAT 的稳定度大约为 10^{-13} 左右。在 GPS 定位中，原子时作为高精度的时间基准，用来测定卫星信号的传播时间。

二、协调世界时（UCT－Universal Coordinated Time）

协调世界时是介于原子时和世界时之间一种折衷的时间系统。由于世界时和原子时对秒长的定义不同，后者秒长稳定性超过前者 1 000 倍以上，加之地球自转速度长期性变慢，故而导致世界时每年比原子时慢约 1s，两者之差与日俱积。虽然原子时明显具有优越性，但在一些应用领域中，如天体测量、大地测量以及研究地球自转速度，仍然需要精确的世界时。为此，从 1972 年起国际上开始采用一种以原子时秒长为基准，时刻接近世界时的折衷的时间系统，该时间系统称为协调世界时（UCT），简称协调时。

具体方法是从 1972 年 1 月 1 日 0 时起，协调世界时的秒长严格等于原子时秒长。当协调时与世界时相差超过±0.9s 时，便在协调时中加入一个闰秒（Leap Second）。闰秒（或称跳秒）可正可负，一般在 12 月 31 日或 6 月 30 日末加入，也可在 3 月 31 日或 9 月 30 日末加入，具体时间由国际地球自转服务组织（IERS）发布。如果是正跳秒（Positive Leap Second），则在该日 $23^{hr}59^{min}60^{s}$ 之后加入 1s，也就是说 $23^{hr}59^{min}61^{s}$ 才等于下个月 1 日 $0^{hr}00^{min}00^{s}$。负跳秒也依此类推。经过跳秒的调整，便可以始终保持 $UT_1 - UCT < \pm 0.9s$。虽然 UCT 与 IAT 之差不断加大，但总是相差秒的整数倍。

目前，世界各国播发的时间，均以 UCT 为基准。

三、GPS 时间系统（GPS Time）

GPS 时是以原子时为基础的专用时间系统，该系统主要由 GPS 主控站的原子钟控制。与国际原子时（IAT）相比，GPST 的秒长与原子时相同，但时间原点不同。其关系为：

$$IAT - GPST = 19s \tag{2-13}$$

GPST 与协调时，规定与 1980 年 1 月 6 日 0 时相一致。其后随着时间推移和跳秒的累积，这两个时间系统之差将逐步扩大，不过它们之差总是保持秒的整数倍。在 GPS 卫星导航电文中，载有 GPST 与 UCT 的关系及其常数差。

2.3.4 力学时（DT－Dynamic Time）

在天文学中，天体的星历是根据天体动力学理论建立的运动方程编算的。其中所采用的独立变量时间参数 T，被定义为力学时。根据运动方程对应参考点的不同，力学时分为两种：地球力学时和太阳系质心力学时。

1. 地球力学时（TDT－Terrestrial Dynamic Time）

地球力学时，也叫地球质心力学时，是相对于地球质心的运动方程所确定的时间参数。其基本单位是原子时秒。国际天文联合会规定，于 1977 年 1 月 1 日国际原子时（IAT）0 时与地球力学时的关系为：

$$TDT = IAT + 32.184s \tag{2-14}$$

其中，32.184s 正好是原子时试用期间，ET 与 IAT 之差的估值。地球质心力学时作为严格均匀的时间尺度和独立变量，在 GPS 定位中被用来描述卫星的运动。

2．太阳系质心力学时（BDT－Barycentric Dynamic Time）

太阳系质心力学时是相对于太阳系质心的运动方程所采用的时间参数。它在广义相对论中为太阳系质心坐标时，通常可作为岁差和章动的时间尺度。

2.3.5 其它计时系统

一、年单位系统

年是以地球的周期性公转运动为基准建立的计时单位。根据参考点的不同，有几种长度不等的年单位。

1．恒星年（Sidereal Year）

恒星年取黄道上某个固定点作为参考点，视太阳连续两次经过该点所经历的时间段，称为一恒星年。恒星年是地球公转运动的真实周期，所以，其长度不是一个常数。比如，它在 1900 年 1 月 1 日 0 时的长度为：

1 恒星年＝$365^{d}6^{hr}09^{min}09.739\,9^{s}$ 平太阳时

2．回归年（Tropical Year）

回归年是取春分点为参考点，视太阳连续两次经过春分点所经历的时间段，称为一回归年。由于岁差和章动的影响，春分点每年在黄道上西移（与视太阳运动方向相反）约 50.2″，因此回归年不是地球公转运动的真实周期，它比真实周期（即恒星年）短。比如，它在 1900 年 1 月 1 日 0 时的长度为：

1 回归年＝$365^{d}5^{hr}48^{min}45.974\,4^{s}$ 平太阳时

回归年的长度也不固定，每 100 年减少约 0.53s。

3．近点年（Anomalistic Year）

太阳中心连续两次通过近地点所经历的时间段，称为一近点年。由于近地点每年在黄道上东移约 11.4s，所以一近点年比一恒星年约长 0.003 2 平太阳日。

4．交点年（Draconic Year）

交点年的参考点为月球公转轨道升交点，太阳中心连续两次通过此升交点所经历的时间段，称为一交点年。由于月球公转轨道升交点每年西移约 19° 20.5′，所以一交点年比一恒星年约短 18.64 平太阳日。

5．白塞尔年（Besselian Year）

白塞尔年是德国天文学家白塞尔（Bessel）提出的一种假年（Fictitious Year），它将经光行差（Aberration of Light）改正后的平太阳，经过赤经 280° 00′ 00″ 的这一瞬间，作为一年的开始，即白塞尔年岁首。并规定平太阳赤经增加 360° 所经历的时间段为一白塞尔年，其长度等于一回归年。

二、历法（Calendar）

所谓历法，就是研究如何适当安排年、月、日三者的关系，以便用于计时的方法。历史上出现过的历法很多，归纳起来可分为 3 种：太阴历（Lunar Calendar）、太阳历（Solar Calendar）和阴阳历（Lunisolar Calendar）。本节介绍太阳历中的两种：儒略历和格里历。太阳历的制历原则之一是使历年的平均长度接近于回归年的长度。

1．儒略历（Julian Calendar）

儒略历也叫旧太阳历，接近于现在的公历。一历年包含 12 个历月，规定每 4 年中前 3 年为平年（365 日），第 4 年为闰年（366 日）。儒略历每年平均长度为 365.25 日，比回归年

约长 0.007 8 日，每经 128 年就比回归年多了约 1 天，可见儒略历还不够精确。

儒略日（JD－Julian Day）是天文学上为了计算较长一段时间，而采用的特殊的计日方法。它以公元前 4713 年 1 月 1 日格林尼治正午（世界时 12 时）为起算点，其后连续不断累积日数。例如，公元 1980 年 10 月 1 日 0 时的儒略日记为 JD2 444 513.5。

2. 格里历（Gregorian Calendar）

公元 1582 年，罗马教皇格里高利修改了儒略历，改革后的新历称为格里历（公历），也叫新太阳历。与儒略历相比，格里历每 400 年减少了 3 个闰年，于是格里历的历年平均长度减为 365.242 5 平太阳日，仅比回归年长度多 0.000 3 日，累积 3 300 年才差 1 天，可见比儒略历更为精确。

中国从 1912 年开始采用格里历和民国纪年，1949 年后改为公元纪年。

第三章　卫星运动规律及 GPS 卫星在轨位置计算

计算卫星的在轨位置，实际上就是跟踪 GPS 卫星的运动轨迹，这对 GPS 定位是至关重要的。前面第二章已经提到，GPS 定位把卫星作为已知点，但由于卫星相对于地球不断运动，因此它是一个动态已知点。也就是说，卫星的坐标是时间的函数。本章主要介绍卫星的无摄运动、受摄运动以及卫星坐标的计算。

3.1 概述

卫星进入预定轨道后，便开始周而复始地围绕地球作圆周运动。圆周运动是各种外力联合作用下的结果，也就是说卫星运行的轨迹取决于作用于卫星上的各种力的大小和方向。这些力包括地球引力、日月引力、潮汐力、大气阻力、太阳光压等。由此可见，讨论卫星的运动规律实际上就是确定在不同时间、不同位置上这些力的大小和方向，以及它们对卫星轨道的影响。

从这些力的大小上看，地球引力的作用最为显著，其它力均小于地球引力的 10^{-5}。地球引力的大小和分布取决于地球形状和内部物质分布。众所周知，地球的形状近似于一个椭球（Ellipsoid）。假设地球是一个匀质椭球，那么该椭球可以形成理想的引力场，在它的作用下卫星的轨道可以精确计算。匀质椭球产生的引力称作中心引力。但实际上，地球形状并非规则椭球，它的内部质量分布也不均匀，不过这种实际的非规则球体对卫星轨道的影响与理想的中心引力相比差距甚微。实践表明，地球的实际引力场对卫星的影响与假设匀质球体形成的引力场相比，最多时也仅相差 10^{-3} 量级。它们之差叫作非球形引力。这样一来，地球引力就可以看作是中心引力和非球形引力的叠加。

为了研究和应用的方便，通常把作用于卫星的力分为两类：一类是中心引力（Central Gravitational Force），它是匀质椭球产生的引力；另一类是摄动力（Perturbative Force），包括非球形引力、日月引力、潮汐力、大气阻力和太阳光压等。由于二者的大小相差悬殊（详见表 3-1），实际上是中心引力决定着卫星运动的基本特征，由此求得的卫星轨道可以视作理想

表 3-1　摄动力的量级

摄动源	量级（与中心引力相比）
非球形引力	10^{-8}～10^{-3}
日月引力	10^{-7}～10^{-5}
地球潮汐	10^{-8}
太阳光压	10^{-8}～10^{-5}
大气阻力	10^{-8}～10^{-5}

轨道，该轨道是分析卫星实际轨道的基础。

在摄动力作用下，卫星势必将偏离理想轨道，而且偏离量将随时间和位置的不同而有所差异。因此，卫星轨道实际上是形状不甚规则的空间曲线。考虑到这一点，研究卫星的运动规律一般分为两步。首先，在匀质椭球形成的理想的地球引力场中，只考虑中心引力的作用，描述卫星轨道的基本特征；其次，研究各种摄动力对卫星的影响，对卫星的理想轨道进行修正，从而确定卫星实际轨道的瞬时特征。

在中心引力作用下，卫星的运动称为无摄运动（Undisturbed Motion），或开普勒运动（Keplerian Motion），其运行轨道称为无摄轨道（Undisturbed Orbit），也叫开普勒轨道（Keplerian Orbit）。在摄动力作用下，卫星的运动称为受摄运动（Perturbed Motion），其运行轨道称为摄动轨道（Perturbed Orbit）。

3.2 卫星的无摄运动

中心引力是匀质球体形成的理想的引力作用，因此无摄轨道的数字特征可以精确获得，该理想轨道是分析卫星运动的基础。

3.2.1 开普勒定律（Kepler's Three Laws of Planetary Motion）

开普勒定律包含三条定律，是德国天文学家开普勒（Johannes Kepler）(1571～1630）提出的，主要用来描述行星绕太阳运动的基本规律。该定律同样适合用来描述卫星绕地球运动的基本规律。

一、开普勒第一定律

行星绕太阳运行轨道是一个椭圆，太阳位于该椭圆的一个焦点上。

这一定律说明，在中心引力作用下，卫星的无摄轨道（和行星轨道一样），也是一个椭圆。这个椭圆叫开普勒椭圆（Kepler Ellipse），地球质心位于该椭圆的一个焦点上。如图3-1所示，卫星离地球质心最远一点称为远地点（Apogee），最近一点称为近地点（Perigee）。

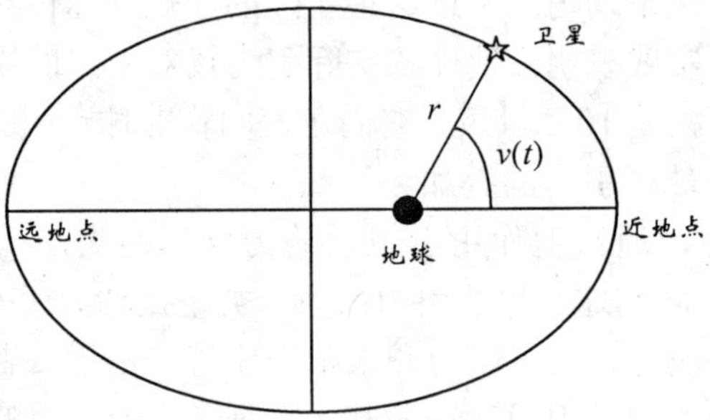

图 3-1　开普勒椭圆

设 r 为卫星到地心的距离（向径），a_s 为开普勒椭圆长半轴，e_s 为椭圆偏心率，v（t）为卫星真近点角，则卫星绕地球质心运动的无摄轨道方程为:

$$r = \frac{a_s(1-e_s^2)}{1+e_s \cdot \cos v(t)} \qquad (3\text{-}1)$$

其中 v（t）描述卫星相对于近地点位置，它是时间的函数（该方程的由来请参见本章3.2.3)。

二、开普勒第二定律

行星围绕太阳运行时，行星与太阳的连线（向径）在相同的时间内扫过相同的面积。

和行星一样，在轨道上运行的卫星也同时具有势能和动能，其中势能的大小取决于卫星在地球引力场中的位置，动能是卫星运动速度的函数。根据能量守恒定理，在近地点时，卫星势能达到最大，这时动能最小，速度也最小。而在远地点时情况则正好相反。以地球绕太阳公转为例，地球运行至近日点时（1 月 3 日左右），速度达到最快，日速约 1° 01′ 9.9″。在远日点时（7 月 4 日左右），速度达到最慢，日速约 0° 57′ 11.5″。

假设 m_s 和 v_s 分别是卫星的质量和速度，M 为地球质量，G 为引力常数，则卫星的势能与动能之和理论上应该保持不便，即:

$$\frac{1}{2}m_s{v_s}^2+\frac{GMm_s}{r}=常数 \tag{3-2}$$

如图 3-2 所示，开普勒第二定律说明，卫星的运行速度并非常数，而是不断变化的。在近地点时的速度最大，远地点的速度则最小。开普勒第二定律也叫面积定律（The Law of Areas）

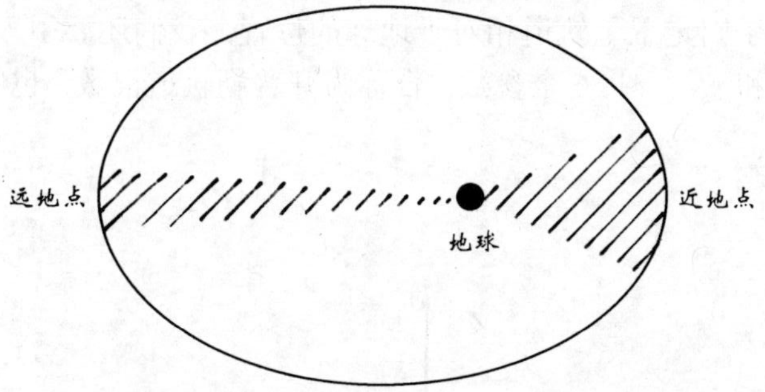

图 3-2　卫星到地心向径在相同时间里扫过的面积相等

三、开普勒第三定律

行星绕太阳运行周期的平方，与其轨道长半径的立方成正比。

假设 T_1、T_2 分别为两颗行星的公转周期，a_1、a_2 分别为它们的轨道长半径，则开普勒第三定律可以表达为:

$$\frac{T_1^2}{a_1^3}=\frac{T_2^2}{a_2^3} \tag{3-3}$$

实际上，根据牛顿力学原理，行星绕太阳运行周期的平方，与其轨道长半径的立方之比等于一个常数，这个常数与行星质量有关。即:

$$\frac{T^2}{a^3}=\frac{4\pi^2}{G(M+m)} \tag{3-4}$$

其中，T 表示行星运行周期，a 表示轨道长半径，M 和 m 分别表示太阳和行星的质量。由于行星质量相对于太阳质量非常小，所以上式亦可近似表示为:

$$\frac{T^2}{a^3}=\frac{4\pi^2}{GM} \tag{3-5}$$

如果假设卫星运行的平均角速度为 n, 则有:

$$n=\frac{2\pi}{T} \tag{3-6}$$

于是，将（3-6）代入（3-5）式，整理可得:

$$n = \left(\frac{GM}{a^3}\right)^{\frac{1}{2}} \tag{3-7}$$

从（3-7）式可以看出，卫星轨道长半轴确定以后，卫星运行的平均角速度也随之成为一个常数，这对卫星位置的计算具有重要意义。

由于开普勒定律的出现先于牛顿力学，所以开普勒本人无法给出这 3 个定律的物理解释和证明。但开普勒定律至今仍是航空航天、天文等领域的基本理论，有着广泛的应用。

3.2.2 无摄轨道的描述

一、开普勒轨道根数（Kepler Orbital Element）

由开普勒定律可知，卫星无摄轨道是一个椭圆。描述椭圆的形状和大小，只需要椭圆长半轴 a_s 和偏心率 e_s 这两个参数即可。但这样的描述还不能唯一固定卫星轨道平面相对于地球本体的位置。所以，为了固定卫星轨道相对于地球的位置，我们还要引入另外 4 个参数。这 4 个参数加上前面的 a_s 和 e_s，一共 6 个参数，合称为开普勒轨道根数，也叫开普勒轨道参数，如图 3-3 所示。

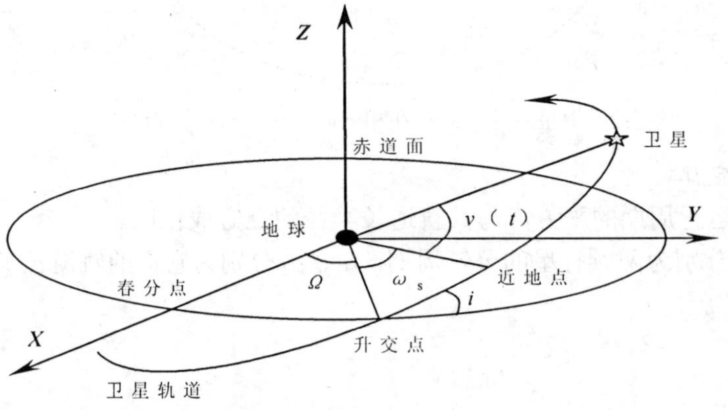

图 3-3　开普勒轨道根数

现将 6 个开普勒轨道根数的常用符号及含义介绍如下：

a_s 为轨道椭圆长半轴（Semi-major Axis）；

e_s 为轨道椭圆偏心率（Eccentricity）；

i 为轨道面倾角(Inclination of Orbit)，即卫星轨道平面与赤道面的夹角；

Ω 为升交点赤经(Right Ascension of Ascending Node)。升交点是指卫星由南向北运行时，其轨道与赤道面的交点；

ω_s 为近地点角距（Argument of Perigee），即轨道平面上，升交点与近地点之间的地心夹角；

τ_0 为卫星过近地点的时刻（Epoch of Perigee Passage）。

这 6 个参数所构成的坐标系统，通常称为轨道坐标系（Elements of Coordinate System），用来描述卫星的运动。它们的大小取决于卫星的发射条件。

二、真近点角的计算

有了开普勒轨道根数，还不足以描述卫星在任意观测历元下，在轨道坐标系中的位置，于是我们引入真近点角。如图 3-3 所示，真近点角（True Anomaly），即轨道平面上，卫星与近地点之间的地心角距，可用 v（t）表示。真近点角是时间的函数，随着时间的推移而不断变化，确定它与时间的函数关系，就成为计算卫星位置的关键所在。为了方便计算，需要引入两个辅助参数 M（t）和 E（t）。

1．M（t）——平近点角（Mean Anomaly）

它的定义如下：

$$M(t)=n(t-\tau_0) \tag{3-8}$$

.其中 n 表示卫星运动平均角速度，t 表示任意观测历元。根据（3-7）式可知，卫星运动平均角速度是一个常数，因此平近点角 M（t）是观测历元 t 的线性函数。有时，也把平近点角 M（t）作为轨道根数之一，以取代卫星过近地点时刻 τ_0。

2．$E(t)$——偏近点角（Eccentric Anomaly）

如图 3-4 所示，过卫星中心，作一条直线垂直于轨道椭圆长轴，交椭圆长轴于 m' 点，直线的另一端与以椭圆中心 O 为圆心，以椭圆长半轴为半径的大圆，相交于 m'' 点，则椭圆

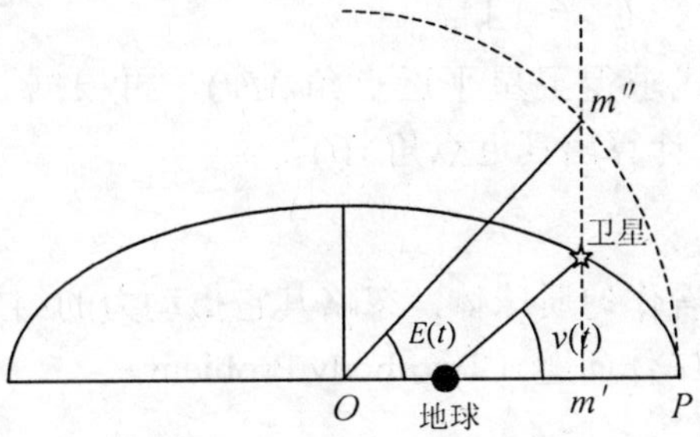

图 3-4　偏近点角 $E(t)$

长半轴 OP 与 Om'' 的夹角即为偏近点角，常用 E（t）表示。

偏近点角 $E(t)$与平近点角 $M(t)$具有以下关系：

$$E(t)=M(t)+e\cdot E(t) \tag{3-9}$$

该式称为开普勒方程（Kepler' s Equation），是计算卫星位置的重要依据。开普勒方程很适合采用计算机迭代的方法计算，先取近似值 $E_0(t)=M(t)$，然后依次取

$$E_1(t)=M(t)+e\sin E_0(t)$$
$$E_2(t)=M(t)+e\sin E_1(t)$$
$$\vdots \qquad \vdots \qquad \vdots$$
$$E_n(t)=M(t)+e\sin E_{n-1}(t)$$

直到 $E_n(t)-E_{n-1}(t)$小于某个设定的微小量为止。由此可以求得偏近点角 $E(t)$。

前面已经提到，引入 $M(t)$和 $E(t)$的目的在于计算真近点角 $v(t)$，由图 3-4 可知，偏近点角 $E(t)$与真近点角 $v(t)$的关系为：

$$a_s\times\cos E(t)=r\times\cos v(t)+a_s\times e_s \tag{3-10}$$

整理可得：

$$\cos v(t)=\frac{a_s}{r}\left[\cos E(t)-e_s\right] \tag{3-11}$$

将该式代入开普勒轨道椭圆（3-1）式中，则有：

$$r=a_s\left[1-e_s\cos E(t)\right] \tag{3-12}$$

再综合（3-1）和（3-11），可得到偏近点角 $E(t)$与真近点角 $v(t)$的关系式：

$$\begin{cases}\cos v(t)=\dfrac{\cos E(t)-e_s}{1-e_s\cos E(t)}\\[2ex] \sin v(t)=\dfrac{\left(1-e_s^{2}\right)^{1/2}\sin E(t)}{1-e_s\cos E(t)}\end{cases} \tag{3-13}$$

该式可以进一步简化为:

$$\mathrm{tg}\left[\frac{v(t)}{2}\right]=\left(\frac{1+e_s}{1-e_s}\right)^{\frac{1}{2}}\cdot\mathrm{tg}\left[\frac{E(t)}{2}\right] \tag{3-14}$$

综上所述，先由（3-8）式求得卫星平近点角 $M(t)$，再根据（3-9）式确定偏近点角 $E(t)$，最后再按照（3-14）式，计算出真近点角 $v(t)$。

3.2.3 卫星坐标的计算

卫星的无摄运动是把地球看作匀质球体，忽略其它摄动力的结果。这时，卫星与地球构成二体系统，即天体力学中的二体问题（Two-body Problem）。

一、二体问题微分方程

如图 3-5 所示，根据牛顿万有引力定律，在惯性坐标系中，卫星受到的引力为:

$$F=-\frac{G(M+m_s)m_s}{r^2}\cdot\frac{r}{r} \tag{3-15}$$

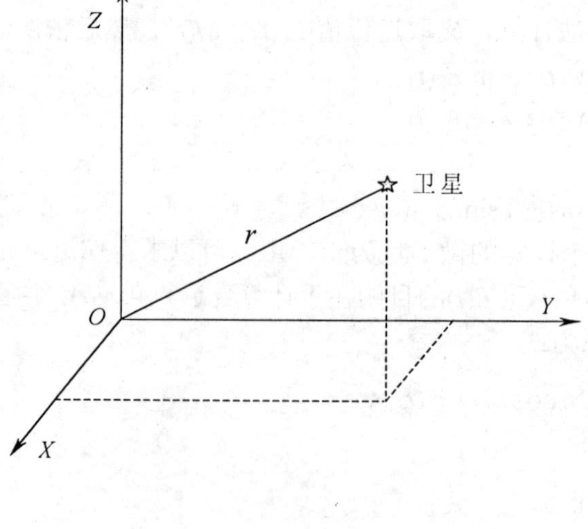

图 3-5 卫星在惯性坐标系中

由于卫星质量相对地球为小，可以将式中（$M+m_s$）忽略为 M。由此可得卫星的加速度矢量为：

$$\frac{d^2r}{dt^2}=-\frac{GM}{r^2}\cdot\frac{r}{r} \tag{3-16}$$

根据（3-16）式，卫星在直角坐标中的无摄运动方程为：

$$\begin{cases}\dfrac{d^2x}{dt^2}+\dfrac{GM}{r^3}x=0\\ \dfrac{d^2y}{dt^2}+\dfrac{GM}{r^3}y=0\\ \dfrac{d^2z}{dt^2}+\dfrac{GM}{r^3}z=0\end{cases} \tag{3-17}$$

其中 $r=(x^2+y^2+z^2)^{1/2}$，G 是引力常数（Constant of Gravitation），M 是地球的质量。

从这 3 个二阶微分方程，可以得到严密解，它的解用轨道坐标系表示即为开普勒轨道椭圆方程（3-1），从而印证了开普勒第一定律。

二、卫星无摄运动瞬时坐标的计算

前面已经详细介绍了真近点角 $v(t)$ 的计算方法，而那只是卫星在观测历元 t 时刻，相对于开普勒轨道的位置，我们还需要知道卫星相对于协议地球坐标系（CTS）的位置，下面就来讨论这个问题。

计算卫星在任意观测历元相对于地球坐标系的位置，可分三步：首先建立轨道直角坐标系，计算卫星在轨道直角坐标系中的位置；然后计算卫星在天球坐标系下的坐标；最后再将卫星的天球坐标转换为地球坐标系下的坐标。

1．卫星在轨道直角坐标系中的位置

如图 3-6 所示，取地球质心 M 为坐标原点，X_0 轴指向近地点 P，Z_0 轴垂直于轨道平面，Y_0 轴在轨道面内垂直于 X_0 轴构成右手系。在该坐标系中，卫星 m_s 的坐标为（x_0，y_0，z_0）^{T}。

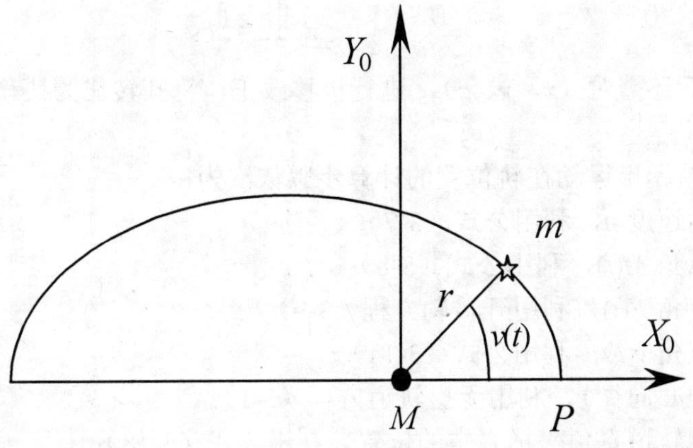

图 3-6　轨道直角坐标系

根据图 3-6 所示，易知：

$$\begin{bmatrix} x_0 \\ y_0 \\ z_0 \end{bmatrix} = r\begin{bmatrix} \cos v(t) \\ \sin v(t) \\ 0 \end{bmatrix} \tag{3-18}$$

2．卫星在天球坐标系中的位置

由公式（3-18）可以确定卫星在轨道平面上的位置，而卫星在天球坐标系中的位置，还需要轨道参数 Ω、ω_s 和 i。天球坐标系与轨道直角坐标系的原点都是地球质心，只是坐标轴指向不相同。为了使两个坐标系相一致，按照坐标系转换的有关理论，需要将坐标轴依次作如下旋转：

（1）轨道直角坐标系 $M\text{-}X_0Y_0Z_0$ 绕 Z_0 轴旋转角度 ω_s，使得 X_0 轴指向升交点。

（2）旋转后再绕 X_0 轴旋转角度 i，使 Z_0 轴与天球坐标系 Z 轴重合。

（3）再绕 Z_0 轴旋转角度 Ω，使 X_0 轴与天球坐标系 X 轴重合。

设 $(X, Y, Z)_{CS}$ 为卫星在天球坐标系中的坐标，则它们的转换关系为：

$$\begin{bmatrix} x \\ y \\ z \end{bmatrix}_{CS} = \begin{bmatrix} \cos\Omega & -\sin\Omega & 0 \\ \sin\Omega & \cos\Omega & 0 \\ 0 & 0 & 1 \end{bmatrix} \begin{bmatrix} 1 & 0 & 0 \\ 0 & \cos i & -\sin i \\ 0 & \sin i & \cos i \end{bmatrix} \begin{bmatrix} \cos\omega_s & -\sin\omega_s & 0 \\ \sin\omega_s & \cos\omega_s & 0 \\ 0 & 0 & 1 \end{bmatrix} \begin{bmatrix} x_0 \\ y_0 \\ z_0 \end{bmatrix} \tag{3-19}$$

结合（3-18）式，可以确定卫星在任意观测历元下，在天球坐标系中的坐标。

3．卫星在地球坐标系中的位置

有了卫星的天球坐标，就可以根据天球坐标系与地球坐标系的关系，进一步计算卫星在地球坐标系中的位置。设 $(X, Y, Z)_{TS}$ 为卫星在地球坐标系中的坐标。则有：

$$\begin{bmatrix} x \\ y \\ z \end{bmatrix}_{TS} = \begin{bmatrix} \cos(GAST) & -\sin(GAST) & 0 \\ \sin(GAST) & \cos(GAST) & 0 \\ 0 & 0 & 1 \end{bmatrix} \begin{bmatrix} x \\ y \\ z \end{bmatrix}_{CS} \tag{3-20}$$

一般说来，最后还需对 $(x, y, z)_{TS}$ 进行极移改正，将其转化为协议地球坐标系下的坐标 $(x, y, z)_{CTS}$。

归纳起来，卫星无摄运动在轨位置的计算步骤依次为：

(1) 计算平均角速度 n，利用公式（3-7）；

(2) 计算平近点角 $M(t)$，利用公式（3-8）；

(3) 计算偏近点角 $E(t)$，利用开普勒方程（3-9）；

(4) 计算真近点角 $v(t)$，利用公式（3-14）；

(5) 计算卫星地心向径 r，利用无摄轨道方程（3-1）；

(6) 计算卫星在轨道直角坐标系中的位置，利用公式（3-18）；

(7) 计算卫星在天球坐标系中的位置，利用公式（3-19）；

(8) 计算卫星在地球坐标系中的位置，利用公式（3-20）；

(9) 对卫星的地球坐标进行极移改正，将其转化为 $(x, y, z)_{CTS}$。

至此，卫星在任意观测历元 t，在协议地球坐标系下的坐标就计算出来了。顺便指出，通过类似的步骤，也可以推导卫星无摄运行速度分量 $\dot{x}$ 、 $\dot{y}$ 、 $\dot{z}$ 在协议地球坐标系中的表达式。

3.3 卫星的受摄运动

卫星在摄动力的作用下，它的运动将偏离开普勒轨道。研究表明，仅非球形引力摄动这一项，就可能使 GPS 卫星在 3hr 的弧段上，偏离无摄轨道达 2km。显然，这样的轨道摄动对任何用途的定位工作都是不容忽视的。因此，必须建立适当的轨道摄动模型，以便对开普勒轨道进行修正，满足精密定位的要求。

3.3.1 位理论

一、引力位函数（Gravitational Potential Function）

如图 3-5 所示，如果把地球看作质量为 M 的一个质点，把卫星看作一个单位质点，则该单位质点所受到的引力作用为 $F=-\frac{GM}{r^2}\cdot\frac{r}{r}$，这时引力在 3 个坐标轴上的分量分别为:

$$\begin{cases} F_x = F\cos(F,x) = -\frac{GM}{r^3}x \\ F_y = F\cos(F,y) = -\frac{GM}{r^3}y \\ F_z = F\cos(F,z) = -\frac{GM}{r^3}z \end{cases} \tag{3-21}$$

设有一个标量函数

$$V = G\frac{M}{r} \tag{3-22}$$

其中，G 表示引力常数，r 表示卫星到地心距离。容易验证，该函数对坐标轴 X、Y、Z 的偏导数，等于引力在 3 个坐标轴上的分量。即:

$$F_x = \frac{\partial V}{\partial x}, F_y = \frac{\partial V}{\partial y}, F_z = \frac{\partial V}{\partial z} \tag{3-23}$$

用向量形式表达，就是:

$$F = \mathrm{grad}\,V = \left(\frac{\partial V}{\partial x}, \frac{\partial V}{\partial y}, \frac{\partial V}{\partial z}\right)^T \tag{3-24}$$

式中，标量函数 V 称为引力位函数，简称引力位。该函数满足拉普拉斯方程，属于调和函数。grad$V$ 是引力位的梯度（Gradient），在惯性坐标系中，它等于引力向量 F。

位函数作为一个标量函数，它的引入，给研究卫星摄动运动带来了方便。但用位函数来描述一个力场，仅适合于保守力的范畴，对于非保守力则其位函数不是调和函数。

二、地球引力摄动位（扰动位）

地球引力场可以用引力位函数描述，(3-22)式描述的就是理想的匀质球体形成的引力场，即中心引力场。而对于真实的地球引力场，其位函数可以表示为:

$$V = G\int_M \frac{dM}{r} \tag{3-25}$$

实际上，由于地球真实引力分布的复杂性，该积分式很难用一个简单函数表达。根据球函数的知识，地球引力位函数可以用球谐函数的级数展开式来表达。即：

$$V(\lambda,\varphi,r) = \frac{GM}{r}\left\{1+\sum_{n=2}^{\infty}\left(\frac{a}{r}\right)^n \sum_{m=0}^{n}\left[\left(\overline{C}_{nm}\cos m\lambda + \overline{S}_{nm}\sin m\lambda\right)\overline{P}_{nm}(\sin\varphi)\right]\right\} \tag{3-26}$$

式中，GM 为引力常数和地球质量的乘积；

a 为地球椭球长半径；

$\overline{C}_{nm}$、$\overline{S}_{nm}$ 为 n 阶 m 次完全规格化位系数；

$\overline{P}_{nm}(\sin\varphi)$ 为 n 阶 m 次完全规格化缔合球函数；

λ、φ、r 为引力场中某一点的经度、纬度和地心向径。

从（3-26）式中可以看出，等式右边第一项显然就是中心引力的位函数。在第二项中，向径 r 处于分母位置，所以，随着卫星高度升高，非球形引力的影响将迅速减小。另外，对于 GPS 这样的高轨卫星而言，只需要应用展开式中较少项数，高阶项的影响可以忽略不计。

如果令

$$T = \sum_{n=2}^{\infty}\left(\frac{GMa^n}{r^{n+1}}\right)\sum_{m=0}^{n}\left[\left(\overline{C}_{nm}\cos m\lambda + \overline{S}_{nm}\sin m\lambda\right)\overline{P}_{nm}(\sin\varphi)\right] \tag{3-27}$$

那么，T 就是地球引力扰动位（Disturbing Geopotential）。

3.3.2 卫星的受摄运动方程

一、卫星的受摄轨道根数

设 K_s =（K_x，K_y，K_z）^{T} 是摄动力加速度，$\ddot{r}$ =（$\ddot{x},\ddot{y},\ddot{z}$）^{T} 为卫星运动的加速度，即 $\ddot{x}=\frac{d^2x}{dt^2},\ddot{y}=\frac{d^2y}{dt^2},\ddot{z}=\frac{d^2z}{dt^2}$，则由公式（3-17）可知，卫星受摄运动方程的一般形式为：

$$\begin{cases}\ddot{x} = -\dfrac{GM}{r^3}x + K_x \\ \ddot{y} = -\dfrac{GM}{r^3}y + K_y \\ \ddot{z} = -\dfrac{GM}{r^3}z + K_z\end{cases} \tag{3-28}$$

或者可以表达为：

$$\ddot{r} = -\frac{GM}{r^3}r + K_s \tag{3-29}$$

显然，该方程与前面无摄运动方程（3-17）是不一样的。通过无摄运动方程，可以解得卫星的坐标 $(x, y, z)^T$ 和速度 $(\dot{x}, \dot{y}, \dot{z})^T$，并用一组轨道根数 a_s、e_s、Ω、i、ω_s 和 t_0 来表示。而按照方程（3-28）求得的卫星受摄运动轨道的轨道根数则不再保持常数，它们是时间的函数。假设在观测历元 t 时刻，解得轨道根数为 $a_s(t)$、$e_s(t)$、$\Omega(t)$、$i(t)$、$\omega_s(t)$ 和 $\tau_0(t)$，则这一组轨道根数称为观测历元 t 的受摄轨道根数。假如在观测历元 t 这个瞬间，摄动力突然全部消失，则卫星将沿着这一瞬间的受摄轨道根数所决定的开普勒椭圆作圆周运动，所以受摄轨道根数也叫瞬时轨道根数（Instantaneous Orbital Elements），或密切轨道根数（Osculating Orbital Elements）。

在方程（3-29）中，K_s 是所有摄动力加速度之和。如果引入符号：

$\ddot{r}_E$ 为非球形引力摄动加速度（Acceleration Due to the Non-spherically and Inhomogeneous Mass Distribution within the Earth）；

$\ddot{r}_S$、$\ddot{r}_M$ 为日、月引力摄动加速度（Accelerations Due to the Sun and the Moon）；

$\ddot{r}_{SP}$、$\ddot{r}_A$ 为太阳光压、地球反射光压（Accelerations Due to Direct and Earth-reflected Solar Radiation Pressure）；

$\ddot{r}_e$、$\ddot{r}_o$ 为固体潮和海潮摄动加速度（Accelerations Due to Earth and Oceanic Tides）；

$\ddot{r}_D$ 为大气阻力摄动加速度（Acceleration Due to the Atmospheric Drag）。

如图 3-7 所示，即有：

$$K_s = \ddot{r}_E + \ddot{r}_S + \ddot{r}_M + \ddot{r}_{SP} + \ddot{r}_A + \ddot{r}_e + \ddot{r}_o + \ddot{r}_D \tag{3-30}$$

则方程（3-29）可以表达为

$$\ddot{r} = -\frac{GM}{r^3} r + \ddot{r}_E + \ddot{r}_S + \ddot{r}_M + \ddot{r}_{SP} + \ddot{r}_A + \ddot{r}_e + \ddot{r}_o + \ddot{r}_D \tag{3-31}$$

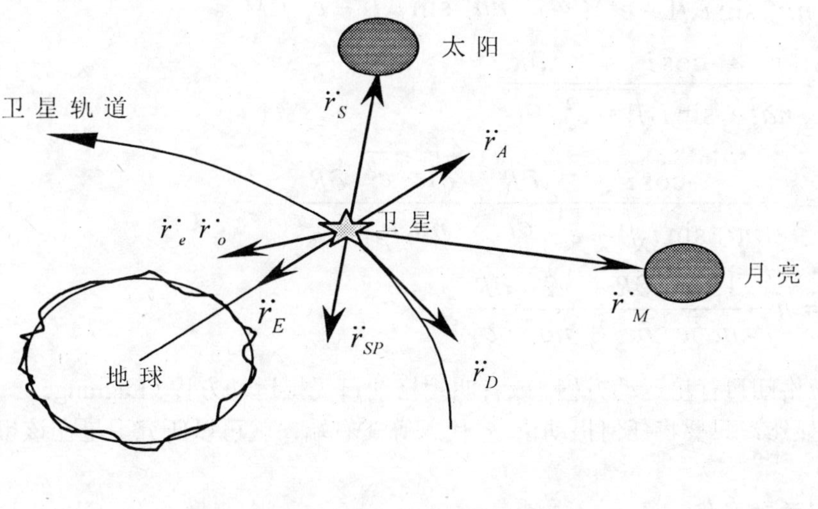

图 3-7　卫星的各种摄动力加速度

总的说来，摄动力可以分为两类：保守力（Conservative Force）和耗散力（Dissipative Force）。前者可以用位函数来表示受摄运动方程，比如非球形引力和日月引力；后者不宜用位函数表示，而只能用摄动力表示受摄运动方程，比如潮汐力、大气阻力和太阳光压。理论分析表明，GPS 卫星作为高轨卫星，对大气阻力、潮汐力（包括海潮、固体潮和大气潮）、地球反射光压以及非球形引力位展开式的高阶项并不敏感。如果将它们忽略不计，则方程（3-31）可以进一步简化为：

$$\ddot{r} = -\frac{GM}{r^3}r + \ddot{r}_E + \ddot{r}_S + \ddot{r}_M + \ddot{r}_{SP} \tag{3-32}$$

二、拉格朗日行星运动方程

前面已经提到，如果在摄动力属于保守力，则存在位函数。这时，假设摄动位函数为 R，结合式（3-24）和（3-29）可知，卫星运动的微分方程为：

$$\begin{cases} \ddot{x} = -\dfrac{GM}{r^3}x + \dfrac{\partial R}{\partial x} \\ \ddot{y} = -\dfrac{GM}{r^3}y + \dfrac{\partial R}{\partial y} \\ \ddot{z} = -\dfrac{GM}{r^3}z + \dfrac{\partial R}{\partial z} \end{cases} \tag{3-33}$$

由此，可导出受摄轨道根数与摄动位的关系式，即密切轨道根数表示的受摄运动方程：

$$\begin{cases} \dfrac{da_s}{dt} = \dfrac{2}{na_s}\dfrac{\partial R}{\partial M} \\ \dfrac{de_s}{dt} = \dfrac{1-e^2}{na_s^2 e_s}\dfrac{\partial R}{\partial M} - \dfrac{\sqrt{1-e_s^2}}{na_s^2 e_s}\dfrac{\partial R}{\partial \omega} \\ \dfrac{di}{dt} = \dfrac{\cos i}{na_s^2 \sin i\sqrt{1-e_s^2}}\dfrac{\partial R}{\partial \omega} - \dfrac{1}{na_s^2 \sin i\sqrt{1-e_s}}\dfrac{\partial R}{\partial \Omega} \\ \dfrac{d\Omega}{dt} = \dfrac{\cos i}{na_s^2 e_s \sin i\sqrt{1-e_s^2}}\dfrac{\partial R}{\partial i} \\ \dfrac{d\omega_s}{dt} = -\dfrac{\cos i}{na_s^2 \sin i\sqrt{1-e_s^2}}\dfrac{\partial R}{\partial i} + \dfrac{\sqrt{1-e_s^2}}{na_s^2 e_s}\dfrac{\partial R}{\partial e_s} \\ \dfrac{dM}{dt} = n - \dfrac{1-e_s}{na_s^2 e_s}\dfrac{\partial R}{\partial e_s} - \dfrac{2}{na_s}\dfrac{\partial R}{\partial a_s} \end{cases} \tag{3-34}$$

该方程称为拉格朗日行星运动方程，或者叫拉格朗日受摄运动方程（Lagrange’s Perturbation Equations）。显然，只要将任何摄动位 R 代入等式右端，就可以研究卫星在该摄动力作用下的运动状况。

三、牛顿受摄运动方程

公式（3-34）给出的是保守力作用下的受摄运动方程，而前面已经提到，耗散力并不存在位函数。因此，还需要给出用摄动力分量表示的受摄运动方程。

如图 3-8 所示，讨论卫星在非保守力作用下的摄动运动时，通常将其分解为一组相互垂直的分量 S、T、W，其中 S 沿着向径 r 的方向，远离地心为正；T 在轨道面内与 S 保持正交，指向卫星运动方向为正；W 为轨道面法线方向，指向北极为正。

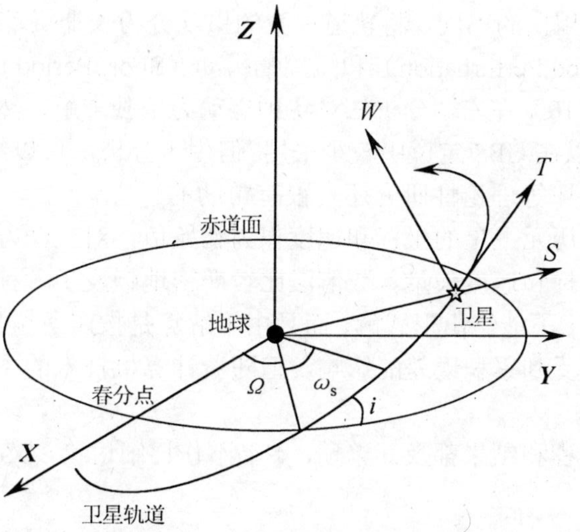

图 3-8 摄动力的分量 S、T、W

由此，可导出一组受摄轨道根数与摄动力分量 S、T、W 之间的关系式，即：

$$
\begin{cases}
\dfrac{da_s}{dt} = \dfrac{2}{n\sqrt{1-e_s^2}}\left(e_s \sin v(t)\cdot S + \dfrac{a_s(1-e_s^2)}{r}T\right) \\
\dfrac{de_s}{dt} = \dfrac{\sqrt{1-e_s^2}}{na_s}\left[\sin v(t)\cdot S + \left(\dfrac{a_s(1-e_s)}{re_s} - \dfrac{r}{a_s e_s}\right)T\right] \\
\dfrac{di}{dt} = \dfrac{r\cos\left[\omega_s + v(t)\right]}{na_s^2\sqrt{1-e_s^2}}W \\
\dfrac{d\Omega}{dt} = \dfrac{r\sin\left[\omega_s + v(t)\right]}{(na_s^2\sqrt{1-e_s^2})\sin i}W \\
\dfrac{d\omega_s}{dt} = \dfrac{\sqrt{1-e_s^2}}{na_s e_s}\left[-\cos v(t)\cdot S + \left(1 + \dfrac{r}{a_s(1-e_s^2)}\right)\sin v(t)\cdot T\right] - \dfrac{d\Omega}{dt}\cos i \\
\dfrac{dM}{dt} = n - \dfrac{1}{na_s}\left(\dfrac{2r}{a_s} - \dfrac{1-e_s^2}{e_s}\cos v(t)\right)S - \dfrac{1-e_s^2}{na_s e_s}\left(1 + \dfrac{r}{a_s(1-e_s^2)}\right)\sin v(t)\cdot T
\end{cases}
$$

该方程称为牛顿受摄运动方程（Newtonian Perturbation Equations）。显然，该方程较拉格朗日受摄运动方程更具普遍性。只要将任何摄动力的分量 S、T、W 代入等式右端，就可以研究卫星在该摄动力作用下的运动状况。

四、受摄运动方程的解法

受摄运动方程不论是以直角坐标形式（3-29）表示，还是以轨道根数表示的（3-34）或（3-35），都是及其复杂的微分方程，不能求得严密的形式解。因此，只能按照一定的精度求近似解，常用的方法有分析法（Analytical Integration）和数值法（Numerical Integration）两种。

分析法利用摄动力比中心引力小 10^{-3} 的特点，用级数展开和迭代的方法解摄动方程。解算时，按照展开项摄动周期的不同，将轨道根数的摄动分为长期摄动（Secular Perturbation）、长周期摄动（Long Period Perturbation）和短周期摄动（Short Period Perturbation），分析法的解算精度大约为 10^{-6}～10^{-8} 左右。分析法对各种摄动力单独求解，然后相加，不能顾及摄动力之间的相互影响，所以在 GPS 定位中较少采用。但由于分析法可以给出轨道摄动的形式解，对研究卫星轨道变化规律等理论性研究还是很有帮助的。

数值法以某个观测历元卫星的坐标和速度作为初始值，对摄动方程进行数值积分，逐步求得任意历元卫星的坐标和速度矢量。数值法比较严密地顾及了各种摄动力，具有较高解算精度。数值法的缺点在于不能给出形式解，而且由于解算是按照所选择的时间步长逐步解算，所以计算量较大，容易受到累积误差的影响。但随着计算机技术的飞速发展，计算量和精度都已不再是障碍。

摄动方程解算的过程和结果都及其繁琐，本书不作详细讨论，仅对某些摄动源作简单的、定性的介绍。

3.3.3 各种摄动力对卫星轨道的影响

一、地球引力场摄动的影响

根据前面的论述，引力摄动作为保守力，只要将其位函数（3-26）代入拉格朗日受摄运动方程（3-34）中的 R，利用分析法或数值法，即可推算地球引力场摄动对卫星轨道的影响，求得相应的密切轨道根数。

地球引力场摄动的影响，主要由二阶球谐系数项 $C_{2,0}$（参见公式（3-27））引起，它比其它各项的影响大致少 1 000 倍以上。它对卫星轨道的影响表现在：

1. 升交点沿赤道缓慢西移

实际上，这种摄动作用的影响就是使轨道平面产生旋转。在二阶球谐系数项 $C_{2,0}$ 的影响下，轨道面的进动速度 $\frac{d\Omega}{dt}$ 约为－0. 03° /d（－3. 3km/d）。由于升交点还受到其它摄动力的影响，所以升交点赤经的变率实际上并不是一个常数。

2. 近地点在轨道面内旋转

近地点位置的变化，意味着开普勒椭圆在轨道面内定向的改变，这种摄动作用引起近地点角距 ω_s 的缓慢变化（$\frac{d\omega_s}{dt}$）。

3. 平近点角的变化 $M(t)$

设 $\Delta n=\frac{d\omega_s}{dt}+\frac{dM}{dt}$，结合近地点在轨道面内旋转 $\frac{d\omega_s}{dt}$ 与平近点角的变率 $\frac{dM}{dt}$，平均角

速度差$\Delta n \approx -0.01^\circ$ /d。

以上 3 种摄动作用取决于轨道根数 a_s、 e_s、和 i，皆属于长期摄动。在它们的联合作用下，卫星的实际轨道近似于一条空间螺旋线。

二、日、月引力摄动的影响

日、月引力的影响主要是由于太阳和月球对卫星的引力作用引起的。与地球引力场摄动一样，日、月引力摄动也属于保守力作用。因此，只要找出日、月引力摄动位（展开式），也可以代入拉格朗日受摄运动方程（3-34）中的 R，推算它们对卫星轨道的影响，计算出相应的摄动轨道根数。

日、月引力的影响主要是周期性摄动，它具有许多不同的周期，其中最大的周期约 14d。与地球引力场的摄动类似，日、月引力的摄动也能产生升交点沿赤道缓慢进动、近地点角距的变化等轨道摄动现象，只是摄动的方向与地球引力场的摄动不同，摄动量级更小而已。其摄动加速度约为 $5\times10^{-6}\mathrm{m/s^2}$ 左右，在 3hr 的弧段内，可能产生约 50～150m 的位置误差。它是除了地球引力场以外最大的摄动源。

虽然太阳的质量较月球为大，但由于卫星到太阳距离比到月球的距离大很多，所以太阳引力摄动作用一般不超过月球引力摄动的 10%～46%。太阳系其它行星的引力摄动比太阳更小，因此可以忽略不计。

三、太阳光压摄动的影响

太阳光照射到卫星上，将使卫星获得一个推力，通常称为太阳光压，也叫太阳辐射压。太阳光压有两种，其一是直接太阳光压（Direct Solar Radiation Pressure）；另一种是地球反射光压（Earth-reflected Solar Radiation Pressure）。后者由于对 GPS 卫星影响较小，通常可以忽略不计。

如果将卫星视作球形，太阳光压产生的摄动加速度为：

$$\ddot{r}_{SP} = -K\frac{A}{m_s}P_s r_s \tag{3-36}$$

式中，K 为与卫星表面反射性能有关的系数，一般取值于 1～1.44 之间；

A 为垂直于太阳方向的卫星截面积；

m_S 为卫星质量；

P 为太阳光压的压强，通常取值为 $4.560\,5\times10^{-6}\mathrm{N/m}$；

r_s 为太阳中心的地心向径。

r_s 本应该是太阳中心到卫星的向径，但这样的近似不会带来明显误差。即使是平均轨道高度约 40 000km 的静地卫星，方向差异也仅为 1′ 左右。

太阳光压摄动属于耗散力，为了研究它的影响，可以先用太阳视运动的轨道根数表示 r_s，再导出摄动加速度 $\ddot{r}_{SP}$ 的 3 个分量 S、T、W，最后代入牛顿受摄运动方程（3-35），求出摄动轨道根数。需要指出的是，当卫星进入地球阴影区域时（如图 3-9 所示），它不受太阳光压的影响，因此在解算时需要考虑扣除阴影部分。

根据计算，太阳光压对 GPS 卫星的摄动加速度，约为 $10^{-7}\mathrm{m/s^2}$，在 3hr 的弧段上可能产生 5～10m 的偏差。这一摄动力的影响对于精密 GPS 定位而言是不能忽略的。

卫星定轨是 GPS 的关键技术之一，它与 GPS 的定位精度息息相关。因此，充分考虑各种摄动力的影响，精化各种摄动力模型，始终是研究 GPS 卫星定位技术的一个主要课题。

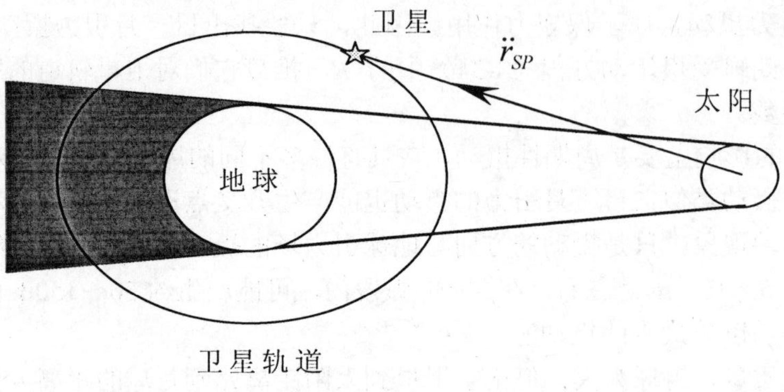

图 3-9　太阳光压的影响

3.4　卫星坐标的计算

本章 3.2.3 中已经讨论了在无摄轨道上卫星坐标的计算方法。现在，结合本章 3.3 的有关内容，来讨论一下卫星摄动坐标的计算方法。根据前面的论述，只要知道观测历元 t 的摄动轨道参数$a_s(t)$、$e_s(t)$、$\Omega(t)$、$I(t)$、$\omega_s(t)$和 $\tau_0(t)$，就可以结合本章 3.2.3 中所介绍的步骤，求出观测历元 t 时刻卫星在协议地球坐标系下的坐标。

现将卫星摄动坐标的计算步骤简要介绍如下：

(1) 计算观测历元 t 的真近点角 $v(t)$。利用卫星星历提供的平均角速度差 Δn、参考历元 t_0 以及参考历元下的轨道根数，根据（3-8）、（3-9）和（3-14）等公式，计算观测历元 t 的真近点角 $v(t)$。

(2) 计算观测历元 t 的卫星到地心距离 r 和轨道倾角 i。利用卫星星历提供的摄动参数，求解经摄动改正后的卫星到地心距离 r 和轨道倾角 i。

(3) 计算观测历元 t 时刻，卫星在轨道直角坐标系的坐标（x_0，y_0，z_0）。利用已经求得的地心距离 r、轨道倾角 i 和真近点角 $v(t)$，根据公式（3-18）计算（x_0，y_0，z_0）。

(4) 计算卫星在协议地球坐标系下的坐标 $(x, y, z)_{CTS}$。利用（x_0，y_0，z_0），根据公式（3-19）（3-20）计算卫星在地球坐标系下的坐标 $(x, y, z)_{TS}$。再对卫星的地球坐标进行极移改正，转化为 $(x, y, z)_{CTS}$。

至此，受摄运动的卫星在任意观测历元 t，在协议地球坐标系下的坐标就计算出来了。

第四章　GPS 卫星信号的构成与传播

GPS 定位的基本观测量，是观测站（接收机天线）到 GPS 卫星的距离（时间）。从某种意义上讲，GPS 观测更像是一种距离测量。距离测量可分为几何量距和物理量距，前者是指直接对被测距离进行量测，比如用钢尺或皮尺量距；后者不直接测定被测距离，而是测量与被测距离有关的某些物理量，间接地测量待定距离。比如光电测距中，可以通过测定电磁波信号在传播路径上往返的传播时间（时间延迟），或者测定在该路径上信号相位变化的周数（相位延迟）等方式，间接推算出待测距离。由于 GPS 的测距方式与常规电磁波测距相似，属于物理量距，因此，本章首先简要介绍电磁波测距的原理，然后介绍 GPS 测距的原理、GPS 信号的构成及信号传播误差。

4.1　电磁波测距的原理

20 世纪 40 年代前后，各种飞机被大量投入战争中，迫使人们寻求一种侦测飞机的手段，这时就出现了利用电磁波反射原理探测飞机的设备——雷达（Radar）。与此同时，电子测时技术、测相技术、高稳定度频率源等新兴技术领域的研究也不断深入。这些都为后来的电磁波测距奠定了基础。

1948 年，首台测距仪 Geodimeter 样机面世。20 世纪 50 年代中期出现的光波测距仪 NASM-2，曾以较高的精度和效率完成测距，省去了传统基线测量的繁琐程序。50 年代末，又发展出高精度、全天候的微波测距仪，其体积和重量都已经基本达到可以单人携带的水平。20 世纪 60 年代，由于晶体管技术、集成电路技术和激光技术的发展，光波测距仪逐步走向小型化、高精度，并衍生出相应的空载测距系统。到了 70 年代，高可靠性集成电路的商品化，推动测距技术进入数字化、集成化的新阶段，出现了集测距、测角、记录、存储和计算等多种功能于一身的所谓“全站仪”。这种仪器已经成为现在进行测绘生产的主要硬件设备之一。进入 80 年代以后，电磁波测距技术以其高精度、高效率、低成本等优点，逐渐取代传统的测距手段，成为当前的主流测距技术。

电磁波测距技术种类较多，如果按照载波种类划分，可分为单载波、双载波和多载波；如果按照信号调制类型划分，可分为微波调制和光波调制；如果按照反射目标类型分类，可分为漫反射目标、合作目标和有源目标；如果按照测程长短分类，可分为短程（≤3km）、中程（3～15km）和远程（≥15km）；如果按照观测方式分类，又可分为脉冲测时、测相、测频、频分多路测相以及多普勒计数等方式。本章主要介绍脉冲法（脉冲测时）和相位法（测相）这两种测距方式的基本原理。

4.1.1　脉冲法测距

脉冲法测距的基本原理如图 4-1 所示。将脉冲发生器（Pulser）的光脉冲以调幅方式调制在光波（如激光）上，经过调制以后这一光脉冲分成两个部分，一部分直接进入接受光学系统，经由光电元件转化为电脉冲，作为参考脉冲（Reference Pulse），也称主波脉冲；另一部分发射以后经由被测目标反射进入接收光学系统，再经由光电元件转化为电脉冲，成为反射脉冲（Received Pulse），也叫回波脉冲。由此，只要确定参考脉冲和反射脉冲之间的时间差 Δt 就可以确定距离。

测定时间差 Δt 的方式如图 4-1 所示。时标振荡器能产生稳定频率的电脉冲，称为时标脉冲（Clock Pulse），或称钟脉冲。在测距之前，门电路（Gate Circuit）是关闭的，时标脉冲不能通过门电路进入脉冲计数器（Pulse Counter）。测距时，光脉冲发射的一瞬间，主波脉冲把门电路“打开”，时标脉冲通过门电路进入脉冲计数器，脉冲计数器开始计数。当回波脉冲

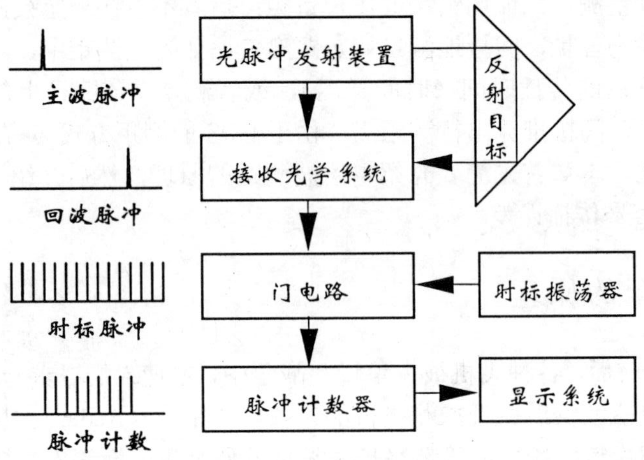

图 4-1　脉冲法测距

经由被测目标反射回测距仪时，又把门电路“关闭”，脉冲计数器停止计数。主波脉冲触发时标脉冲的前沿，而回波脉冲触发时标脉冲的后沿。假设这期间有 n 个脉冲进入脉冲计数器，每个脉冲的时间间隔为 T，则有：

$$\Delta t = nT \tag{4-1}$$

这时，如有了信号传播时间，就可以得出待定距离为：

$$d = \frac{1}{2}V\Delta t \tag{4-2}$$

其中 d 表示被测距离，V 表示光速。

脉冲式测距仪一般采用固体激光器作为光源，它的高功率光脉冲使得该种测距仪可以不需要合作目标，直接利用被测目标对光脉冲的漫反射进行测距。它具有使用方便、作业效率高等特点。如果将光速 V 视作常数，将（4-2）式对 Δt 进行微分，可得有限增量式：

$$\delta d = \frac{1}{2}V\delta\Delta t \tag{4-3}$$

由该式可知，欲使测距误差 $\delta d \leqslant 1\text{cm}$，则需要 $\delta\Delta t \leqslant 10^{-10}\text{s}$，计数器达到这样的计时精度是相当困难的。由于计数器时间分辨率的限制，过去脉冲式测距仪的精度往往都比较低，约为每公里 1～5m。20 世纪 80 年代以来，随着锁模激光（Modelocked Laser）等新技术的问世，脉冲式测距仪的精度有了较大提高，某些型号的测距仪（如 DI 3000 等）其精度已经趋近毫米级水平，与相位式测距仪基本相当。

4.1.2 相位法测距

一、 相位法测距基本原理

相位法测距的基本原理如图 4-2 所示。由载波光源发出的光信号通过调制器（Modulator）进行调制，输出成为光强随高频信号变化的调制光波（Modulated Light），射向被测目标。与此同时，高频信号发生器也向混频器 A 发出相同频率的参考信号，调制光波经由被测目标反射后回到接收装置，继而又进入混频器 B，成为测距信号。由此，只要比较参考信号与测距信号之间的相位移（Displacement Phase），就能得出被测距离。

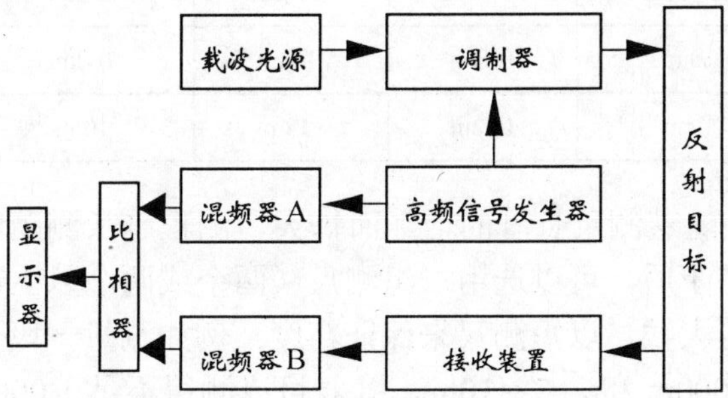

图 4-2　相位法测距

如果把调制光在被测距离上往返路程拉直，则有图 4-3 所示波形。

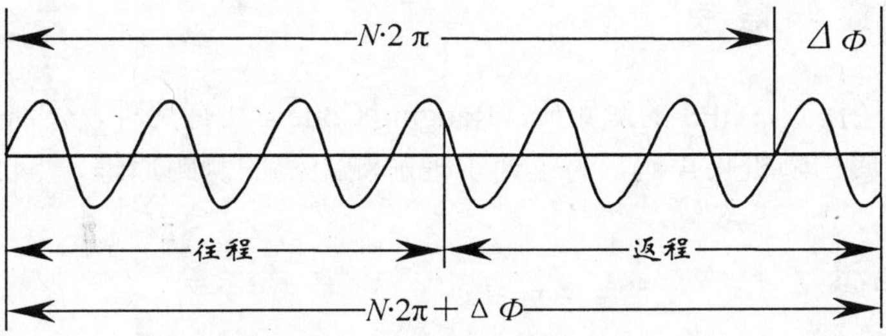

图 4-3　信号往返的相位差

由图 4-3 可知，调制光在被测距离上往返的相位差为：

$$\Phi = N \cdot 2\pi \cdot \Delta\Phi \tag{4-4}$$

假设调制信号波长为 λ，则被测距离为：

$$d = \frac{\lambda}{2}(N + \frac{\Delta\Phi}{2\pi}) \tag{4-5}$$

式中 N 为相位差整周数（整周波数），$\Delta\Phi/2\pi$ 为不足一周的波数。

在相位式测距仪中，$\Delta\Phi$ 一般可以直接测定，而 N 却不能直接测量。这样一来，距离值将无法唯一确定。

二、确定 N 值的方法

从（4-5）式可以看出，如果调制信号的波长的 1/2（也称测尺长度），超过待定距离 d，

即 $\lambda/2>d$，则有整周波数 $N=0$。于是，被测距离为：

$$d=\frac{\lambda}{2}\cdot\frac{\Delta\Phi}{2\pi} \tag{4-6}$$

为了唯一确定距离值，就必须选择较长的测尺。但由于仪器的测相精度有限（设为 10^{-3}），

表 4-1　测相精度为 10^{-3} 时不同测尺的测距精度

测尺频率	15 MHz	1.5 MHz	150 kHz	15 kHz	1.5 kHz
测尺长度	10 m	100 m	1 km	10 km	100 km
测距精度	1 cm	10 cm	1 m	10 m	100 m

如表 4-1 所示，测距误差随着测尺长度的增加而扩大，测程越长测距精度越低。

鉴于测程与精度存在矛盾，可以选用一组测尺（两个或两个以上不同波长的调制光）共同测距，以长测尺来确定大数，以短测尺来保证精度。例如测量一段长度为 767.68m，选用两把测尺分别为 $\lambda_1/2=1\,000$m 和 $\lambda_2/2=10$m。用 λ_1 可以测得不足 1 000m 的尾数为 767m，用 λ_2 可以测得不足 10m 的尾数为 7.68m，将两者组合起来即为 767.68m。这样做既保障测程足够长，又能保障相当的测距精度。

相位式测距仪一般采用红外光作为载波，精度可达 0.5～10mm。测距的方式除了脉冲法和相位法还有很多，这里不再一一介绍。

4.2　GPS 的测距码信号

前面第一章已经提到，GPS 的测距码（Ranging Code）共有两种，分别是 C/A 码（粗码）和 P 码（精码），皆属伪随机噪声码。为了便于理解测距码的测距原理，下面先来谈谈伪随机噪声码的有关知识。

4.2.1　伪随机噪声码

一、码的基本概念

为了表达各种不同信息，在现代数字通信中，广泛采用二进制数及其组合。这种表达不同信息的二进制数组合，就称为码（Code）。将文字，图象、声音等信息，按照一定规则，表示为二进制数组合，这个过程叫编码（Coding）。通过编码可以将各种信息转变为相应的文本、栅格图象、矢量图形、音频、视频等具有固定格式，便于存储、编辑、传播和显示输出的数字信息集合。同一个对象（或现象），在不同的应用中，其编码的规则也有所不同。

一位二进制数称为一个比特（bit）或一个码元。在信息传播的过程中，每秒传输的比特数称为比特率，单位是 bit/s，或者用 bps（bit per second）表示。比特和比特率都是码的基本单位。

二、随机噪声码及其自相关性

码是一组二进制数组合的数字序列，它可以表达为取值 0 或 1 的时间的函数 $u(t)$。如果假设一组码序列 $u(t)$，对于任何时刻来说，码元为 0 或 1 完全是随机的，概率均为 1/2。这种完全无规律的码序列就称为随机噪声码（Random Noice）。这种不可复制的、非周期性的码序列具有良好的自相关性。

为了说明随机噪声码的自相关性，现将随机码序列 $u(t)$平移 k 个码元，由此获得一个新的随机序列 $\hat{u}(t)$ 。如果在两个码序列对应码元中，相同的码元个数为 A_u，不同的码元个数为 B_u，则随机码序列 $u(t)$的自相关系数（Related Function）R（t）为：

$$R(t)=\frac{A_u-B_u}{A_u+B_u} \tag{4-7}$$

显然，当 $k=0$ 时，也就是不平移时，这时相应的码元完全对齐，即 $B_u=0$，$R(t)=1$；当 $k\neq0$ 时，如果码元数充分大，便有 $A_u\approx B_u$，这时 $R(t)\approx0$。由此可知，只要观察自相关系数 $R(t)$的取值，即可判断两个随机码序列是否已经对齐。

根据以上论述，假如 GPS 卫星发射一组随机噪声序列 $u(t)$，而与此同时 GPS 接收机也复制出一组结构与之完全相同的随机噪声序列 $\hat{u}(t)$ 。由于信号在传播路径上的时间延迟（Time delays），两组随机噪声序列 $u(t)$与 $\hat{u}(t)$ 之间产生平移，假设错开了 k 个码元，这时 $R(t)\approx0$。如果通过一个延迟器调整 $\hat{u}(t)$ ，使之与 $u(t)$完全对齐，相关系数达到最大，即 $R(t)=1$，这时就可以根据平移量 k 推算信号在传播路径上耗费的时间，进而转化为 GPS 卫星到测站的距离。这就是 GPS 测距码实现测距的基本原理。码序列的相关性原理，不但可以应用于 GPS 测距中，还在数字摄影测量、计算机视觉、数字通讯等领域有着广泛应用。

三、伪随机噪声码及其产生

随机噪声码虽具有良好的自相关性，但它却是不可复制的。也就是说，真正的不服从任何编码规则的码序列是无法在 GPS 接收机上复制的。因此，实际应用中的测距码并不是随机噪声码，而是伪随机噪声码（PRN－Pseudo Random Noice），简称伪随机码。伪随机码具有某种确定的编码规则，存在周期性，可以很方便的复制。同时，它还具有类似于随机噪声码的较好的自相关性。

伪随机码的产生，一般由一种叫反馈移位寄存器（Feedback Shift Register）的装置来操控。如图 4-4 所示，这是一个四级反馈移位寄存器，当一个钟脉冲进入寄存器以后，该移位寄存器每个存储单元的内容，都依次转移到下一个存储单元，最后一个单元的内容就成为输出码元。例如，寄存器开始工作时，由于置 1 脉冲的作用，所有存储单元的内容全部为 1。

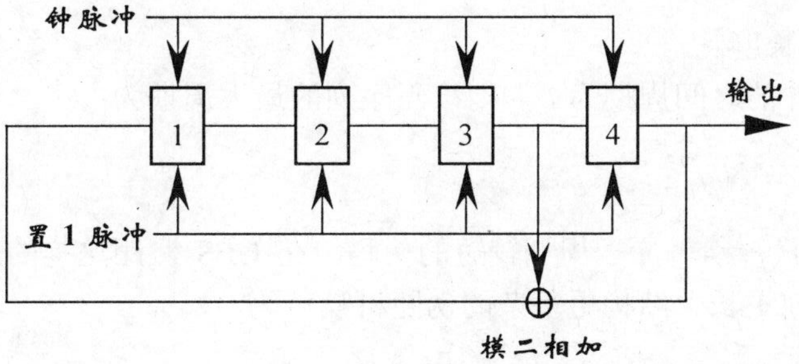

图 4-4　四级反馈移位寄存器

此后，在钟脉冲的作用下，存储单元 1 的内容传递给存储单元 2，与此同时，存储单元 3 和寄存储单元 4 的内容作模二相加（Modulo-2 Sum），其结果作为输入，反馈给在存储单元 1。

存储单元 2 的内容传递给存储单元 3，存储单元 3 的内容传递给存储单元 4，存储单元 4 的内容输出。此后，在钟脉冲的驱动下，由于存储单元不能全部为 0，因此寄存器将经历 15 种不同状态。于是该伪随机码序列将包含 15 个码元，其分布如表 4-2 所示。

当然，码序列的产生也可以选择其它的反馈方式，以上介绍的是④⊕③的反馈方式，还

表 4-2　四级移位寄存器的状态序列

状态编号	各存储单元状态 ④ ③ ② ①	模二相加 ④⊕③	输出码元
1	1 1 1 1	0	1
2	1 1 1 0	0	1
3	1 1 0 0	0	1
4	1 0 0 0	1	1
5	0 0 0 1	0	0
6	0 0 1 0	0	0
7	0 1 0 0	1	0
8	1 0 0 1	1	1
9	0 0 1 1	0	0
10	0 1 1 0	1	0
11	1 1 0 1	0	1
12	1 0 1 0	1	1
13	0 1 0 1	1	0
14	1 0 1 1	1	1
15	0 1 1 1	1	0

可以是①⊕④等其它方式。一般说来，对于一个 r 级反馈移位寄存器来说，它可能经历的状态有：

$$N_u = 2^r - 1 \tag{4-8}$$

式中 N_u 是码序列的长度。

如果每个钟脉冲的时间周期为 t_u，则该码序列的最大周期为：

$$T_u = (2^r - 1)t_u = N_u t_u \tag{4-9}$$

以上所举的例子 $r=4$，属于周期较短的伪码。在 GPS 测距这样的应用中，为了保证测量精度，还需要周期更长、结构更复杂的伪随机噪声码。

4.2.2　C/A 码和 P 码

C/A 码和 P 码作为 GPS 的测距码，其码序列的结构和规律都比较复杂，这里不作详细介绍，只简单说明这两种测距码的性质和基本特点。

一、C/A 码

C/A 码是由两个十级反馈移位寄存器的输出信号相组合而产生的。在频率为 $f_1=f_0/10$

=1.023MHz 钟脉冲的驱动下，这两个寄存器分别产生码长 $N_u=1\,023$，周期 $T_u=1ms$ 的两组码序列 $G_1(t)$和 $G_2(t)$。C/A 码就是这两组码序列 $G_1(t)$和 $G_2(t)$模二相加形成的 gold 码，可表示为：

$$G(t)=G_1(t)G_{2i}[t+i（10t_u）]$$

其中 i 决定了 $G_1(t)$和 $G_{2i}(t)$之间的相位偏移量，t_u 表示 C/A 码元周期，共有 1 023 个不同的相位偏移 i，因此有 1 023 个不同的码。实际应用中，仅选择 $G_2(t)$ 序列延迟中某个区段的码元序列，形成 36 个互异的 C/A 码。

经过不同的组合计算，产生结构相异的 C/A 码，不同的 GPS 卫星使用不同的 C/A 码。这些 C/A 码虽然结构不同，但基本特征参数是一致的。

码长 $N_u=2^{10}-1=1\,023$ 码元

码元周期 $t_u\approx0.977\,52\mu s$（相应距离为 293.1m）

周期 $T_u=1ms$

数码率＝1.023Mbit/s

由于 C/A 码的码长较短，容易捕获，且能通过 C/A 码提供的信息方便地捕获 P 码，故 C/A 码又称捕获码。

C/A 码的码元宽度（码元周期或相应距离）较大，假如码序列的对齐误差为码元宽度的 1/100，则相应的测距误差为 2.9m。这一点类似于前面提到的脉冲式测距仪的脉冲周期，脉冲周期越短，相应的脉冲测时精度越高。

二、P(Y)码

P 码产生的基本原理与 C/A 码相似，它的发生电路，是由两个十二级反馈移位寄存器构成。在频率 $f_2=f_0=10.23MHz$ 钟脉冲的驱动下，这两个寄存器产生的两组码序列 $X_1(t)$和 $X_2(t)$，这两组码序列 $X_1(t)$和 $X_2(t)$模二相加形成 P 码，即：

$$X(t)=X_1(t)\ X_{2i}\,[t-it_u]$$

其中，i 为 1～37 之间的一个整数，t_u 表示 P 码元周期，这样就产生 37 个互异的 P 码相位。其中 32 个分给不同的卫星使用，5 个部分给地面监控系统使用。由于 P 码的码长极其冗长，需要 267 天才重复一次。因此，实际应用中 P 码序列每个星期被重置，P 码的实际长度为 7 天，每颗卫星使用相位相异的 P 码序列，结构虽不同但周期都是 7 天，码长约 6.19×10^{12} 码元。

虽然 P 码已经被“分割”成周期为 7 天的码序列，但如果逐个码元进行搜索和对齐，解码时间尤嫌太长。因此，实际应用中通常是先捕获 C/A 码，再根据导航电文中提供的信息来确认当前 P 码信号在整个码序列中的位置。

码长 $N_u\approx2.35\times10^{14}$ 码元

码元周期 $t_u\approx0.097\,752\mu s$（相应距离为 29.3m）

周期 $T_u\approx267$ 天

数码率＝10.23Mbit/s

P 码的频率更高，码元单位周期较小，假如码序列的对齐误差为码元宽度的 1/100，则相应的测距误差为 0.29m。这个误差仅为 C/A 码的 1/10，故 P 码又称精码。

A-S 技术实施以后，将 P 码与 W 码模二相加，便可加密为 Y 码。W 码是低码率的加密码，加密后的 P 码其码元结构发生了改变，造成非特许用户无法解码或进行信号间差分。A-S 技术目前已经实施，还没有迹象表明何时会中止。

4.3 GPS 信号传播误差

如果在理想状态下，电磁波传输介质为绝对真空，这时光速为 $c=2.997\,924\,58\times10^{8}$m/s。测距的误差仅取决于信号的发射和接受，信号的传播过程几乎不存在误差。但实际情况是，传输介质不是绝对真空，信号到达接收机必须要穿过若干大气层。这些大气的性质和状态各异，而且在多种因素干扰下非常不稳定。由于大气的影响，改变电磁波传播的方向、速度和状态，这种现象称为大气折射（Atmospheric Refraction）。

由大气物理学的概念可知，如果电磁波在某种介质中的传播速度与频率有关，则称该介质为弥散介质，这种现象叫弥散现象（Dispersion）。弥散现象是由传播介质的内电场与电磁波外电场的电磁转换效应产生。对于 GPS 信号而言，大气折射主要包括电离层折射和对流层折射。前者属于弥散介质，后者则是非弥散介质，它们对 GPS 信号的影响是不同的。

4.3.1 对流层折射（Tropospheric Refraction）

一、对流层折射的基本原理

对流层（Troposphere）一般是指地面以上 40km 范围内的大气层，它占整个大气层质量的 99%。对流层主要包括氮（约 78.03%）、氧（约 20.99%）、水蒸气、二氧化碳、氨、惰性气体硫化物和尘埃等。对流层由很强的对流作用，风、雨、雪、雾等天气现象都出现在这一层中。因此对流层中的水滴、冰晶和尘埃等成分的含量，随着季节交替、地理纬度和空间位置的不同而变化，它们对电磁波的传播都有较大影响。

对流层对电磁波传播的折射效应，这种影响称为对流层延迟（Tropospheric Delay）。在 GPS 定位中，对流层延迟一般用来泛指非弥散介质对电磁波的折射。对流层和平流层中虽含有少量带电离子，但对于频率小于 15GHz 的电磁波而言，可以认为是非弥散介质。由此，对流层延迟包括对流层和平流层（地面以上 50km）共同的影响，但由于折射的 80%以上发生在对流层，所以统一称为对流层延迟。在对流层延迟的影响下，卫星位于天顶方向（高度角 90°）时，大约产生 2.3m 的误差；高度角 5° 时，大约有 25m 的误差。这种影响与电磁波传播途径上的温度、湿度和气压有关，是精密 GPS 定位中必须要考虑的误差项。

对流层折射的影响主要是使电磁波传播路径与几何距离相异，因而也叫过剩路径长度（Excess Path Length）。假设大气折射引起的过剩路径长度为 D_{trop}，则它就等于测距信号光学路径长度 L 与几何距离 R 之差，可表示为：

$$\begin{aligned} D_{\mathrm{trop}} &= L-R \\ &= \int_S n(s)\; ds-\int_R dr \qquad (4\text{-}10) \\ &= \int_S [n(s)-1]\; ds+\left(\int_S ds-\int_R dr\right) \end{aligned}$$

等式右端第二项为光学路径弯曲，数据处理中往往忽略不计。于是上式简化为：

$$D_{\mathrm{trop}} = \int_S [n(s)-1]\; ds \qquad (4\text{-}11)$$

式中，s 为光学传播路径；

n（s）为折射率，它是 s 的函数。

实际计算中，常把过剩路径长度 D_{trop} 表示为天顶方向上对流层折射分量 D_z 与映射函数 M（E）的乘积，其中 M（E）是卫星高度角（Satellite Elevation）E 的函数。

$$D_{trop} = D_z \cdot M(E) \tag{4-12}$$

对流层延迟的90％由干燥气体引起，称为干分量；其余10％由水汽引起，称为湿分量。于是，（4-12）式可进一步表示为：

$$D_{trop} = D_{z,dry} \cdot M_{dry}(E) + D_{z,wet} \cdot M_{wet}(E) \tag{4-13}$$

式中，$D_{z,dry}$、$D_{z,wet}$ 分别表示对流层延迟天顶方向上的干、湿分量；

M_{dry}（E）、M_{wet}（E）分别表示干、湿分量映射函数。

二、对流层折射的改正方法

目前的科技文献中，可以找到许多对流层改正模型。在 GPS 定位中，最常用的模型是 Hopfield 模型和 Saastamoien 模型。

Hopfield 模型直接给出干、湿分量的折射改正。

$$D_{trop} = D_{dry} + D_{wet}$$

它们取决于测站的绝对温度 T、大气压力 P、水汽压 e、卫星高度角 E 以及测站地心向径 r 的大小。

Saastamoien 模型按照（4-13）式，需要引入相应的映射函数。对流层延迟天顶方向上的干、湿分量取决于测站的绝对温度 T、大气压力 P、水汽压 e、卫星高度角 E 以及测站纬度 B 和高程 h。由于篇幅所限，这里不给出改正模型具体形式，详情请参阅有关文献。

干燥气体在时间和空间上比较稳定，干分量的改正容易达到较高精度。湿分量则由于大气湿度随地理纬度、季节和大气自身运动的变化而相异，无论使用何种模型，目前都还难以从物理上精确模拟，故而难以达到较高的改正精度。在模型误差和气象元素误差的作用下，经过改正以后的干分量的改正精度可达1％～2％，在天顶方向误差约为2～4cm；湿分量的改正精度约为10％～15％，在天顶方向误差约3～5cm。总的说来，改正后的观测值将仍保持对流层影响的2％～5％左右。

提高对流层折射改正精度通常有两种做法：其一就是完善对流层折射改正模型，降低模型误差造成的影响；其二是采用相对定位差分的方法，利用测站间对流层延迟的相关性来削弱其影响。

4.3.2 电离层折射（Ionospheric Refraction）

一、电离层折射的基本原理

从电磁波传播的角度来看，电离层泛指地面以上50km的大气层。由于受太阳辐射作用，电离层（Ionosphere）中的气体被电离，以正离子和自由电子的形式存在，成为弥散介质。电磁波进入电离层后，在带电粒子的作用下，其传播速度发生了改变。在中纬度地区，测站天顶方向上电离层延迟白天可达10m，夜晚可达1～3m左右。当卫星高度角低于10°时，电离层延迟（Ionospheric Delay）可能扩大至10～45m左右。

同对流层影响一样，电离层折射也可由（4-11）式表达，即：

$$D_{iono} = \int_S [n(s)-1] \ ds \tag{4-14}$$

根据大气物理学的有关理论，可以导出电离层折射的相位延迟为：

$$D_{\text{iono}}^{P} = -\frac{40.28}{cf}\int_{S} N_e ds \tag{4-15}$$

由此可以得到距离延迟为：

$$D_{\text{iono}}^{r} = -\frac{40.28}{f^2}\int_{S} N_e ds \tag{4-16}$$

其中，c 表示光速，f 表示电磁波频率，$\int N_e ds$ 表示信号传播路径上总电子数（电子数/m^2）。

从公式（4-15）和（4-16）可以看出，电离层延迟是传播路径上电子总数的函数。电离层的电子密度，随着太阳的辐射强度、季节、昼夜交替以及地理位置的变化而有所不同，其中与太阳黑子的活动强度关系尤为密切。

观测资料表明，电离层的电子密度昼夜可相差 5 倍，冬季和夏季可相差 4 倍，太阳黑子活动高峰期与低谷期可相差 4 倍，此外太阳的扰动和磁暴（Magnetic Storm）还能引起电离层的不规则变化。在多种因素的影响下，电离层的电子密度变化范围在 10^9～3×10^{12} 电子数/m^3 之间，有时电离层延迟甚至可能在天顶方向上达到 50m，在水平方向上达到 150m。

二、电离层折射的改正方法

电离层折射可以使用模型改正、差分改正和双频观测的方法加以改正。

常用的模型包括单层模型和 Klobuchar 模型，模型改正所需要的参数通常包含在卫星导航电文中。实践表明，采用模型改正可以改正电离层影响的 50%～60%，理想情况下可以达到 75%。更精确的电离层延迟改正模型目前还有待进一步研究。差分改正将在第七章中加以介绍。下面主要介绍一下使用双频观测进行电离层改正的方法。

电离层属于弥散介质，因此可用双频观测来改正电离层折射的影响。令

$$N_{\Sigma} = \int_{S} N_e ds \tag{4-17}$$

如果分别采用频率为 f_1、f_2 的载波 L_1 和 L_2 进行观测，按照公式（4-16）和（4-17）就可以得到：

$$\begin{cases} \delta\rho_1 = -40.28\dfrac{N_{\Sigma}}{f_1^2} \\ \delta\rho_2 = -40.28\dfrac{N_{\Sigma}}{f_2^2} \end{cases} \tag{4-18}$$

$$\begin{cases} \rho_1 = \rho_0 - 40.28\dfrac{N_{\Sigma}}{f_1^2} \\ \rho_2 = \rho_0 - 40.28\dfrac{N_{\Sigma}}{f_2^2} \end{cases} \tag{4-19}$$

其中 ρ_1、ρ_2 分别表示两个载波测得的距离观测值，$\delta\rho_1$、$\delta\rho_2$ 分别表示两个载波的电离层折射距离延迟，ρ_0 表示站星之间几何距离。

将（4-19）中两式求差可得：

$$\delta\rho = \rho_1 - \rho_2 = \delta\rho_1 - \delta\rho_2 = \delta\rho_1 - \delta\rho_1\left(\frac{f_1^2}{f_2^2}\right) = \delta\rho_1\left(\frac{f_2^2 - f_1^2}{f_2^2}\right) \tag{4-20}$$

于是

$$\delta\rho_1 = \delta\rho\left(\frac{f_2^2}{f_2^2 - f_1^2}\right) \tag{4-21}$$

结合（4-19）式便可得到消除电离层延迟的几何距离 ρ_0，即：

$$\rho_0 = \rho_1 - \delta\rho\left(\frac{f_2^2}{f_2^2 - f_1^2}\right) \tag{4-22}$$

双频观测组合能将电离层延迟抑制在 2～4cm 误差范围内，但同时也放大了观测值噪声，破坏了模糊度的整数特性，给 GPS 定位带来一定负面影响。一般说来，相对定位短基线情况下，电离层对基线两端的影响相近，可直接通过观测值求差消弱电离层延迟影响。长基线情况下，基线两端大气环境缺乏相关性，宜采用双频组合消除电离层折射的影响。对于单频接收机单机定位，模型改正是唯一的方法。

4.3.3 多路径效应（Multipath）

理想状态下，卫星信号将沿最短路径直接达到接收机天线。而如果天线附近有反射物，如图 4-5 所示，这时接收机天线几乎同时收到卫星的直接信号与反射信号，两种信号的叠加将使观测值产生附加时延量，这种现象称为多路径效应。多路径效应的影响（Multipath Rrror）属于电磁波传输过程中的误差，它会使载波相位观测量产生“周跳”，严重时将导致卫星信

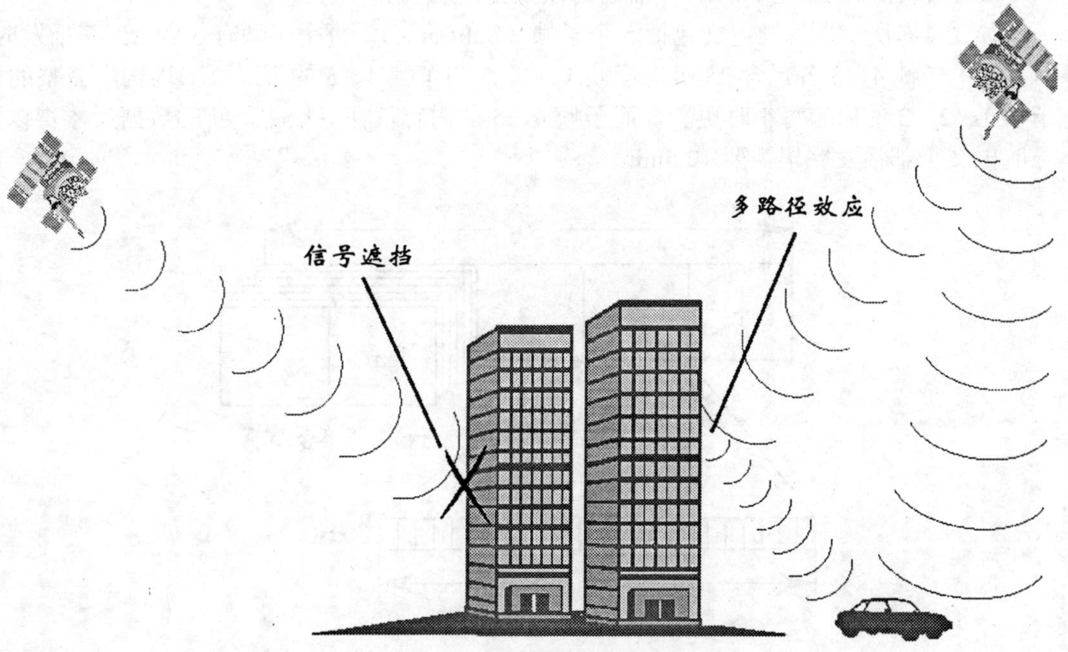

图 4-5 多路径效应

号失锁。

多路径效应可以通过双频观测组合、观测残差分析等方法检测出来。但由于多路径效应的产生与周围环境有关，环境又是复杂多样的，所以它的作用机制目前还难以精确抽象为一个统一的函数表达式。当前最好的办法是采取预防性措施：

(1) 安置接收机天线时，避开较强的反射面，例如水面、光滑的地面以及表面平整的建筑物（玻璃幕墙）等。

(2) 适当延长观测时间，削弱多路径效应的周期性影响。

(3) 选择适当造型的抗多路径效应天线板。

(4) 有针对性地改善接收机内部电路设计，减弱多路径效应的影响。

由于城市中存在许多反射较强的环境，易造成卫星信号遮挡和多路径效应，成为在城市中应用 GPS 定位实现各种信息服务的主要障碍之一。综合考虑精度、效率和成本等因素，将 GPS 定位结合无线电导航或惯性导航作为空间数据的采集手段，是当前解决这个问题的思路之一。

4.4 GPS 卫星的导航电文

导航电文（Navigation Message）又称为数据码（Data Message），就是包含卫星星历（Satellite Vehicle Ephemeris）、卫星工作状态（Satellite Vehicle Heath）、系统时间（System Time）、时钟改正参数（Clock Correction Parameters）、轨道摄动改正（Perturbed Orbit Correction Parameters）、电离层折射参数（Ionospheric Delay Model Parameters）等信息的一组二进制码。它是 GPS 实现定位所必需的信息。

4.4.1 导航电文的格式

导航电文是具有一定规则格式的二进制码，按帧（Frame）向用户广播。每帧电文含有 1 500bit，传输数码率为 50BPS，播送一帧数据需要 30s。

如图 4-6 所示，每帧电文包括 5 个子帧（Subframe），每个子帧有 300bit，其播发时间为 6s。其中子帧 4、5 各包含 25 页，子帧 1、2、3 与子帧 4、5 的每一页，均构成完整的一帧。子帧 1、2、3 的内容每小时更新，而子帧 4、5 的内容仅在卫星注入新的数据后才得以更新。导航电文全部播发完毕需要 12.5min。

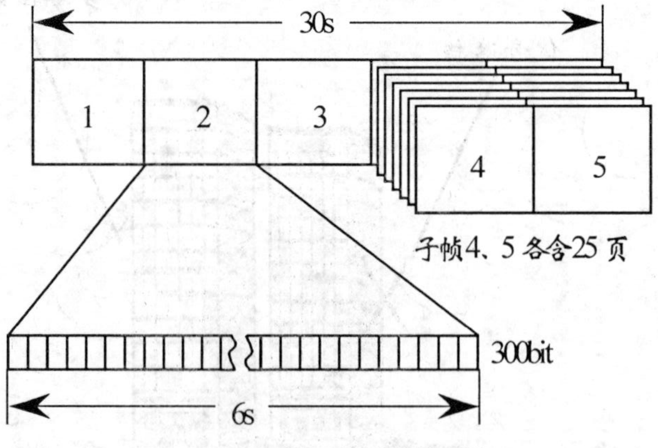

图 4-6 导航电文的格式

4.4.2　导航电文的基本内容

如图 4-7 所示，各子帧的主要内容包括：

(1) 遥测字（TLM－Telemetry Word）：遥测字位于各子帧的开头，它包含的同步信号，为各子帧提供一个同步的起点，以便解译导航电文的内容。

(2) 交接字（HOW－Hand Over Word）：交接字在子帧中的位置紧接着 TLM，主要是向用户提供用于捕获 P 码的 Z 计数（Z Counter）。通过 HOW 可以实时了解观测瞬间在 P 码周期中的位置，以便迅速捕获 P 码。

(3) 数据块Ⅰ:数据块Ⅰ包含子帧 1 的内容，包括卫星钟改正参数、星期的编号（Week Number）和卫星工作状态信息。

(4) 数据块Ⅱ:数据块Ⅱ包含子帧 2、3 的内容，此数据块称为卫星星历，主要向用户提供有关计算卫星在轨位置的信息。它包括参考历元及其相应的摄动轨道参数和数据龄期（AODO－Age of Data Offset）。

(5) 数据块Ⅲ:数据块Ⅲ包含子帧 4、5 的内容，包括卫星的导航信息、工作状态信息、星座历书（Almanac）以及电离层改正参数。

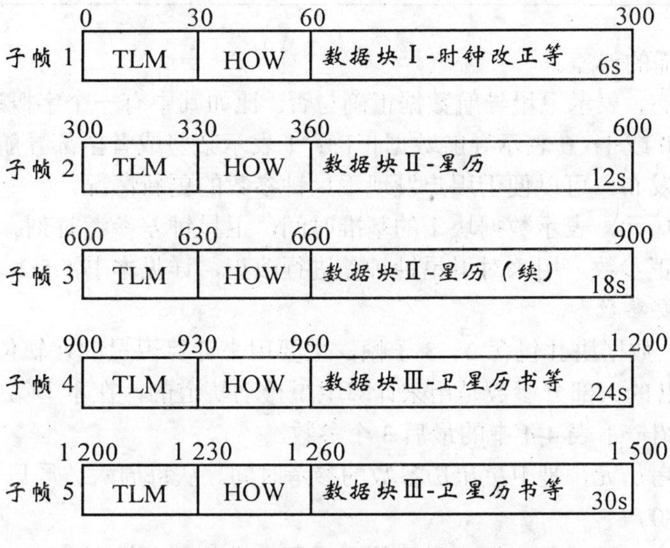

图 4-7　导航电文的结构与内容

一般说来，数据块Ⅰ和数据块Ⅱ（子帧 1、2、3）仅包含一颗卫星的参数，数据块Ⅲ（子帧 4、5）包含其它卫星的参数（所以分成 25 页之多）。后者可以用来计算其它卫星的概略位置、卫星钟的概略改正以及状态信息。这对于选择适当的卫星，构成最佳几何图形，提高观测精度均有重要意义，同时还帮助缩短捕获卫星信号的时间。

4.4.3　导航电文的主要参数

一、数据块Ⅰ的主要参数

就表 4-3 所列数据块Ⅰ的各项参数，简单介绍如下：

(1)星期编号，表示现时的星期周数，它是从 1980 年 1 月 6 日协调时子夜零时起算的。

(2)卫星精度，为非特许用户提供该卫星的测距精度，取值范围为 0～15。例如，当它等于 0 时，测距精度在 0～2.4m;等于 10 时，测距精度在 192.0～384.0m。这个精度指标不包含

表 4-3　数据块 I 的主要参数

参数名称	英文名称	参数符号	字长	单位
星期编号	Week No	—	10	周数
卫星精度	Satellite Vehicle Accuracy	—	4	—
卫星健康状态	Satellite Vehicle Heath	—	6	—
卫星钟参数发布	Issue of Data,Clock	*IODC*	10	—
卫星钟参考历元	Clock Date Reference Time	t_{0c}	16	秒
卫星钟差改正参数	Polynomial Coeffients of Satellite Vehicle Clock Correction	a_0	22	秒
		a_1	16	秒／秒
		a_2	8	秒／秒^2

用户设备与信号传播的误差。

(3)卫星健康状态，表示卫星导航数据正确与否。比如其中有一个字概述卫星导航数据正确与否，它可取值 0 或 1，0 表示导航数据正确；1 表示某些或者全部导航数据错误。

(4)卫星钟参数发布，可以便于用户发现卫星钟参数的更新情况。

(5)卫星钟参考历元，表示数据块 I 的基准时间，卫星钟差参考时刻。

(6)卫星钟差改正参数，用来对卫星钟钟差进行改正，详见本书 5.5.2。

二、数据块 II 的主要参数

如表 4-4 所示，数据块II包含 2、3 子帧，主要用来计算卫星的在轨位置。

显然，数据块II的大部分参数是用来计算卫星摄动轨道的，在本书第三章中有比较详细的讨论。这里仅介绍一下表 4-4 中的最后 3 个参数。

(1)卫星星历参考历元，是卫星星历参数的参考时间。从每周六／周日子夜零时起算，取值范围为 0～604 800。

(2)星历参数发布，可以便于用户发现卫星星历参数的更新情况。

(3)星历数据龄期，它表示最后一次更新数据的时间到参考历元 t_{oe} 之间的时间差，便于用户确认导航电文改正参数的时效(Validity Time)。其取值范围 0～31，每个刻度值等于 900s，因此 *AODO* 的实际值变化于 0～27 900s。

三、数据块 III 的主要参数

数据块III包含 4、5 子帧共 50 页的内容。其主要内容是其它卫星的卫星历书（包括子帧 4 的 2～5 页，7～10 页和子帧 5 的 1～24 页）。历书类似于星历，也可用来做卫星定轨以及钟差改正，只是它所含的参数更少些，定轨精度较星历为低，更新速度也较迟缓。另外，在子帧 4 的第 18 页包含有电离层改正和协调世界时的有关参数。由于数据块III的页数和参数都比较多，这里不做详细介绍，有兴趣的读者请参考有关的技术文档。

需要指出的是，随着 GPS 技术的发展，导航电文的格式和内容未来将有可能会发生某些变化。新型 GPS 卫星的研制、新的民用信号的启用都可能催生这种变化。

表 4-4　数据块Ⅱ的主要参数

参数名称	英文名称	参数符号	字长	单位	子帧
参考时刻平近点角	Mean Anomaly at Reference Time	M_0	32	半周	2
平均运行速度差	Mean Motion Difference from Computed Value	Δn	16	半周 / 秒	2
轨道偏心率	Eccentricity	e_s	32	—	2
轨道长半轴方根	Square Root of the Semi-major Axis	$\sqrt{a_s}$	32	米 $^{1/2}$	2
参考时刻升交点赤经	Right Ascension of Ascending Node at Reference Time	Ω_0	32	半周	3
参考时刻轨道倾角	Inclination of Orbit at Reference Time	i_0	32	半周	3
近地点角距	Argument of Perigee	ω_s	32	半周	3
升交点赤经变率	Rate of Right Ascension	$\dot{\Omega}$	24	半周 / 秒	3
轨道倾角变率	Rate of Inclination Orbit	$\dot{i}$	14	半周 / 秒	3
纬度幅角调和改正项振幅	Amplitude of the Harmonic Correction Term to the Argument of Latitude	C_{UC}、C_{US}	16、16	弧度	2、2
卫星地心距调和改正项振幅	Amplitude of the Harmonic Correction Term to the Orbit Radius	C_{rc}、C_{rs}	16、16	米	3、2
轨道倾角调和改正项振幅	Amplitude of the Harmonic Correction Term to the Angle of Inclination	C_{ic}、C_{is}	16、16	弧度	3、3
卫星星历参考历元	Reference Time Ephemeris	t_{oe}	16	秒	2
星历参数发布	Issue of Data, Ephemeris	$IODE$	8、8	—	2、3
星历数据龄期	Age of Data Offset	$AODO$	5	秒	2

4.5　GPS 卫星信号的构成

一、卫星信号的调制

GPS 卫星信号包含 3 种信号分量，它们是载波信号、测距码信号和数据码信号。每颗卫星的数据码用模二相加叠加在 C/A 和 P 码上，然后再分别相变调制到 L_1 载波和 L_2 载波上。前面已经提到，载波信号包括 L_1 载波和 L_2 载波，于是测距码信号包括叠加在 L_1 载波上的 C/A、P 码以及 L_2 载波上的 P 码。所有这些信号都是在同一个基本频率 f_0＝10.23MHz 的控制下产生的，如图 4-8 所示。

GPS 信号取 L 波段的两种不同频率的电磁波作为信号载波，即：

L_1 载波，f_1＝154×f_0＝1 575.42MHz，λ_1＝19.03cm；

L_2载波，$f_2=120\times f_0=1\,227.60$MHz，$\lambda_2=24.42$cm。

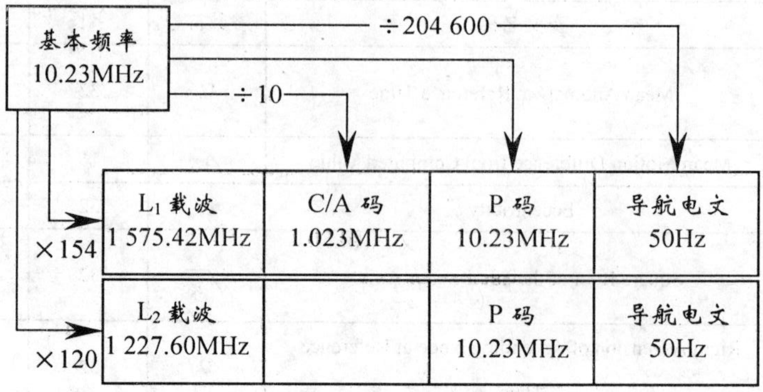

图 4-8　GPS 信号的结构

由图 4-8 可以看出，L_1载波调制有 C/A 码、P 码和数据码。在L_2载波上目前只调制 P 码和数据码。拟议中的L_5载波（第二民用频率）将同时加载 C/A 和 P 码，预计其频率$f_5=115\times f_0=1\,176.45$MHz，波长$\lambda_5=25.48$cm。

不论测距码还是数据码，都是通过调相技术调制在高频载波上的。也就是说，当码值（调制信号）从 1 变成 0，或从 0 变成 1 时，将使载波相位改变 180°。调制以后的卫星信号经由卫发射天线向用户播发。

二、卫星信号的解调

接收机是卫星信号解调的硬件设备。它的主要工作是重建载波，提取测距码信号和导航电文。信号解调的常用方式有两种：复制码相关技术和平方解调技术。目前市售的大部分接收机都采用这两种技术。

1．复制码相关技术

当接收机复制出与卫星的测距码信号结构完全相同的复制码，在同步的条件下与接收到的卫星信号相乘，即可去掉信号中的测距码信号分量。这时，恢复的载波依然还含有数据码信号分量。采用这种技术的条件，是必须掌握测距码的结构，否则将不能产生复制码。

2．平方解调技术（Squaring Technique）

将接收到的卫星信号进行平方，由于处于±1 状态的调制码，经过平方后均变为＋1，且＋1 不影响载波相位（Carrier Phase），所以信号经平方后便达到解调的目的。采用这种方法不需要知道测距码的结构，但该解调技术却去掉了测距码和导航电文，故而单独使用时不能用来实时导航。另外，该技术将使信号上的噪声平方，使得信噪比（SNR－Signal Noise Ratio）大大降低。现在的平方解调技术一般用于 C/A 码接收机，用复制 C/A 码相关技术重建L_1载波，用平方解调技术重建L_2载波。

信号的调制与解调是无线电通讯技术的重要内容，想了解更多内容请参阅有关的通讯技术文献。

第五章　GPS 定位的观测方程与误差分析

前面介绍了 GPS 定位的有关理论，这里进一步讨论 GPS 数据的解算方法和步骤。GPS 的观测量和观测方程是进行数据处理，获取定位结果的依据。另外，在计算的过程中还需要充分考虑各种误差造成的影响，以保障计算结果的精度。本章主要介绍 GPS 定位的观测量、观测方程的构成与解算步骤以及各种误差对计算结果的影响。

5.1　GPS 定位方式、观测量和观测方程

一、GPS 定位方式及其分类

GPS 定位可以有多种方式，如果按照参考点（Reference Point）的不同可以分为绝对定位（Absolute Positioning）和相对定位（Relative Positioning）。前者又称为单点定位，即直接确定测站在协议地球坐标系中的位置（可以认为是以地心为参考点）；后者不直接确定测站在 CTS 中的位置，而是确定测站与某一地面参考点的相对位置（基线矢量）。

如果按照接收机运动状态的不同来分类，可分为动态定位（Kinematic Positioning）和静态定位（Static Positioning）。前者是指在定位过程中，接收机处于运动状态；后者在定位过程中，接收机处于静止状态。接收机的静止状态往往是相对的，通常只要接收机相对于周围点位不发生位移，或者在观测过程中位移速度小到可以忽略，就被认为是处于静止状态。

根据以上论述，GPS 定位可以有 4 种基本的观测方式：动态绝对定位、静态绝对定位、动态相对定位和静态相对定位。除此之外，20 世纪 80 年代以来又出现了准动态相对定位、快速静态相对定位等新观测方法。不同的观测方式意味着不同的定位计算模型，相应的定位精度和应用范围也存在较大差异。

二、GPS 观测量

GPS 定位无论采用何种方法，都离不开相应的观测量。前面第四章已经提到，GPS 卫星信号中包含多种信息，GPS 观测量主要包括伪距观测量和载波相位观测量。

伪距测量（Pseudo Range Measurements），也叫码相位观测，是指利用测距码（C/A 码或 P 码），确定卫星信号到达接收机的时间延迟（距离延迟）。如前所述，只要接收机内部的复制码与接收到的测距码信号对齐，达到最大相关，由此得到的相移量便可转换为卫星信号的传播时间，即时间延迟。使用不同的测距码（C/A 码或 P 码）和不同的观测方式（静态或动态定位），在取消 SA 政策以后，伪距测量的水平定位精度在 1～30m 之间。

载波相位测量（Carrier Beat Phase Measurements），就是比较接收机产生的参考载波信号与接收到的来自卫星的含有多普勒频移的载波信号之间的相位差。其原理与常规的相位式测距仪的原理（详见 4.1.2）非常类似。假设 $\varphi^j(t^j)$ 为卫星 j 于 t^j 历元发射的载波信号相位；$\varphi_i(t_i)$ 为接收机 i 于 t_i 历元接收到的载波信号相位，则接收信号与发射信号之间的相位差（传播路径上的相位延迟）为：

$$\Phi_i^j = \varphi_i(t_i) - \varphi^j(t^j) \qquad (5\text{-}1)$$

由于载波的频率远高于测距码信号，波长更小，所以在相同分辨率的情况下，载波相位的观测精度比伪距测量高出许多。例如 L_1 载波的波长仅为 19cm，如果分辨率为 1%，则相应的观测精度约为 2.0mm，L_2 载波的观测精度约为 2.5mm。利用载波相位测量进行静态相对定位，可获得毫米级相对精度，是目前最精确的观测方式。

尽管载波相位测量的精度较高，但和常规的相位式测距仪一样，也存在相位差的整周数不能直接测定的问题。在卫星信号遮挡、多路径效应以及观测噪声等因素的干扰下，整周未知数 N 的确定变得愈加复杂。就这一点而言，实现伪距测量要更容易一些。另外，从公式(5-1)可以看出，卫星信号的发射瞬间（t^j 历元）与接收瞬间（t_i 历元）分别由卫星时钟和接收机时钟给出。只有当这两个时钟与 GPS 时间保持严格同步，所获得的距离延迟才能接近于真实的站星之间几何距离，而实际上这一点很难做到。所以无论是伪距测量还是载波相位测量，所获得的距离都不可避免地包含接收机钟和卫星钟不同步的误差，这种含有钟差(Clock Bias)影响的距离值，通常称为伪距（Pseudo Range）。故有的文献上把伪距测量所获得的伪距观测量叫测码伪距；把载波相位测量所获得的伪距观测量叫测相伪距。

三、观测方程的概念

在 GPS 定位中，观测方程（Observation Equation）主要用来描述观测值与未知参数之间的函数关系。

具体地说，由卫星钟基本频率驱动下产生的 GPS 信号，离开卫星发射天线，在地球引力场中，穿越大气层，到达接收机天线，又进入接收机内部，与接收机自身产生的参考信号（复制测距码或参考载波信号）相比较，最终得到 GPS 观测值（测码伪距或测相伪距）。观测值就是这个物理过程的结果，而观测方程则必须要反映在这个过程中，即观测值与站星之间几何距离、卫星钟和接收机钟的误差、大气折射延迟、多路径效应以及相对论延迟等一系列参数之间的函数关系。除此之外，通常还需要将观测值由卫星天线中心规化到卫星质量中心、由接收机天线相位中心规化到天线几何中心。在精密定位模型中，还要考虑卫星轨道误差、惯性系到地固系转换误差、极移以及地球自转不均匀等因素的影响。

上述这些参数大致可分为三类：

(1) 已知参数（如天线相位中心偏差）：这些参数在定位计算之前即可精确知道，这时可采用适当的改正模型直接修正观测值。

(2) 未知参数（如测站坐标和轨道误差）：这些参数在定位计算之前是未知的，可作为未知参数引入观测方程的解算过程。

(3) 附加未知参数（如对流层折射影响）：这些参数在定位计算之前部分已知，可用相应模型或先验信息加以改正，其残余影响可作为观测方程中的附加未知参数加以考虑。

观测方程的解算，实际上就是依据一定的数学模型，对未知参数的估计过程。在测绘领域中，这个过程称为平差（Adjustment）。由于观测值不可避免地会含有观测误差，经典的测量平差其目的就在于要给出未知参数和观测值的最佳估值，并给出估值所能达到的精度。

5.2 GPS 观测方程的列立

5.2.1 伪距测量观测方程

伪距测量观测方程，也叫伪距观测方程（Pseudo Range Observation Equation），就是把测距码信号（C/A 码和 P 码）距离延迟作为观测量的观测方程。

如果取符号：

$t^j(GPS)$表示卫星 j 发射信号时的理想 GPS 时刻；

t_I (GPS)表示接收机 i 收到信号时的理想 GPS 时刻；

t^j 表示卫星 j 发射信号时的卫星钟时刻；

t_i 表示接收机 i 收到信号时的接收机钟 GPS 时刻；

Δt_i^j 表示卫星 j 的信号到达接收机 i 的传播时间；

δt^j 表示卫星钟相对于理想 GPS 时间的钟差（卫星钟差）；

δt_i 表示接收机相对于理想 GPS 时间的钟差（接收机钟差）。

则有:

$$\begin{cases} t^j = t^j(GPS) + \delta t^j \\ t_i = t_i(GPS) + \delta t_i \end{cases} \tag{5-2}$$

于是，信号传播时间为:

$$\Delta t_i^j = t_i - t^j = t_i(GPS) - t^j(GPS) + \delta t_i - \delta t^j \tag{5-3}$$

如果忽略大气折射的影响，则有

$$\tilde{\rho}_i^j = c\Delta t_i^j = c\left[t_i(GPS) - t^j(GPS)\right] + c\left(\delta t_i - \delta t^j\right) = \rho_i^j + c\left(\delta t_i - \delta t^j\right) \tag{5-4}$$

一般说来，大气折射影响虽经模型改正，但依然含有残余影响，需要在观测方程中加以考虑。取符号：

$\tilde{\rho}_i^j(t)$ 表示在观测历元 t，卫星 j 到接收机 i 的伪距观测量；

$\rho_i^j(t)$ 表示在观测历元 t，卫星 j 到接收机 i 的几何距离；

$\delta t^j(t)$ 表示在观测历元 t，卫星 j 的钟差；

$\delta t_i(t)$ 表示在观测历元 t，接收机 i 的钟差；

$D_{\text{iono}}(t)$表示在观测历元 t，电离层折射对伪距观测量的影响；

$D_{\text{trop}}(t)$表示在观测历元 t，对流层折射对伪距观测量的影响。

由观测方程（5-4），考虑到大气折射影响，可进一步得到伪距观测方程的一般形式：

$$\tilde{\rho}_i^j(t) = \rho_i^j(t) + c[\delta t_i(t) - \delta t^j(t)] + D_{\text{iono}}(t) + D_{\text{trop}}(t) \tag{5-5}$$

在这个方程中，$\tilde{\rho}_i^j(t)$ 是观测值，$\rho_i^j(t)$ 和 $\delta t_i(t)$ 为未知参数，$\delta t^j(t)$、$D_{\text{iono}}(t)$ 和 $D_{\text{trop}}(t)$ 属于附加未知参数。星历文件中无法给出 $\rho_i^j(t)$ 和 $\delta t_i(t)$ 的先验信息，但包含卫星钟差、大气折射的模型改正参数。经过模型改正，卫星钟差可保持在 20ns 以内，对流层延迟和电离层延迟的影响分别可保持在 2%～5%和 40%～50%左右，参数 $\delta t^j(t)$、$D_{\text{iono}}(t)$ 和 $D_{\text{trop}}(t)$ 一般是指经过模型改正后的残余影响。另外，对于不同的卫星和不同的观测站而言，$D_{\text{iono}}(t)$ 和 $D_{\text{trop}}(t)$ 严格说来是不同的，即大气折射是卫星 j、接收机 i 和观测历元 t 的函数。

5.2.2 载波相位观测方程

一、信号传播时间

如果以理想的 GPS 时间为准，卫星发射的载波信号相位为 $\varphi^j[t^j(GPS)]$，接收机接收的信号相位为 $\varphi_i[t_i(GPS)]$，则其相位差 $\Phi_i^j[\Delta\tau_i^j]$ 为：

$$\Phi_i^j[\Delta\tau_i^j]=\varphi_i[t_i(GPS)]-\varphi^j[t^j(GPS)] \tag{5-6}$$

如果用 f_0、f^j 和 f_i 分别表示载波标准频率、卫星信号频率和接收机振荡器频率，理想状况下则有：

$$f_0=f^j=f_i \tag{5-7}$$

根据电磁波的有关理论，任意时刻卫星发射信号相位与接收机接收信号相位可以写成：

$$\varphi_i[t_i(GPS)]=\varphi^j[t^j(GPS)]+f_0[t_i(GPS)-t^j(GPS)] \tag{5-8}$$

结合（5-6）式可得：

$$\Phi_i^j[\Delta\tau_i^j]=\varphi^j[t^j(GPS)]-\varphi_i[t_i(GPS)]=f_0\Delta\tau_i^j \tag{5-9}$$

式中，$\Delta\tau_i^j$ 为理想的卫星信号传播时间。

如果设 $\rho_i^j[t_i(GPS),t^j(GPS)]$ 为站星间几何距离，考虑到大气折射的影响，则有：

$$\Delta\tau_i^j=\frac{1}{c}\rho_i^j[t^j(GPS),t_i(GPS)]+\frac{1}{c}[D_{\text{iono}}+D_{\text{trop}}] \tag{5-10}$$

在这个式子中，$\rho_i^j[t_i(GPS),t^j(GPS)]$ 是没有钟差情况下的理想的几何距离，它是理想的信号发射历元与接收历元的函数。信号的发射历元一般是未知的，所以需要进一步将 $\Delta\tau_i^j$ 表达为只与理想接收历元 $t_i(GPS)$ 有关的函数。于是，结合 $t^j(GPS)=t_i(GPS)-\Delta\tau_i^j$，将(5-10)用泰勒级数展开可得：

$$\Delta\tau_i^j=\frac{1}{c}\rho_i^j[t_i(GPS)]-\frac{1}{c}\dot{\rho}_i^j[t_i(GPS)]\Delta\tau_i^j+\frac{1}{2c}\ddot{\rho}_i^j[t_i(GPS)](\Delta\tau_i^j)^2-\cdots \tag{5-11}$$

如果忽略二次项，并结合（5-2）式加入接收机钟差影响，则上式可改写为：

$$\Delta\tau_i^j=\frac{1}{c}\rho_i^j(t_i)-\frac{1}{c}\dot{\rho}_i^j(t_i)\delta\tau_i^j-\frac{1}{c}\dot{\rho}_i^j(t_i)\Delta\tau_i^j+\frac{1}{c}[D_{\text{iono}}(t_i)+D_{\text{trop}}(t_i)] \tag{5-12}$$

采用迭代的办法，作一次迭代，并进一步略去 $\dot{\rho}_i^j(t)/c$ 的平方项，信号传播时间为：

$$\Delta\tau_i^j=\frac{1}{c}\rho_i^j(t_i)[1-\frac{1}{c}\dot{\rho}_i^j(t_i)]-\frac{1}{c}\dot{\rho}_i^j(t_i)\delta t_i(t_i)+\frac{1}{c}[D_{\text{iono}}(t_i)+D_{\text{trop}}(t_i)] \tag{5-13}$$

二、载波相位观测量与整周未知数

由于观测得到的载波信号相位差始终包含卫星钟差和接收机钟差，且钟差总是观测历元的函数，于是根据（5-9）式可得：

$$\Phi_i^j(t_i)=\Phi_i^j(\Delta\tau_i^j)+f_0[\delta t_i(t_i)-\delta t^j(t_i)] \tag{5-14}$$

根据式（5-10），可以进一步得出观测得到的载波信号相位差$\Phi_i^j(t_i)$，即：

$$\Phi_i^j(t_i)=f_0\Delta\tau_i^j+f_0[\delta t_i(t_i)-\delta t^j(t_i)] \tag{5-15}$$

再将公式（5-13）带入上式。可得：

$$\begin{aligned}\Phi_i^j(t_i)=&\frac{f_0}{c}\rho_i^j(t_i)[1-\frac{1}{c}\dot{\rho}_i^j(t_i)]+f_0[1-\frac{1}{c}\dot{\rho}_i^j(t_i)]\delta t_i(t_i)\\&-f_0\delta t^j(t_i)+\frac{f_0}{c}[D_{\text{iono}}(t_i)+D_{\text{trop}}(t_i)]\end{aligned} \tag{5-16}$$

上式所给出的$\Phi_i^j(t_i)$是载波信号相位差，还不是载波相位观测量。前面 4.1.2 已经讨论过，在公式（4-4）中，整周波数 N 不能通过观测直接获得。同样，GPS 载波信号相位差$\Phi_i^j(t_i)$的整周部分也不能直接测定。

如图 5-1 所示，假设 t_0 为起始观测历元，$\Delta\varphi_i^j(t_0)$和$N_i^j(t_0)$分别为载波信号相位差，$\Phi_i^j(t_0)$的小数部分和整数部分，则相对于起始历元 t_0 有：

$$\Phi_i^j(t_0)=\Delta\varphi_i^j(t_0)+N_i^j(t_0) \tag{5-17}$$

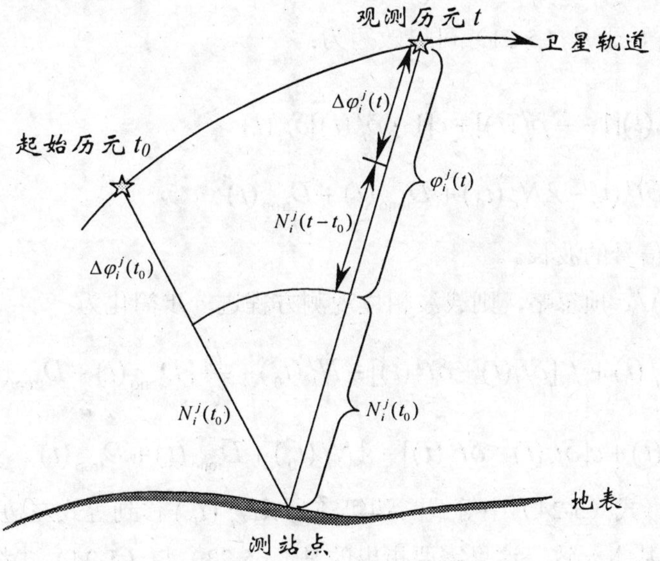

图 5-1　载波相位观测量

当卫星在 t_0 历元被跟踪（信号锁定）以后，在任意观测历元 t，载波信号相位差可以分为 3 个部分。

$$\Phi_i^j(t)=\Delta\varphi_i^j(t)+N_i^j(t-t_0)+N_i^j(t_0) \tag{5-18}$$

从图 5-1 不难看出，$\Delta\varphi_i^j(t)$ 表示观测历元 t 瞬间，载波信号相位差的不足一周部分；$N_i^j(t-t_0)$ 表示 t_0 历元以后，载波信号整周相位的变化；$N_i^j(t_0)$ 依然表示 t_0 历元载波信号相位差的整数部分。

$\Delta\varphi_i^j(t)$ 可以直接观测获得。由于 $N_i^j(t-t_0)$ 是连续变化的，可由接收机自动连续计数来确定，故而又称为整周计数。如果取符号

$$\varphi_i^j(t)=\Delta\varphi_i^j(t_0)+N_i^j(t-t_0) \tag{5-19}$$

这时，（5-18）式可以改写为：

$$\Phi_i^j(t)=\varphi_i^j(t)+N_i^j(t_0) \tag{5-20}$$

其中，$\varphi_i^j(t)$ 就是载波相位测量的观测量，它包含观测历元 t 时刻，载波信号相位的小数部分 $\Delta\varphi_i^j(t)$ 和初始历元 t_0 到观测历元 t 之间的整周计数 $N_i^j(t-t_0)$。$N_i^j(t_0)$ 一般是未知参数，称为整周未知数，又叫整周模糊度（Ambiguity），简称模糊度。

三、载波相位观测方程

结合（5-16）式与（5-20）式，在任意观测历元 t，载波相位观测方程可以表示为：

$$\begin{aligned}\varphi_i^j(t)=&\frac{f_0}{c}\rho_i^j(t)[1-\frac{1}{c}\dot{\rho}_i^j(t)]+f_0[1-\frac{1}{c}\dot{\rho}_i^j(t)]\delta t_i(t)\\&-f_0\delta t^j(t)-N_i^j(t_0)+\frac{f_0}{c}[D_{\text{iono}}(t)+D_{\text{trop}}(t)]\end{aligned} \tag{5-21}$$

又因为 $\lambda=c/f_0$，于是（5-21）可以改写为：

$$\begin{aligned}\lambda\varphi_i^j(t)=&\rho_i^j(t)[1-\frac{1}{c}\dot{\rho}_i^j(t)]+c[1-\dot{\rho}_i^j(t)]\delta t_i(t)\\&-c\delta t^j(t)-\lambda N_i^j(t_0)+D_{\text{iono}}(t)+D_{\text{trop}}(t)\end{aligned} \tag{5-22}$$

式中，λ 为载波信号的波长。

如果将 $\dot{\rho}_i^j(t)/c$ 项忽略，则载波相位观测方程进一步简化为：

$$\varphi_i^j(t)=\frac{f_0}{c}\rho_i^j(t)+f_0[\delta t_i(t)-\delta t^j(t)]-N_i^j(t_0)+\frac{f_0}{c}[D_{\text{iono}}(t)+D_{\text{trop}}(t)] \tag{5-23}$$

$$\lambda\varphi_i^j(t)=\rho_i^j(t)+c[\delta t_i(t)-\delta t^j(t)]-\lambda N_i^j(t_0)+D_{\text{iono}}(t)+D_{\text{trop}}(t) \tag{5-24}$$

显然，如果将式（5-24）中等式右边第三项 $\lambda N_i^j(t_0)$ 移到等式左边，则方程形式与伪距观测方程（5-5）基本一致。这里需要指出的是，（5-23）与（5-24）式都是简化的观测方程，适合于相对定位短基线（如 20km 以下）的情况。基线较长时，观测方程可扩展为更加严密的形式。另外，从起始历元 t_0 到观测历元 t 之间，必须保持对卫星信号的连续跟踪，一旦信号完全失锁，$N_i^j(t_0)$ 的值一般说来需要重新进行初始化。

5.3 GPS 观测方程的解算

5.3.1 误差方程

一、必要观测与多余观测

GPS 测量的主要目的之一就是确定测站点的三维坐标。伪距观测方程（5-5）和载波相位观测方程（5-24）都含有测站点三维坐标（X_i、Y_i、Z_i），即站星之间几何距离 $\rho_i^j(t)=\sqrt{(X^j-X_i)^2+(Y^j-Y_i)^2+(Z^j-Z_i)^2}$。以伪距观测方程（5-5）为例，如果解算之前已经根据卫星星历，获知卫星在轨位置 $(X^j、Y^j、Z^j)$、卫星钟差 δt^j、大气折射影响 $D_{\text{iono}}(t)$ 和 $D_{\text{trop}}(t)$，那么等式右边未知数向量为 $(X_i、Y_i、Z_i、\delta t_i)$，共有 4 个未知数。

$$\tilde{\rho}_i^j(t)=\sqrt{(X^j-X_i)^2+(Y^j-Y_i)^2+(Z^j-Z_i)^2}+c\delta t_i(t) \\ +[D_{\text{iono}}(t)+D_{\text{trop}}(t)-c\delta t^j(t)] \tag{5-25}$$

这样，每个观测历元只要有 4 个卫星的观测量就可以唯一确定测站点三维坐标（X_i、Y_i、Z_i）。显然，这个过程并没有涉及参数估计，4 个观测方程有唯一的确定解。

前已述及，观测方程的解算就是对未知参数的估计过程。例如，为了确定地面点 A 的三维坐标（如图 5-2 所示），在一个观测历元，分别观测到卫星 S_1、S_2、S_3、S_4 和 S_5。由此，可以根据伪距观测方程（5-5），用卫星 S_1、S_2、S_3 和 S_4 的伪距观测量构成方程组，从而唯一确定地面点 A 的三维坐标 $(X'_A、Y'_A、Z'_A)$ 和钟差 $\delta t'_i(t)$。同样道理，也可用卫星 S_2、S_3、S_4 和 S_5 构成方程组，确定地面点 A 的坐标 $(X''_A、Y''_A、Z''_A)$ 和钟差 $\delta t''_i(t)$。由于 *GPS* 观测总是含有误差的，所以观测值之间不可避免地会存在几何矛盾。这样，$(X'_A、Y'_A、Z'_A)\neq(X''_A、Y''_A、Z''_A)$。如何消除观测值之间的几何矛盾？如何确定未知参数的最佳估值？如何给出估值的精度？这些都是 GPS 平差计算必须要解决的问题。

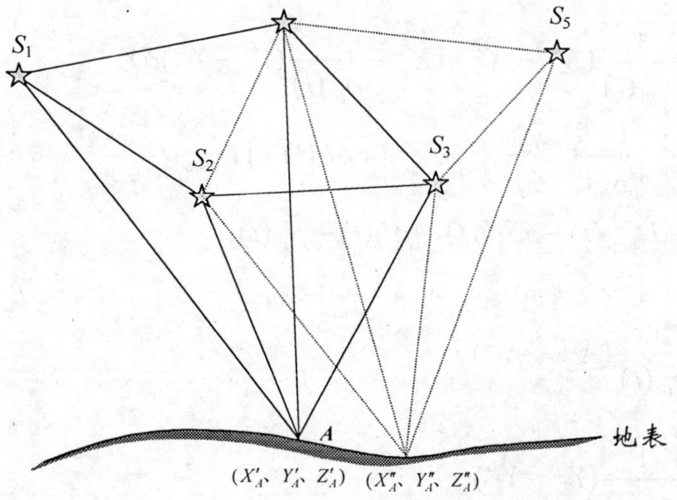

图 5-2 必要观测数与多余观测数

在这个例子中，为了求得未知参数向量$(X_i、Y_i、Z_i、\delta t_i)$，只要 4 颗卫星，就可以唯一确定地面点 A 的三维坐标，这时必要观测数 t=4。所谓必要观测（Necessary Observations），就是指解算未知数所需的最小的观测值的个数。如果独立观测值的个数超过必要观测数（$n>t$），则超出的部分称为多余观测（Redundant Observations）。如果有 5 颗卫星，获得 5 个独立观测量，这时多余观测数 $r=n-t=1$。多余观测是平差计算的必要条件。

二、误差方程的构成

测量都存在观测误差（Observational Error）。取符号 $\tilde{L}$ 表示观测值的真值，L 表示观测值，Δ 表示真误差，则有：

$$\tilde{L} = L + \Delta \tag{5-26}$$

一般说来，观测值的真值（或真误差）是无法确定的。只能根据概率统计的原理对观测值和未知参数进行估计。取符号 $\hat{L}$ 表示观测值的估值；v 表示观测值的改正数，则有

$$\hat{L} = L + v \tag{5-27}$$

由此，方程（5-25）变为：

$$\begin{aligned} v_i^j(t) = & \sqrt{(X^j - X_i)^2 + (Y^j - Y_i)^2 + (Z^j - Z_i)^2} + c\delta t_i(t) \\ & + [D_{\text{iono}}(t) + D_{\text{trop}}(t) - c\delta t^j(t)] - \bar{\rho}_i^j(t) \end{aligned} \tag{5-28}$$

式中，$\bar{\rho}_i^j(t)$ 为实际伪距观测值。

为了把该方程线性化，取符号：

X_i^0 表示未知参数 X_i 的近似值；

Y_i^0 表示未知参数 Y_i 的近似值；

Z_i^0 表示未知参数 Z_i 的近似值；

$\rho_{i0}^j(t) = \sqrt{(X^j - X_i^0)^2 + (Y^j - Y_i^0)^2 + (Z^j - Z_i^0)^2}$。

用泰勒级数在 X^0 =（X_i^0、Y_i^0、Z_i^0、$\delta t_i^0(t)$）处展开，取至一阶项。则有：

$$\begin{aligned} v_i^j(t) = & -\frac{1}{\rho_{i0}^j(t)}(X^j - X_i^0)\delta X_i - \frac{1}{\rho_{i0}^j(t)}(Y^j - Y_i^0)\delta Y_i \\ & - \frac{1}{\rho_{i0}^j(t)}(Z^j - Z_i^0)\delta Z_i + c\delta t_i(t) + [D_{\text{iono}}(t) \\ & + D_{\text{trop}}(t) - c\delta t^j(t) + \rho_{i0}^j(t) - \bar{\rho}_i^j(t)] \end{aligned} \tag{5-29}$$

再令

$$l_i^j(t) = \frac{1}{\rho_{i0}^j(t)}(X^j - X_i^0)$$

$$m_i^j(t) = \frac{1}{\rho_{i0}^j(t)}(Y^j - Y_i^0)$$

$$n_i^j(t)=\frac{1}{\rho_{i0}^j(t)}(Z^j-Z_i^0)$$

可得到线性化方程（Linearized Equation）：

$$v_i^j(t)=\begin{bmatrix}-l_i^j(t) & -m_i^j(t) & -n_i^j(t) & c\end{bmatrix}\begin{pmatrix}\delta X_i\\ \delta Y_i\\ \delta Z_i\\ \delta t_i(t)\end{pmatrix}+[D_{\text{iono}}(t)$$

$$+D_{\text{trop}}(t)-c\delta t^j(t)+\rho_{i0}^j(t)-\overline{\rho}_i^j(t)] \tag{5-30}$$

如果在一个观测历元有多颗卫星的观测量，则有：

$$\begin{pmatrix}v_i^1(t)\\ v_i^2(t)\\ \vdots\\ v_i^j(t)\end{pmatrix}=\begin{pmatrix}-l_i^1(t) & -m_i^1(t) & -n_i^1(t) & c\\ -l_i^2(t) & -m_i^2(t) & -n_i^2(t) & c\\ \vdots & \vdots & \vdots & \vdots\\ -l_i^j(t) & -m_i^j(t) & -n_i^j(t) & c\end{pmatrix}\begin{pmatrix}\delta X_i\\ \delta Y_i\\ \delta Z_i\\ \delta t_i(t)\end{pmatrix}+\begin{pmatrix}f_i^1(t)\\ f_i^2(t)\\ \vdots\\ f_i^j(t)\end{pmatrix} \tag{5-31}$$

其中，$f_i^j(t)=D_{i\ \text{iono}}^j(t)+D_{i\ \text{trop}}^j(t)-c\delta t^j(t)+\rho_{i0}^j(t)-\overline{\rho}_i^j(t)$。如果取符号

$$\underset{j\times 1}{V_i(t)}=[v_i^1(t)\quad v_i^2(t)\quad \cdots\quad v_i^j(t)]^T$$

$$\underset{j\times 4}{B_i(t)}=\begin{pmatrix}-l_i^1(t) & -m_i^1(t) & -n_i^1(t) & c\\ -l_i^2(t) & -m_i^2(t) & -n_i^2(t) & c\\ \vdots & \vdots & \vdots & \vdots\\ -l_i^j(t) & -m_i^j(t) & -n_i^j(t) & c\end{pmatrix}$$

$$\underset{4\times 1}{dX}=[\delta X_i\quad \delta Y_i\quad \delta Z_i\quad \delta t_i(t)]^T$$

$$\underset{j\times 1}{F_i(t)}=[f_i^1(t)\quad f_i^2(t)\quad \cdots\quad f_i^j(t)]^T$$

则方程（5-31）可以简化为：

$$\underset{j\times 1}{V_i(t)}=\underset{j\times 4}{B_i(t)}\underset{4\times 1}{dX}+\underset{j\times 1}{F_i(t)} \tag{5-32}$$

这个线性化方程称为误差方程（Error Equation），是 GPS 平差计算的基本方程。

不难发现，在线性方程组（5-31）中，观测值改正数 $v_i^j(t)$ 和未知参数改正数向量 $\begin{bmatrix}\delta X_i & \delta Y_i & \delta Z_i & \delta t_i(t)\end{bmatrix}^T$ 都是未知数。每个观测方程都要引入一个未知数 $v_i^j(t)$，这样，如果在一个观测历元有 n 个卫星的观测方程，就会有 $n+4$ 个未知数。显然，未知数的个数多于方程的个数，如果不附加其它约束条件的话，根据线性代数的有关理论，误差方程将有无穷多解。

5.3.2 最小二乘估计与法方程

一、最小二乘估计

平差计算的结果就是未知参数的最佳估值及其精度估计。何谓“最佳”？这要依赖所采用的估计量的无偏性、一致性和有效性等判据。根据经典的测量平差理论，如果独立观测值的精度相同时，则只要满足：

$$V_i^T V_i = \min \tag{5-33}$$

的条件，就可以唯一地确定估值 dX 和 V。这种估计方法叫最小二乘法（Method of Least squares），是工程技术中应用广泛的一种参数估计方法。需要指出的是，最小二乘法并没有顾及观测值的统计特性，如果观测值是来自具有某种随机特征的正态总体（Normal population）的抽样（Sampling），那么最小二乘法与最大似然估计的结果恰是一致的。换句话说，采用最大似然估计法（Maximum Likelihood Estimate），用样本空间构成的统计量（Statistic）与最小二乘法构成的统计量（5-33）是等价的。用最小二乘法获得的参数的估计量，是最小方差无偏估计量（Minimum Variance unbiased Estimate）。

二、法方程的构成与解算

根据前面的论述，将式（5-32）和（5-33）联立，可得：

$$\begin{aligned} &\underset{j\times 1}{V_i(t)} = \underset{j\times 4}{B_i(t)}\,\underset{4\times 1}{dX} + \underset{j\times 1}{F_i(t)} \\ &V_i(t)^T V_i(t) = \min \end{aligned} \tag{5-34}$$

这个方程组实际上是一个条件极值问题，将 $V_i(t)^T V_i(t)$ 对 dX 求导，并令其为零，则有：

$$\frac{\partial[V_i(t)^T V_i(t)]}{\partial(dX)} = V_i(t)^T \frac{\partial[V_i(t)]}{\partial(dX)} + V_i(t)^T \frac{\partial[V_i(t)]}{\partial(dX)} = 2V_i(t)^T \frac{\partial[V_i(t)]}{\partial(dX)} = 0$$

由误差方程（5-32）可知：

$$\frac{\partial[V_i(t)]}{\partial(dX)} = B_i(t)$$

于是

$$2V_i(t)^T \frac{\partial[V_i(t)]}{\partial(dX)} = 2V_i(t)^T B_i(t) = 0$$

将矩阵转置，可得：

$$B_i(t)^T V_i(t) = 0$$

再将（5-32）等式两边都左乘一个 $B_i(t)^T$，即有：

$$B_i(t)^T V_i(t) = B_i(t)^T B_i(t)dX + B_i(t)^T F_i(t)$$

由此可知：

$$B_i(t)^T B_i(t)dX + B_i(t)^T F_i(t) = 0 \tag{5-35}$$

这个方程称为法方程（Normal Equation），是 GPS 平差计算的另一个基本方程。

在误差方程（5-32）中，由于存在（独立的）多余观测，$B_i(t)$ 的秩（Rank）等于必要观测数，即 $R[B_i(t)]=4$。可见 $B_i(t)$ 是列满秩的，所以，$B_i(t)^T B_i(t)$ 是一个非奇异方阵，它是可逆的。因此

$$dX = -[B_i(t)^T B_i(t)]^{-1} B_i(t)^T F_i(t) \tag{5-36}$$

于是，未知参数的估值（平差值）为：

$$\hat{X} = X^0 + dX = \left[\delta X_i^0 + \delta X_i \quad \delta Y_i^0 + \delta Y_i \quad \delta Z_i^0 + \delta Z_i \quad \delta t_i^0(t) + \delta t_i(t)\right]^T \tag{5-37}$$

将 dX 代入误差方程（5-32）中，可得：

$$V_i(t) = -B_i(t)[B_i(t)^T B_i(t)]^{-1} B_i(t)^T F_i(t) + F_i(t) \tag{5-38}$$

于是，观测值的估值为：

$$\hat{\rho}_i^j(t) = \overline{\rho}_i^j(t) + V_i(t) \tag{5-39}$$

一般说来，从误差方程的列立到解算出 $\hat{X}$ 与 $\hat{\rho}_i^j(t)$，这个过程需要反复迭代进行。在第一次平差计算之后，用 $\hat{X}$ 和 $\hat{\rho}_i^j(t)$ 构成新的 X^0、$\overline{\rho}_i^j(t)$ 和 $f_i^j(t)$ ，即令 $X^0 = \hat{X}$，$\overline{\rho}_i^j(t) = \hat{\rho}_i^j(t)$。由此重新构成新的误差方程式，按照同样的步骤进行平差计算，直至 dX 和 $V(t)$ 小于某个特定的值为止。

5.4 精度估计

数据的精度是衡量数字产品质量的重要标志之一，不同精度的数据其适用的范围也有所不同。前面已经多次提到过定位的精度，现在就来讨论如何进行精度估计（Precision Estimation）。

在概率统计中，常用方差（Variance）或标准差（Standard Deviation）等参数来描述随机变量的离散程度，用协方差（Covariance）来描述随机变量之间的关系。在 GPS 平差计算中，如果观测值向量 $\boldsymbol{L}$（$L_1 L_2 \cdots L_n$）^{T} 都是服从正态分布（Normal Distribution）的随机变量，则它们的先验精度可用一个方阵表达，即：

$$D_{LL} = \begin{pmatrix} \sigma_1^2 & \sigma_{12} & \wedge & \sigma_{1n} \\ \sigma_{21} & \sigma_2^2 & \wedge & \sigma_{2n} \\ M & & O & M \\ \sigma_{n1} & \sigma_{n2} & \wedge & \sigma_n^2 \end{pmatrix} \tag{5-40}$$

这个矩阵称为方差-协方差阵（Variance-covariance Matrix），简称协方差阵。

式中，$\sigma_i^2 = E\left\{[L_i - E(L_i)^2]\right\}$，表示观测值 L_i 的方差；

$\sigma_{ij} = E$ {[$L_i - E(L_i)$] [$L_j - \mathrm{E}(L_j)$]}，表示观测值 L_i 与 L_j 的协方差；

$E[L_i]$为观测值 L_i 的数学期望（Mathematical Expectation）。

如果观测值 L_i 与 L_j 之间相互独立，则 L_i 与 L_j 为不相关观测值。这时，$\sigma_{ij}=0$（$i\neq j$），D_{LL} 是一个对角阵。如果每个观测值的精度都相同，则 D_{LL} 可以表达为：

$$D_{LL}=\sigma_0^2 E \tag{5-41}$$

式中，σ_0^2 为伪距观测量的先验方差(一般在平差计算前就已知)；

E 为单位阵。

在 GPS 平差计算中，观测值的协方差阵在平差前就已知，未知参数估值 $\hat{X}$ 是观测值的函数，精度估计实际上就是根据观测值的协方差阵，求解 $\hat{X}$ 的协方差阵 $D_{\hat{X}\hat{X}}$。依据测量平差的有关理论，如果伪距观测值为同精度的独立观测量，则 $\hat{X}$ 的协方差阵为：

$$D_{\hat{X}\hat{X}}=\hat{\sigma}_0^2[B_i^T(t)B_i(t)]^{-1} \tag{5-42}$$

式中，

$$\hat{\sigma}_0^2=\frac{V_i^T(t)V_i(t)}{r} \tag{5-43}$$

它是伪距观测量的验后方差估计，r 表示多余观测数。

从公式（5-42）不难看出，任意未知参数估值 $\hat{X}_i$ 的精度用 $\sigma_{\hat{X}_i}^2$ 或 $\sigma_{\hat{X}_i}$ 表示，$\sigma_{\hat{X}_i}^2$ 是协方差阵 $D_{\hat{X}\hat{X}}$ 的第 i 个主对角线元素。如果再根据一定的坐标转换关系，便可将测站点在 X、Y、Z 轴方向上的精度转换到水平方向和垂直方向。

5.5 GPS 定位误差的来源及其影响

5.5.1 定位误差的分类

GPS 定位误差源大体分为 3 类：

(1)与信号传播有关的误差，如对流层折射、电离层折射、多路径效应和相对论效应等。

(2)与 GPS 卫星有关的误差，如卫星钟差、轨道误差等。

(3)与接收机和参考系有关的误差，如接收机钟差、天线相位中心偏差、地球旋转和固体潮的影响等。

误差的大小往往与卫星的位置、待定点的位置、接收机设备、观测的时间、大气环境和地理环境等因素有关。这些误差源对 GPS 定位的影响各不相同，为了便于理解，通常将各种误差的影响转换到测站与卫星之间的距离上，以相应的距离误差表示。表 5-1 就是它们的等效距离偏差。

如果抛开这些误差产生的物理机制，从数学的角度来看，GPS 定位误差源又可分为系统误差（System Error）和偶然误差（Random Error）。前者主要是指具有某种规律性、倾向性的误差的影响；后者则是指无规律的、随机的误差。针对不同的误差源，处理的方法也有所区别。它们中有些误差可以通过适当的模型对观测值加以改正；有些可以通过观测值的线性组合来消除或削弱；有些可以用未知参数来模拟；还有一些误差在某些情况下可以简单忽略。

与信号传播有关的误差在第四章中已经述及，本章节主要讨论卫星钟差、接收机钟差、相对论效应和轨道误差。

表 5-1 误差分类及其等效距离偏差

误差来源		等效距离偏差（m）
与信号传播有关的误差	对流层折射	2.3～25
	电离层折射	1.0～45
	多路径效应	2.0～150
与 GPS 卫星有关的误差	卫星钟差	2～6
	轨道误差	20～40
	相对论效应	0.5～14
与接收机和参考系有关的误差	天线相位中心偏差	可消除其影响
	地球旋转	0～40
	固体潮的影响	0～0.8
	接收机钟差	2～10

5.5.2 部分误差的影响和改正

一、卫星钟差（Satellite Clock Bias）

前已述及，GPS 的定位精度在很大程度上要取决于测时的精度，无论是 GPS 伪距定位还是载波相位测量，均要求卫星钟与接收机钟严格同步。尽管卫星上使用高精度的原子钟，但它与理想的 GPS 时间依然存在偏差，称为卫星钟差。卫星钟差如不经任何改正，它所引起的等效距离偏差最大可达 300km。

卫星钟差可通过对卫星时钟运行状态的连续监测，较精确地确定，可用如下二阶多项式表达为：

$$\delta t^j = a_0 + a_1(t - t_{0c}) + a_2(t - t_{0c})^2 + \int_{t_{0c}}^{t} y(t)dt \qquad (5\text{-}44)$$

式中，t_0 为参考历元；

a_0 为参考历元的卫星钟差；

a_1 为卫星钟的钟速；

a_2 为卫星钟的钟速变率（亦称老化率或钟漂参数）；

$\int_{t_0}^{t} y(t)dt$ 为卫星钟积分的随机相对频率误差。

一个钟的性能由频率稳定性表征。高质量的石英晶体振荡器的频率稳定性可优于 10^{-10}，铷原子振荡器的频率稳定性可优于 5×10^{-12}，铯原子振荡器的频率稳定性可优于 5×10^{-13}。

GPS 卫星导航电文提供参数 a_0、a_1 和 a_2，将（5-44）式中的积分随机相对频率误差忽略，可得卫星钟差改正模型，即：

$$\delta t^j = a_0 + a_1(t - t_0) + a_2(t - t_0)^2 \qquad (5\text{-}45)$$

经过模型改正后，卫星钟差引起的等效距离偏差将优于 6m。改正后的残余影响，在相对定位中，可通过观测量求差的方法消除（详见本书第七章）。

二、接收机钟差（Receiver Clock Bias）

与卫星钟不同，接收机使用石英晶体振荡器作为频标，其频率稳定性远不及原子振荡器，如果实施类似式（5-45）的模型改正，则精度难以保证，或者不具有普适性。所以一般都把每个观测瞬间的接收机钟差作为独立未知数，列入观测方程中与测站坐标向量一并求解（见本章 5.2）。如果定位精度要求较高，可外接高精度频标（如某些 IGS 卫星跟踪站的接收机就使用外接原子钟作为时间标准）。

三、相对论效应

根据狭义相对论的观点，由于卫星时钟与接收机时钟在惯性系中的运动速度不同，卫星钟相对接收机而言将产生频率偏移，其结果是卫星时钟“变慢”。另外，根据广义相对论的理论，由于卫星所在位置的引力位与地表引力位不同，其振荡器频率将产生相对变化。这种现象通常称为引力频移（Gravitational Shift），其结果是使得卫星时钟“变快”。

在狭义相对论和广义相对论的综合影响下，卫星钟频率变化为：

$$\Delta f = \Delta f_1 + \Delta f_2 = \frac{g r_m}{c^2}(1 - \frac{3r_m}{2R_s}) f_0 \tag{5-46}$$

式中，c 为光速；

g 为地面重力加速度；

r_m 为地球平均半径；

R_s 为卫星轨道平均半径；

f_0 为 GPS 卫星钟的标准频率。

由于 f_0＝10.23MHz，故 Δf＝0.004 55Hz。这说明 GPS 卫星钟的运行速度比它安置在地面上时走得快。于是，只要将 GPS 卫星钟的标准频率放慢 4.5×10^{-3}Hz，即可削弱这一影响。实际上，在卫星发射之前，标称频率 10.23MHz 的卫星钟就已被适当降低了一些，以抵消相对论效应部分影响。

在这里有两点需要指出。其一，由于地球的自转运动和卫星轨道高度的变化，以及地球重力场的变化，相对论效应的影响并不是一个常数。所以，经过上述改正以后仍有残余影响，这种残余影响与卫星和地球的相对位置有关，最大可达 70ns，在精密定位时需要加以考虑。其二，除了卫星钟频率偏移以外，相对论效应影响还包括地球引力场引起的信号传播几何延迟，也叫引力延迟。电磁波穿过引力场时其传播路径会发生弯曲，引力场愈强弯曲愈显著。这项误差对 GPS 定位的影响较小，以目前的观测精度而言，一般不需要考虑。

四、轨道误差

轨道误差一般是指根据广播星历或者后处理星历求得的卫星轨道与真实轨道之间的不符值。使用 GPS 广播星历推算卫星轨道，其相应位置的误差约 20～30m。如果采用 IGS 提供的精密星历（后处理星历），其相应位置的误差将优于 1m。但精密星历一般说来难以实时获得，也就是说难以用来进行实时动态定位。实时地精确确定卫星轨道参数，目前还比较困难。这主要是因为，地面测站难以充分可靠地测定卫星所受到的各种摄动力，并掌握它们的规律。而广播星历中的轨道参数，一般是依据 GPS 监测站采集的伪距观测数据外推得到的。随着摄动力模型和定轨技术的优化完善，卫星的实时位置精度可望达到 5～10m。

在进行单点实时定位时，由于多余观测较少，一般简单忽略轨道误差；在进行相对定位或静态定位时，多余观测较多，可采用轨道改进法或同步观测值求差等方法削弱轨道误差。

轨道误差、地球旋转和固体潮的影响属于专业性较强的内容，感兴趣的读者，请参阅有关的技术文献。

第六章　GPS 绝对定位

绝对定位就是直接确定用户接收机天线在 WGS-84 下的绝对位置。此种定位技术由于实施简便、高效等特点，在导航等许多领域中有着广泛应用。本章主要介绍绝对定位的方法、定位模型、精度评价以及卫星的几何分布对定位精度的影响。

6.1　绝对定位概述

绝对定位又称单点定位。根据接收机的运动状态，绝对定位分为静态绝对定位和动态绝对定位；如果根据观测量的不同，又可分为测码伪距绝对定位和载波相位测量（测相伪距）绝对定位。不同的定位方式和观测量就意味着不同的模型算法和适用的范围。

长远上看，GPS 动态定位的应用前景更为广阔。在车辆、船舶、飞行器和航天器的运行过程中，人们往往需要知道它们的实时位置。在运动载体上安装 GPS 接收机，实时测定载体的位置矢量、速度矢量和时间等参数，进而实现载体的定位和导航。随着 GPS 技术的发展，导航的精度已经有了较大提升。1988 年，美国军方购置了一批机载 GPS 导航装置（测码伪距动态绝对定位），装配在陆军的 S-70A-9 型直升机上，其水平定位精度约为±9m，垂直精度接近±10m。如今，机载 GPS 自动着陆系统（On-board GPS-based Autolanding System）精度接近±1～2m，基本可实现飞行器在零能见度（Zero Visibility）下自动着陆。如果借助 GPS 差分定位技术，有望进一步达到厘米级精度。除了导航之外，动态绝对定位还在航空物探、资源勘探、环境保护和卫星遥感等多个领域有着广泛的应用前景。

与动态定位不同，静态绝对定位要求接收机静止不动。静止不动意味着在一个待定点上可取得更多的观测值，一般说来多余观测的数量越多，相应的定位精度也就越高。但单点定位并没有其它测站的同步观测数据可资比较，大气折光、卫星钟差等误差项就无法通过同步观测值的线性组合加以消除或削弱，只能依靠相应的模型改正来修正。因此，静态绝对定位目前只能达到厘米级精度。这样的精度可以为相对定位的测站点提供比较精确的起始坐标，主要用于大地测量等专业测量领域。

不论动态定位还是静态定位，都有测码伪距和测相伪距这两种观测方式。相比较而言，测码伪距实现起来更容易，便于进行实时动态定位。载波相位测量虽精度较高，但由于实时解算整周未知数并达到较高的精度和可靠性目前仍有一定难度，因而利用测相伪距进行实时动态绝对定位目前还比较少见。如果进行实时动态相对定位则需要解决数据通讯的问题。

顺便指出，“静态”是相对的，只要在观测时段（数分钟乃至若干天），待定点相对于地固坐标系的运动，小到几乎无法觉察，那么就可以称之为静态。有时为了测定一些不显著的待定点的运动（比如由于地壳运动引起的），需要在两次观测之间间隔几个月甚至几年。只有这样，两次观测结果的差异才能体现出待定点的运动状态。

6.2 动态绝对定位

6.2.1 测码伪距动态绝对定位（Kinematic Absolute Positioning with Pseudo Range Measurements）

在动态绝对定位的情况下，由于接收机处于运动状态，待定点的位置总是实时变化的。因此，一般说来每个待定点只能获得一个历元的观测值。根据 5.3.1 的论述，对于一个测站点，只要获得一个观测历元 4 颗卫星的观测值，便可唯一求得该测站点的坐标。如果多于 4 颗卫星（存在多余观测），则可以进行平差计算。

一、没有多余观测时的定位模型

假定在观测历元 t，获得 4 颗卫星的伪距观测量，并已经修正了电离层折射、对流层折射和卫星钟差的影响，根据公式（5-5），测码伪距观测方程可表达为：

$$S_i^j(t)=\rho_i^j(t)+c\cdot\delta t_i(t) \tag{6-1}$$

或者表示为：

$$S_i^j(t)=\sqrt{(X^j-X_i)^2+(Y^j-Y_i)^2+(Z^j-Z_i)^2}+c\delta t_i(t) \tag{6-2}$$

其中，$S_i^j(t)$ 表示经大气折射和卫星钟差改正后的伪距观测量。根据公式（5-30），将观测方程（6-2）式线性化，可得：

$$\begin{pmatrix} S_i^1(t)\\ S_i^2(t)\\ S_i^3(t)\\ S_i^j(t)\end{pmatrix}=\begin{pmatrix} \rho_{i0}^1(t)\\ \rho_{i0}^2(t)\\ \rho_{i0}^3(t)\\ \rho_{i0}^4(t)\end{pmatrix}-\begin{pmatrix} l_i^1(t) & m_i^1(t) & n_i^1(t) & -c\\ l_i^2(t) & m_i^2(t) & n_i^2(t) & -c\\ l_i^3(t) & m_i^3(t) & n_i^3(t) & -c\\ l_i^4(t) & m_i^4(t) & n_i^4(t) & -c\end{pmatrix}\begin{pmatrix} \delta X_i\\ \delta Y_i\\ \delta Z_i\\ \delta t_i(t)\end{pmatrix} \tag{6-3}$$

其中，$\rho_{i0}^j(t)=\sqrt{(X^j-X_i^0)^2+(Y^j-Y_i^0)^2+(Z^j-Z_i^0)^2}$，表示测站（坐标初始值）到卫星的距离。这是一个四元一次线性方程组，如果令：

$$\underset{4\times1}{dZ}=[\delta X_i \quad \delta Y_i \quad \delta Z_i \quad \delta t_i(t)]^T$$

$$\underset{4\times4}{a_i(t)}=\begin{pmatrix} l_i^1(t) & m_i^1(t) & n_i^1(t) & -c\\ l_i^2(t) & m_i^2(t) & n_i^2(t) & -c\\ \vdots & \vdots & \vdots & \vdots\\ l_i^4(t) & m_i^4(t) & n_i^4(t) & -c\end{pmatrix}$$

$$\underset{4\times1}{f_i(t)}=[S_i^1(t)-\rho_{i0}^1(t) \quad S_i^2(t)-\rho_{i0}^2(t) \quad S_i^3(t)-\rho_{i0}^3(t) \quad S_i^4(t)-\rho_{i0}^4(t)]^T$$

则方程（6-3）变为：

$$\underset{4\times4}{a_i(t)}\underset{4\times1}{dZ}+\underset{4\times1}{f_i(t)}=0 \tag{6-4}$$

由此可得唯一解：

$$dZ = -a_i(t)^{-1} f_i(t) \tag{6-5}$$

最后未知参数向量的估值为：

$$\hat{X} = X^0 + dZ = \begin{bmatrix}\delta X_i^0 + \delta X_i & \delta Y_i^0 + \delta Y_i & \delta Z_i^0 + \delta Z_i & \delta t_i^0(t) + \delta t_i(t)\end{bmatrix}^T \tag{6-6}$$

由于在式（6-2）线性化的过程中略去了二次微小量，这样就引入了一个模型误差（线性化误差）。如果测站坐标初始值（X_i^0，Y_i^0，Z_i^0）不能足够精确的话，将可能会带来无法忽略的影响。因此，解算过程有时需要迭代进行，用 dZ 改正后的初始值重新作为新的初始值进行计算，迭代过程收敛很快，一般只要迭代 2～3 次即可。

顺便指出，没有多余观测时所获得的定位结果，不论在精度还是可靠性方面都不及有多余观测的情况，在实际观测过程中应尽量设法避免。

二、*存在多余观测时的定位模型*

以目前的 GPS 卫星星座配置，测站上可见的 GPS 卫星在 4～12 颗之间，多数情况下都超过 4 颗。超过 4 颗卫星就意味着存在多余观测，就可以进行平差计算。根据本书 5.3 的叙述，利用（5-32）式构成误差方程：

$$\underset{j\times 1}{v_i(t)} = \underset{j\times 4}{a_i(t)}\underset{4\times 1}{dZ} + \underset{j\times 1}{f_i(t)} \tag{6-7}$$

其中 $j>4$，$v_i(t)$ 表示观测值的改正数向量。

如果观测值之间相互独立，且精度相等，则可利用最小二乘法原理构成法方程：

$$a_i(t)^T a_i(t) dZ + a_i(t)^T l_i(t) = 0 \tag{6-8}$$

于是有：

$$dZ = -[a_i(t)^T a_i(t)]^{-1} a_i(t)^T l_i(t) \tag{6-9}$$

和公式（6-6）一样，未知参数的估值为：

$$\hat{X} = X^0 + dZ = \begin{bmatrix}\delta X_i^0 + \delta X_i & \delta Y_i^0 + \delta Y_i & \delta Z_i^0 + \delta Z_i & \delta t_i^0(t) + \delta t_i(t)\end{bmatrix}^T \tag{6-10}$$

解的精度估计为：

$$D_{\hat{X}\hat{X}} = \hat{\sigma}_0^2 [a_i^T(t) a_i(t)]^{-1} \tag{6-11}$$

其中，$\hat{\sigma}_0^2 = \dfrac{v_i^T(t) v_i(t)}{r}$ （6-12）

这样，定位的结果，也就是测站坐标向量的估值（$\hat{X}_i$，$\hat{Y}_i$，$\hat{Z}_i$），它的精度分别用协方差阵 $D_{\hat{X}\hat{X}}$ 的主对角线元素 σ_1^2、σ_2^2、σ_3^2 表示。

6.2.2 载波相位测量动态绝对定位（Kinematic Absolute Positioning with Carrier Beat Phase Measurements）

根据载波相位测量的观测方程

$$\lambda\varphi_i^j(t)=\rho_i^j(t)+c[\delta t_i(t)-\delta t^j(t)]-\lambda N_i^j(t_0)+D_{\text{iono}}(t)+D_{\text{trop}}(t) \tag{6-13}$$

仿效测码伪距误差方程式的线性化形式（5-30），不难推得测相伪距观测方程式的线性化形式为：

$$\begin{aligned}\lambda\varphi_i^j(t)=&\begin{pmatrix}-l_i^j(t) & -m_i^j(t) & -n_i^j(t)\end{pmatrix}\begin{pmatrix}\delta X_i\\ \delta Y_i\\ \delta Z_i\end{pmatrix}-\lambda N_i^j(t_0)\\ &+D_{\text{iono}}(t)+D_{\text{trop}}(t)+c[\delta t_i(t)-\delta t^j(t)]+\rho_{i0}^j(t)\end{aligned} \tag{6-14}$$

如果利用卫星星历和相应的改正模型修正了大气折射和卫星钟差的影响，则可以令：

$$s_i^j(t)=\lambda\varphi_i^j(t)-D_{\text{iono}}(t)-D_{\text{trop}}(t)+c\delta t^j(t) \tag{6-15}$$

这样，方程（6-14）就变成：

$$s_i^j(t)=\begin{pmatrix}-l_i^j(t) & -m_i^j(t) & -n_i^j(t) & c\end{pmatrix}\begin{pmatrix}\delta X_i\\ \delta Y_i\\ \delta Z_i\\ \delta t_i\end{pmatrix}-N_i^j+\rho_{i0}^j(t) \tag{6-16}$$

其中，$N_i^j=\lambda N_i^j(t_0)$

由此不难推出载波相位测量的误差方程式为：

$$v_i^j(t)=\begin{pmatrix}-l_i^j(t) & -m_i^j(t) & -n_i^j(t) & c\end{pmatrix}\begin{pmatrix}\delta X_i\\ \delta Y_i\\ \delta Z_i\\ \delta t_i\end{pmatrix}-N_i^j+f_i^j(t) \tag{6-17}$$

其中，$f_i^j(t)=\rho_{i0}^j(t)-s_i^j(t)$

显然，载波相位测量与测码相位观测方程是不同的。式（6-16）与（6-3）相比多了一个未知参数 N_i^j，这样以来每个历元每颗卫星的观测方程就都多了一个未知数，如果有 j 颗卫星的观测值，则该观测历元就将有 4＋j 个未知参数。

$$\begin{aligned}\begin{pmatrix}v_i^1(t)\\ v_i^2(t)\\ \vdots\\ v_i^j(t)\end{pmatrix}=&\begin{pmatrix}-l_i^1(t) & -m_i^1(t) & -n_i^1(t) & c\\ -l_i^2(t) & -m_i^2(t) & -n_i^2(t) & c\\ \vdots & \vdots & \vdots & \vdots\\ -l_i^j(t) & -m_i^j(t) & -n_i^j(t) & c\end{pmatrix}\begin{pmatrix}\delta X_i\\ \delta Y_i\\ \delta Z_i\\ \delta t_i\end{pmatrix}\\ &-\begin{pmatrix}1 & 0 & \cdots & 0\\ 0 & 1 & \cdots & 0\\ \vdots & \vdots & \vdots & \vdots\\ 0 & 0 & \cdots & 1\end{pmatrix}\begin{pmatrix}N_i^1\\ N_i^2\\ \vdots\\ N_i^j\end{pmatrix}+\begin{pmatrix}f_i^1(t)\\ f_i^2(t)\\ \vdots\\ f_i^j(t)\end{pmatrix}\end{aligned} \tag{6-18}$$

这也就是说，如果不能预先知道或者在运动中实时求解整周未知数 N_i^j，测相伪距绝对定位将无法获得动态实时解。

假如起始历元的整周未知数预先已知，且在整个 GPS 定位中始终保持对卫星的连续跟踪，则 N_i^j 变成一个已知量。式（6-18）简化为：

$$\begin{pmatrix} v_i^1(t) \\ v_i^2(t) \\ \vdots \\ v_i^j(t) \end{pmatrix} = \begin{pmatrix} -l_i^1(t) & -m_i^1(t) & -n_i^1(t) & c \\ -l_i^2(t) & -m_i^2(t) & -n_i^2(t) & c \\ \vdots & \vdots & \vdots & \vdots \\ -l_i^j(t) & -m_i^j(t) & -n_i^j(t) & c \end{pmatrix} \begin{pmatrix} \delta X_i \\ \delta Y_i \\ \delta Z_i \\ \delta t_i \end{pmatrix} + \begin{pmatrix} f_i^1(t) - N_i^1 \\ f_i^2(t) - N_i^2 \\ \vdots \quad \vdots \\ f_i^j(t) - N_i^j \end{pmatrix} \tag{6-19}$$

由此，载波相位测量的动态绝对定位模型就与测码相位的定位模型（6-7）式几乎一模一样，解算结果与精度估计也完全类似，只要 $j \geqslant 4$，就可以获得唯一的动态实时解。就观测精度而言，测相伪距显然高于测码伪距，如果用载波相位观测量进行动态绝对定位，将可获得分米级甚至厘米级的水平定位精度。

GPS 开机以后，一般都需要静止至少 1～3min 完成初始化（Initialization）过程。初始化主要有两个目的，锁定卫星信号和固定整周模糊度。一般而言，初始化以后如果有卫星信号失锁，只要不失锁的卫星个数不少于 4 颗，依然可以实现载波相位测量的动态绝对定位。然而，载体在运动过程中始终保持对卫星的有效跟踪，这一点实际上不易做到，故而现在的动态绝对定位技术，主要还是依赖测码伪距来实现。

6.3 静态绝对定位

与动态定位不同，静态定位时接收机保持静止。这样，一个测站点上可以获得连续多个历元的观测值。有了更多的多余观测，对提高定位精度很有帮助。

6.3.1 测码伪距静态绝对定位（Static Absolute Positioning with Pseudo Range Measurements）

在只有一个观测历元时，由（6-7）式可得误差方程式：

$$\begin{pmatrix} v_i^1(t) \\ v_i^2(t) \\ \vdots \\ v_i^j(t) \end{pmatrix} = \begin{pmatrix} -l_i^1(t) & -m_i^1(t) & -n_i^1(t) & c \\ -l_i^2(t) & -m_i^2(t) & -n_i^2(t) & c \\ \vdots & \vdots & \vdots & \vdots \\ -l_i^j(t) & -m_i^j(t) & -n_i^j(t) & c \end{pmatrix} \begin{pmatrix} \delta X_i \\ \delta Y_i \\ \delta Z_i \\ \delta t_i \end{pmatrix} + \begin{pmatrix} f_i^1(t) \\ f_i^2(t) \\ \vdots \\ f_i^j(t) \end{pmatrix} \tag{6-20}$$

如果有 n 个观测历元，且每个历元观测相同的 j 颗卫星，则误差方程式为：

$$\begin{pmatrix} v_i(t_1) \\ v_i(t_2) \\ \vdots \\ v_i(t_n) \end{pmatrix} = \begin{pmatrix} a_i(t_1) \\ a_i(t_2) \\ \vdots \\ a_i(t_n) \end{pmatrix} \begin{pmatrix} \delta X_i \\ \delta Y_i \\ \delta Z_i \\ \delta t_i \end{pmatrix} + \begin{pmatrix} f_i(t_1) \\ f_i(t_2) \\ \vdots \\ f_i(t_n) \end{pmatrix} \tag{6-21}$$

其中，$v_i(t_n)=\left[v_i^1(t_n) \quad v_i^2(t_n) \quad \cdots \quad v_i^j(t_n)\right]^T$

$$a_i(t_n)=\begin{pmatrix} -l_i^1(t_n) & -m_i^1(t_n) & -n_i^1(t_n) & c \\ -l_i^2(t_n) & -m_i^2(t_n) & -n_i^2(t_n) & c \\ \vdots & \vdots & \vdots & \vdots \\ -l_i^j(t_n) & -m_i^j(t_n) & -n_i^j(t_n) & c \end{pmatrix}$$

$$f_i(t_n)=\left[f_i^1(t_n) \quad f_i^2(t_n) \quad \cdots \quad f_i^j(t_n)\right]^T$$

如果令：

$$V_i=\left[v_i(t_1) \quad v_i(t_2) \quad \cdots \quad v_i(t_n)\right]^T$$

$$A_i=\left[a_i(t_1) \quad a_i(t_2) \quad \cdots \quad a_i(t_n)\right]^T$$

$$F_i=\left[f_i(t_1) \quad f_i(t_2) \quad \cdots \quad f_i(t_n)\right]^T$$

则方程（6-21）简化为：

$$\underset{j\cdot n\times 1}{V_i} = \underset{j\cdot n\times 4}{A_i}\,\underset{4\times 1}{dZ} + \underset{j\cdot n\times 1}{F_i} \tag{6-22}$$

于是，根据（6-9）式可得：

$$dZ=-[A_i^T A_i]^{-1}A_i^T F_i \tag{6-23}$$

测站坐标估值的计算和精度估计与本章 6.2.1 基本相同，这里不再重复。

值得注意的是，（6-21）式中，未知参数向量 $\boldsymbol{dZ}$ 包含 4 个分量。其中接收机钟差 δt_i 严格说来应该是观测历元的函数 $\delta t_i(t)$，如果静态观测时间较长（比如超过半小时）或者精度要求较高时，那么接收机钟差随时间的变化将带来不能忽略的影响。因此，最好的办法就是每个历元都引入一个钟差参数，即 $\delta t_i(t_1)$、$\delta t_i(t_2)\cdots\delta t_i(t_n)$，这些参数按照最小二乘法原理与测站坐标一并求解。一个观测历元时，误差方程就如式（6-20）所示。如果有 n 个观测历元，未知参数的个数就变成 $3+n$，其中包括 3 个测站坐标分量和 n 个历元的接收机钟差。由此可得：

$$\begin{pmatrix} v_i(t_1) \\ v_i(t_2) \\ \vdots \\ v_i(t_n) \end{pmatrix} = \begin{pmatrix} -l_i^1(t_1) & -m_i^1(t_1) & -n_i^1(t_1) & c & 0 & \cdots & 0 & 0 \\ \vdots & \vdots & \vdots & \vdots & \vdots & \vdots & \vdots & \vdots \\ -l_i^j(t_1) & -m_i^j(t_1) & -n_i^j(t_1) & c & 0 & \cdots & 0 & 0 \\ -l_i^l(t_2) & -m_i^l(t_2) & -n_i^l(t_2) & 0 & c & \cdots & 0 & 0 \\ \vdots & \vdots & \vdots & \vdots & \vdots & \vdots & \vdots & \vdots \\ -l_i^j(t_2) & -m_i^j(t_2) & -n_i^j(t_2) & 0 & c & \cdots & 0 & 0 \\ \vdots & \vdots & \vdots & \vdots & \vdots & \vdots & \vdots & \vdots \\ -l_i^l(t_n) & -m_i^l(t_n) & -n_i^l(t_n) & 0 & 0 & \cdots & 0 & c \\ \vdots & \vdots & \vdots & \vdots & \vdots & \vdots & \vdots & \vdots \\ -l_i^j(t_n) & -m_i^j(t_n) & -n_i^j(t_n) & 0 & 0 & \cdots & 0 & c \end{pmatrix} \begin{pmatrix} \delta X_i \\ \delta Y_i \\ \delta Z_i \\ \delta t_i(t_1) \\ \delta t_i(t_2) \\ \vdots \\ \delta t_i(t_n) \end{pmatrix} + \begin{pmatrix} f_i(t_1) \\ f_i(t_2) \\ \vdots \\ f_i(t_n) \end{pmatrix} \tag{6-24}$$

方程（6-24）的解算模型及步骤与（6-22）式基本一致，区别仅在于系数矩阵 A_i 和未知参数向量 $\boldsymbol{dZ}$ 的变化。

顺便指出，随着观测历元的增加，每个历元可视卫星的数量可能发生变化。于是，系数矩阵的构成就和（6-24）式有所不同，这一点在组成系数矩阵和常数向量的时候应予顾及。

6.3.2 载波相位测量静态绝对定位（Static Absolute Positioning with Carrier Beat Phase Measurements）

载波相位测量静态绝对定位与载波相位测量的动态绝对定位不同，后者在每个测站只有一个历元的观测数据。一个观测历元时的误差方程就如（6-18）所示，为了推导方便，现将（6-18）式变形为：

$$v_i(t) = a_i(t)dX + b_i(t)\delta t_i(t) - e(t)N_i + f_i(t) \tag{6-25}$$

其中，$v_i(t) = \begin{bmatrix} v_i^1(t) & v_i^2(t) & \cdots & v_i^j(t) \end{bmatrix}^T$

$$f_i(t) = \begin{bmatrix} f_i^1(t) & f_i^2(t) & \cdots & f_i^j(t) \end{bmatrix}^T$$

$$\underset{j\times 3}{a_i(t)} = \begin{pmatrix} -l_i^1(t) & -m_i^1(t) & -n_i^1(t) \\ -l_i^2(t) & -m_i^2(t) & -n_i^2(t) \\ \vdots & \vdots & \vdots \\ -l_i^j(t) & -m_i^j(t) & -n_i^j(t) \end{pmatrix}$$

$$\underset{j\times 1}{b_i(t)} = \begin{bmatrix} 1 & 1 & \cdots & 1 \end{bmatrix}^T$$

$$\underset{j\times j}{e(t)} = \begin{pmatrix} 1 & 0 & \cdots & 0 \\ 0 & 1 & \cdots & 0 \\ \vdots & \vdots & \vdots & \vdots \\ 0 & 0 & \cdots & 1 \end{pmatrix}$$

$$\underset{j\times 1}{N_i} = \begin{bmatrix} \lambda N_i^1(t_0) & \lambda N_i^2(t_0) & \cdots & \lambda N_i^j(t_0) \end{bmatrix}^T$$

假定有 n 个观测历元，则按照方程（6-25）可得：

$$V_i = A_i dX + B_i \delta t_i - E_i N_i + F_i \tag{6-26}$$

或

$$V_i = \begin{pmatrix} A_i & B_i & -E_i \end{pmatrix} \begin{pmatrix} dX \\ \delta t_i \\ N_i \end{pmatrix} + F_i \tag{6-27}$$

其中，$V_i = \begin{bmatrix} v_i(t_1) & v_i(t_2) & \cdots & v_i(t_n) \end{bmatrix}^T$

$$F_i = \begin{bmatrix} f_i(t_1) & f_i(t_2) & \cdots & f_i(t_n) \end{bmatrix}^T$$

$$\underset{jn\times 3}{A_i} = \begin{pmatrix} a_i(t_1) \\ a_i(t_2) \\ \vdots \\ a_i(t_n) \end{pmatrix}$$

$$\underset{jn\times n}{B_i} = \begin{pmatrix} b_i(t_1) & 0 & \cdots & 0 \\ 0 & b_i(t_2) & \cdots & 0 \\ \vdots & \vdots & \vdots & \vdots \\ 0 & 0 & \cdots & b_i(t_n) \end{pmatrix}$$

$$\underset{jn\times j}{E_i} = \left(e(t_1) \quad e(t_2) \quad \cdots \quad e(t_n)\right)^T$$

$$\underset{n\times 1}{\delta t_i} = \left[\delta t_i(t_1) \quad \delta t_i(t_2) \quad \cdots \quad \delta t_{ij}(t_n)\right]^T$$

如果令$\Psi_i = \left(A_i \quad B_i \quad -E_i\right)$

$$\delta X_i = \left(dX \quad \delta t_i \quad N_i\right)^T$$

则按照最小二乘法原理可得：

$$\delta X_i = -\left(\Psi^T\Psi\right)^{-1}(\Psi^T F_i)$$

解的精度估计与 6.2.1 所介绍的方法基本一致，即：

$$D_{\hat{X}\hat{X}} = \hat{\sigma}_0^2[\Psi^T\Psi]^{-1} \tag{6-28}$$

其中，$\hat{\sigma}_0^2 = \dfrac{V_i^T V_i}{r}$ （6-29）

需要再次指出的是，GPS 静态定位时，随着观测时间的延长，可视卫星的数量很可能会有所变化。所以，在组成 GPS 平差模型时需要注意，每个历元观测到的卫星可能会有所差异。出现这种情况，不但会增加新的未知数（如整周模糊度），而且可能还会降低解的精度。因此，在观测过程或数据处理时，保持相同的一组卫星的观测量是比较适当的。

虽然采用了载波相位观测量，观测精度较高，但这并不一定意味着高精度的定位结果。一方面，载波相位测量静态绝对定位的观测精度比较高，而且通过延长观测时间还可以进一步增加多余观测；而另一方面，由于没有其它相邻测站的观测数据可资比较，卫星定轨误差和大气折射等因素又制约了绝对定位的精度。因此，只有当卫星轨道精度较高（比如使用精密星历），以及采用更精确、更完善的大气折射改正模型时，绝对定位才能达到比较理想的精度。测相伪距静态绝对定位目前主要应用于测量中确定测站起始坐标。

6.3.3 静态绝对定位的观测时间

GPS 静态定位有一个观测时间长短的问题，下面就来讨论一下这个问题。

假如对 j 颗卫星观测 n 个历元，且 n 个历元中始终保持对这 j 颗卫星的跟踪，这时将有 n

$\times j$ 个观测值（测码伪距或测相伪距）。

如果是测码伪距静态绝对定位，则待求的未知数包括 3 个测站坐标和 n 个接收机钟差。为了求解未知数，必须满足不等式 $nj \geqslant 3+n$，即：

$$n \geqslant \frac{3}{j-1}$$

当 $j=4$ 时，$n \geqslant 1$。也就是说，测码伪距静态绝对定位观测 4 颗卫星时，至少需要一个观测历元。

如果是载波相位静态绝对定位，则待求的未知数包括 3 个测站坐标、n 个接收机钟差和 j 个整周模糊度。为了求解未知数，必须满足不等式 $nj \geqslant 3+j+n$，即：

$$n \geqslant \frac{3+j}{j-1}$$

当 $j=4$ 时，$n \geqslant 3$。也就是说，测相伪距静态绝对定位观测 4 颗卫星时，需要 3 个观测历元。如果观测时间较短，精度要求不高时，可将接收机钟差视为常数，这时将只有 1 个接收机钟差。于是有 $nj \geqslant 3+1+j$，即：

$$n \geqslant \frac{4+j}{j}$$

当 $j=4$ 时，$n \geqslant 2$。也就是说，4 颗卫星和至少两个观测历元是载波相位静态绝对定位的必要条件。

前面已经提到，虽然延长观测时间可以增加多余观测，提高定位精度，但绝对定位观测时间绝不是越长越好。这是因为绝对定位观测时间的延长只能有助于减少观测值中随机误差的影响，而卫星轨道误差和大气折射的影响，将不会随着观测时间的增加而显著减少。确定观测时间的长短与测站所在的地理位置、观测时段以及精度要求有关。具体地说，地球上不同纬度的地方 GPS 卫星的可视性存在差异；同一个地方在不同的时段内，可视卫星的数量和分布存在差异；在不同的实际应用中，达到既定精度要求所需的观测时间存在差异。所以，在进行 GPS 外业观测之前，对所在测区的地理环境、气候变化以及卫星可视性必须要有所了解。不论是动态定位还是静态定位，提前选择好观测时段，制定详细的外业观测计划，对保障观测的顺利实施都是至关重要的。

6.4 可视卫星个数及其空间分布对定位精度的影响

前已述及，除了卫星轨道误差、大气折射影响以外，绝对定位的精度还与观测时段可视卫星的数量与空间分布有关。现在就来讨论一下这个问题。

6.4.1 精度因子的概念

根据概率统计的有关知识，一组随机参数的统计特征可以用相应的协因数阵（Correlation Matrix）来描述。协因数阵也叫相关系数矩阵或相关矩阵，它包含有全部解的精度和相关性信息，是精度评价的重要依据之一。如果以 6.3.1 中测码伪距动态绝对定位为例，则未知参数的协因数阵为：

$$Q_{\hat{X}\hat{X}} = [a_i(t)^T a_i(t)]^{-1} = \begin{pmatrix} q_{11} & q_{12} & q_{13} & q_{14} \\ q_{21} & q_{22} & q_{23} & q_{24} \\ q_{31} & q_{32} & q_{33} & q_{34} \\ q_{41} & q_{42} & q_{43} & q_{44} \end{pmatrix} \tag{6-30}$$

式（6-30）描述的是测站坐标在 WGS-84 直角坐标系 3 个坐标轴方向上的精度信息，有时根据生产需求，还要给出测站点在水平和垂直方向上的精度。根据大地坐标系与直角坐标系的相互转换关系，测站点相应的协因数阵为：

$$Q_B = \begin{pmatrix} g_{11} & g_{12} & g_{13} \\ g_{21} & g_{22} & g_{23} \\ g_{31} & g_{32} & g_{33} \end{pmatrix} \tag{6-31}$$

为了评价定位结果的精度，除了估算每个未知参数的精度（方差）以外，在 GPS 应用中还经常采用精度因子 DOP（Dilution of Precision）来评价精度。精度因子又称为精度衰减因子或精度弥散。在生产实践中，根据不同的精度评价模型采用不同的精度因子。通常有：

1．水平精度因子（HDOP—Horizontal DOP）

$$HDOP = \sqrt{g_{11} + g_{22}}$$

描述测站点平面位置精度，相应的水平位置中误差为：

$$m_H = HDOP \cdot \sigma_0 \tag{6-32}$$

2．垂精度因子（VDOP—Vertical DOP）

$$VDOP = \sqrt{g_{33}}$$

描述测站点高程精度，相应的高程中误差为：

$$m_V = VDOP \cdot \sigma_0 \tag{6-33}$$

3．空间精度因子（PDOP—Position DOP）

$$PDOP = \sqrt{q_{11} + q_{22} + q_{33}}$$

描述测站点三维位置精度，相应的中误差为：

$$m_P = PDOP \cdot \sigma_0 \tag{6-34}$$

4．接收机钟差精度因子（TDOP—Time DOP）

$$TDOP = \sqrt{q_{44}}$$

描述钟差精度，相应的中误差为：

$$m_T = TDOP \cdot \sigma_0 \tag{6-35}$$

5．几何精度因子（GDOP—Geometric DOP）

$$GDOP = \sqrt{q_{11} + q_{22} + q_{33} + q_{44}}$$

描述空间位置误差和时间误差综合影响的精度，相应的中误差为：

$$m_G = GDOP \cdot \sigma_0 \tag{6-36}$$

需要指出的是，精度因子与前面所介绍的未知参数的验后方差不同，它可以是先验的。也就是说，在观测数据处理之前，就可根据各项精度因子的大小，获知测站点预期的精度指标。这一点对提前制定观测计划，避免不良观测时段以及在观测过程中保障观测精度都有很大帮助。

6.4.2 卫星的空间几何分布与精度因子的关系

显然，精度因子越小精度就越高。因此，如何能使精度因子更小，就成为提高定位精度的一种有效方式。从 6.4.1 所述精度因子的定义可以看出，当伪距观测精度 σ_0 一定时，测站点的点位精度就将取决于精度因子的大小。而精度因子的大小取决于误差方程的系数矩阵 $a_i(t)$，误差方程的系数矩阵又取决于卫星的相互位置关系，也就是取决于卫星的空间几何分布。卫星的几何分布与可视卫星的数量、高度角以及空间位置等因素有关。

一、可视卫星的数量（Number of Satellites Visible）

根据美国国防部（DoD）颁布的 GPS 服务覆盖标准（Service Coverage Standard），在全球范围内，测站上能观测到 4 颗以上卫星、卫星高度角 5° 以上无掩星（Obscura）、且满足 $PDOP \leqslant 6$ 的卫星几何分布的时间占整个指定观测时段的 99.9%。即便在较差情况（Worst Case）下，满足上述条件的观测时间也占到观测时段的 96.9%以上。

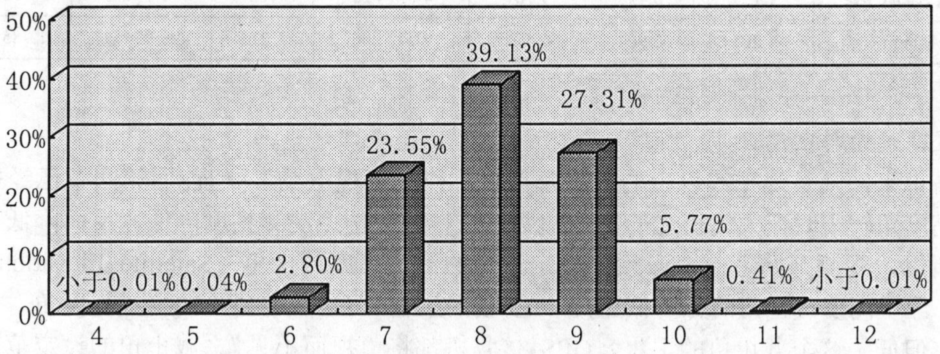

图 6-1　可视卫星数量

如图 6-1 所示，这是测站点的可视卫星个数在 24hr 观测时段内所占时间的比重。显然，可视卫星个数小于等于 4 的情况是非常少见的（小于 0.01%），大多数情况为 6～10 颗（约 99%），平均约为 8 颗卫星。这样就能够保证足够的卫星数目和观测精度。

表 6-1 所示为 2001 年 7～9 月间，在美国 12 个城市进行静态观测时 *PDOP* 的统计汇总。显然，多数情况下 *PDOP* 的均值都不超过 2，这说明目前的 GPS 卫星配置良好，具有较好的卫星可视性。从表 6-1 中可以发现，当 *PDOP* 最大时，*VDOP* 往往也较大，这说明当时所测卫星的几何分布，对于水平位置和高程都比较弱。

需要指出的是，图 6-1 所示为理想的观测环境下的可视卫星数量。也就是说，如果测站位于野外的开阔地带，精度因子的大小几乎是一个不需要考虑的问题。而在实际应用中（如表 6-1 所示），由于周边地形或建筑物的影响，最大 *PDOP* 很可能超过 6，测站点很难始终保持良好的卫星可视性和几何分布，因此必须按照相应作业规范要求和实践经验来选择适当的观测地点，避免卫星信号遮挡。无论是对于静态绝对定位还是动态绝对定位而言，可视卫星的个数总是多多益善。

表 6-1　美国 12 个城市 *PDOP* 的统计

测站位置	最小 *PDOP*	最大 *PDOP*	*VDOP*（*PDOP* 最大时）	*PDOP* 监测时间（s）	*PDOP* ≥6 的时间	*PDOP*<6 的时间比例	平均 *PDOP*
Anderson	1.315	5.711	5.472	758 519	0	100.00%	2.191
Atlantic City	1.256	6.844	6.110	7 944 430	834	99.989%	1.837
Columbus	1.236	7.636	7.117	6 493 572	191	99.997%	1.852
Denver	1.200	6.713	3.558	7 788 160	406	99.994%	1.827
Elko	1.178	5.668	4.963	757 013	0	100.00%	1.867
Grand Forks	1.240	7.622	7.238	7 941 857	52	99.999%	1.804
Great Falls	1.321	3.530	2.645	751 721	0	100.00%	2.062
Banger	1.192	20.871	17.113	2 606 166	10	99.999%	1.822
Atlanta	1.284	6.273	5.860	4 872 316	29	99.999%	1.845
Kansas City	1.265	7.755	7.072	4 535 897	293	99.993%	1.823
Salt Lake City	1.154	6.448	5.761	4 821 025	105	99.997%	1.775
Miami	1.205	6.964	6.572	4 677 306	1 213	99.994%	1.785

二、卫星高度角与空间分布

严格说来，凡是地平线以上的卫星都可以称作“可视卫星”。但前面第四章已经提到，当卫星高度角较小时，大气折光的影响加剧，这将导致伪距观测精度降低，反而降低了定位精度。所以，观测开始之前，必须要设定适当的卫星高度截止角（Satellite Elevation Mask Angle）。卫星高度截止角简称为截止角，它是指接收机可接收的最小的卫星高度角。处于地平线以上但低于这个截止角的卫星，GPS 接收机都将“视而不见”。截止角的设定范围，根据不同的实际应用和行业规范要求，一般在 5°～20° 之间。

当然，卫星高度角也不是越高越好。虽然天顶方向上（高度角为 90°）的卫星信号受大气折光的影响最小，但如果卫星的高度角都很大的话，那么所测卫星将聚集在一个较小的范围里，这时高程解与接收机钟差解的相关性将很强，因而二者都不能精确求解（如图 6-2a 所示）。假如测站与观测到的 4 颗卫星，构成六面体的体积等于 *Vol*。经分析表明，精度因子 *GDOP* 与该六面体的体积 *Vol* 的大小成反比。换言之，六面体体积越大，则 *GDOP* 就越小，定位精度就越高，反之亦然。

综合考虑大气折光与高度角的关系以及高程解与钟差解的相关性。一般认为，当一颗卫星靠近天顶，其余卫星之间相距近似 120° 时，所构成的卫星几何图形最佳（图 6-2b 所示）。这时，构成的六面体的体积较大，而且卫星高度角也不至于太小。当观测卫星多于 4 颗时，为了能够获得更小的精度因子，有时需要有所取舍，去掉某些位置较差的卫星，这就是所谓“选星”问题。随着 20 世纪 90 年代 GPS 卫星星座的全面部署，可视卫星的数量较之以前已大大增加了，选星问题也变得不太重要了。

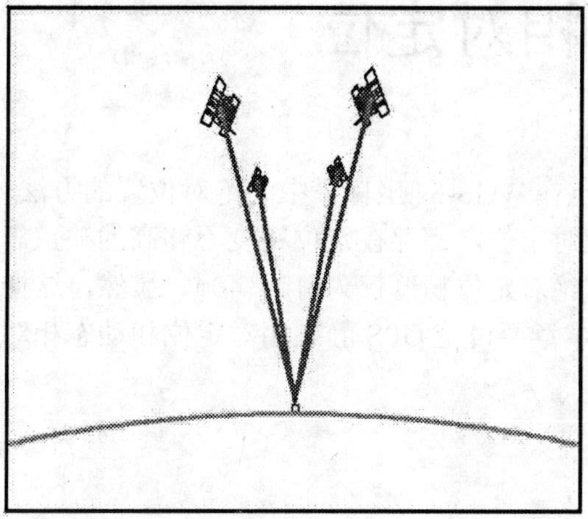

图 6-2a　*GDOP* 较大

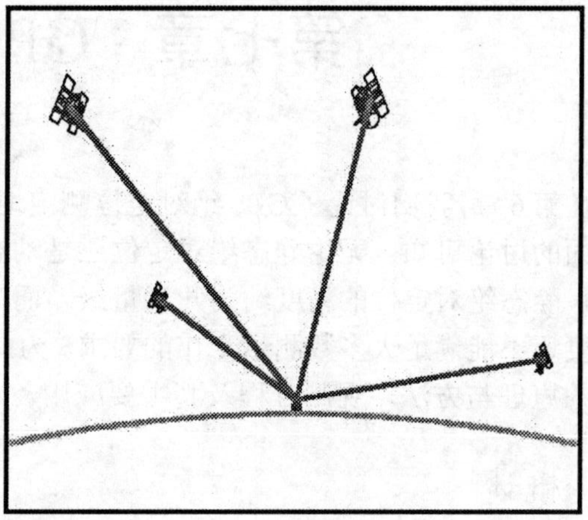

图 6-2b　*GDOP* 较小

第七章　GPS 相对定位

在第 6 章，我们讨论了 GPS 绝对定位测定地面点在 WGS-84 坐标系中的绝对位置的方法。从前面的讨论可知，无论静态绝对定位还是动态绝对定位，都存在定位精度不够高的缺点。目前，静态绝对定位的精度约为几米量级，而动态绝对定位精度仅为 10～40m。显然，这样的精度还不能满足大多数测量工作的要求。为此，本章要讨论 GPS 静态相对定位和动态相对定位的原理与方法，观测方程及其主要应用。

7.1　概述

所谓 GPS 相对定位，就是在不同观测点（站）上安置 GPS 接收机，同步观测相同的 GPS 星座，用以测定各观测站在 WGS-84 坐标系中的相对位置（即三维坐标增量，或称为基线向量）的方法。GPS 相对定位也称为差分 GPS 定位。

在多个测站上同步观测相同的 GPS 卫星的情况下，卫星轨道（星历）误差、卫星钟误差、电离层折射误差和对流层折射误差等，对不同观测站的 GPS 观测量的影响具有较强的相关性（特别是几十公里以下的短距离，其相关性更好），因此，我们可以利用各观测量的不同组合进行相对定位，来有效地消除或削弱上述各项误差对定位结果的影响，从而提高测定基线向量的精度。例如，用载波相位测量进行相对定位，连续观测几十分钟，测定几十公里长的基线向量的精度，可达厘米量级（使用广播星历），甚至毫米量级（使用精密星历）。GPS 相对定位是目前 GPS 定位中精度最高的一种方法。它被广泛应用于大地测量、精密工程测量、航空摄影测量、地球动力学研究和精密导航等领域。

根据相对定位时 GPS 接收机所处的状态不同，相对定位可划分为静态相对定位和动态相对定位两类。基于载波相位测量的 GPS 相对定位，其最大的优点是定位精度高。但无论是静态相对定位还是动态相对定位的载波相位测量，都必须解决确定载波信号的整周未知数（整周模糊度）和整周跳变这两个棘手问题，这是取得高精度定位结果所应付出的代价。对应于确定整周未知数的不同方法，出现了不同的 GPS 相对定位方法。

7.2　GPS 静态相对定位

7.2.1　GPS 静态相对定位的原理方法及其应用

GPS 静态相对定位的一般方法，就是将一台 GPS 接收机安置在已知坐标的地面点（已知点）上，另一台或多台 GPS 接收机安置在未知坐标的地面点（待定点）上，并保持各接收机固定不动，同步连续观测相同的 GPS 卫星星座，用以求得未知点相对于已知点的坐标增量（基线矢量），从而由已知点坐标，推求各未知点坐标的方法（如图 7-1）。由于进行连续观测，取得了充分的多余观测量，因而可获得非常高的定位精度。

GPS 静态相对定位，采用载波相位观测值 φ_i^j（i 为测站名，j 为卫星号）为基本观测量。这种定位方法的关键在于以最快的速度确定整周未知数 $N_i^j(t_0)$。一旦 $N_i^j(t_0)$ 正确确定了，相对定位便可取得高精度，若再延长观测时间，精度提高并不明显。所以，载波静态相对定位所需的观测时间，就是准确确定 $N_i^j(t_0)$ 的最短时间。

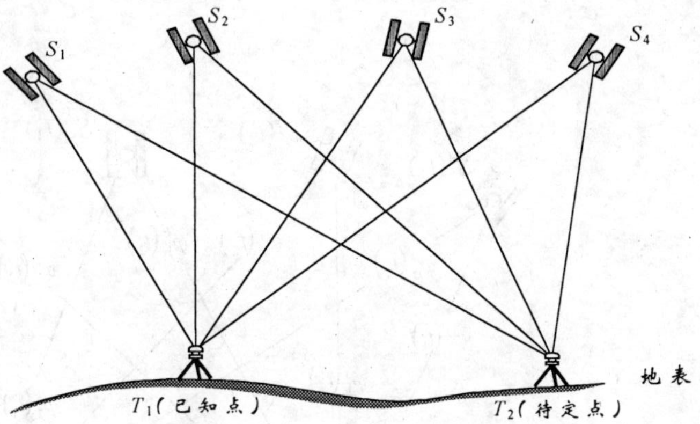

图 7-1　GPS 静态相对定位

由于 GPS 技术的发展，达到同样精度的静态相对定位所需的观测时间愈来愈短。从 20 世纪 80 年代后期至 90 年代初期，GPS 相对定位相继出现了以下各种方法：

（1）经典静态相对定位方法：它需要连续观测半小时以上，观测时间长短与基线的长短有关。

（2）准动态相对定位法（Stop and Go－走走停停法）：GPS 流动接收机与基准站接收机在完成初始化后，流动接收机只需在待测点上观测 1～2min 便可实现相对定位，但流动接收机在迁站过程中，必须保持对不少于 4 颗卫星的连续跟踪观测。

（3）快速静态相对定位法：因为能够快速确定整周未知数，所以，流动接收机在迁站过程中，无需保持对卫星的连续跟踪。使用双频 GPS 接收机，每站只需观测数分钟。

GPS 静态相对定位方法，广泛应用于大地测量、各种工程控制测量、精密工程测量、地球自转参数的测定，以及地球板块运动和断层相对运动等地球动力学研究。

7.2.2　静态相对定位观测方程

一、基本观测量及其差分形式

设安置于某一 GPS 基线两端点上的接收机 T_i (i=1,2)，在观测历元 T_1 和 T_2 对卫星 S^j 和 S^k 进行了同步观测，则可得到如图 7-2 所示的独立的载波相位观测量（基本观测量）：

$$\varphi_1^j(t_1)、\varphi_1^j(t_2)、\varphi_1^k(t_1)、\varphi_1^k(t_2)$$
$$\varphi_2^j(t_1)、\varphi_2^j(t_2)、\varphi_2^k(t_1)、\varphi_2^k(t_2)$$

设 $\Delta\varphi^j(t)$、$\nabla\varphi_i(t)$ 和 $\delta\varphi_i^j(t)$ 分别代表不同接收机之间、不同卫星之间和不同观测历元之间的观测量之差，即：

$$\begin{cases}\Delta\varphi^j(t)=\varphi_2^j(t)-\varphi_1^j(t)\\ \nabla\varphi_i(t)=\varphi_i^k(t)-\varphi_i^j(t)\\ \delta\varphi_i^j(t)=\varphi_i^j(t_2)-\varphi_i^j(t_1)\end{cases}\tag{7-1}$$

由公式（5-23）知，观测方程的一般形式为：

$$\varphi_i^j(t)=\frac{f_0}{c}\rho_i^j(t)+f_0[\delta t_i(t)-\delta t^j(t)]-N_i^j(t_0)+\frac{f_0}{c}[D_{i,\mathrm{iono}}^j(t)+D_{i,\mathrm{trop}}^j(t)] \tag{7-2}$$

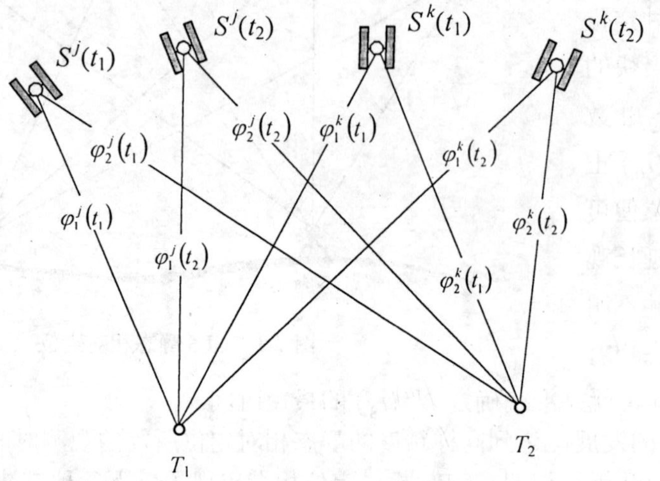

图 7-2　静态相对定位基本观测量

在 GPS 相对定位中，常用的 3 种差分（线性组合）是单差（分）、双差（分）和三差（分），它们定义如下：

（1）单差（SD－Single Difference）

$$\Delta\varphi_{1,2}^j(t)=\varphi_2^j(t)-\varphi_1^j(t) \tag{7-3}$$

它是在同一观测历元下，不同测站、同步观测相同卫星的观测量之差。

（2）双差（DD－Dual Difference）

$$\begin{aligned}\nabla\Delta\varphi_{1,2}^{j,k}(t)&=\Delta\varphi_{1,2}^k(t)-\Delta\varphi_{1,2}^j(t)\\&=\left[\varphi_2^k(t)-\varphi_1^k(t)\right]-\left[\varphi_2^j(t)-\varphi_1^j(t)\right]\end{aligned} \tag{7-4}$$

它是在同一观测历元下，不同测站、同步观测一组卫星的单差之差。

（3）三差（TD－Triple Difference）

$$\begin{aligned}\delta\nabla\Delta\varphi_{1,2}^{j,k}(t_{1,2})&=\nabla\Delta\varphi_{1,2}^{j,k}(t_2)-\nabla\Delta\varphi_{1,2}^{j,k}(t_1)\\&=\left[\varphi_2^k(t_2)-\varphi_1^k(t_2)-\varphi_2^j(t_2)+\varphi_1^j(t_2)\right]\\&\quad-\left[\varphi_2^k(t_1)-\varphi_1^k(t_1)-\varphi_2^j(t_1)+\varphi_1^j(t_1)\right]\end{aligned} \tag{7-5}$$

它是不同历元、不同测站、同步观测一组卫星求得的双差之差。

二、单差观测方程

将公式（7-2）用于测站 T_1 和 T_2，并代入式（7-3）可得单差观测方程（单差观测模型）：

$$\Delta\varphi_{1,2}^j(t)=\frac{f_0}{c}[\rho_2^j(t)-\rho_1^j(t)]+f_0\Delta t(t)-N_{1,2}^j+\frac{f_0}{c}[\Delta D_{\mathrm{iono}}^j(t)+\Delta D_{\mathrm{trop}}^j(t)] \tag{7-6}$$

式中，$\Delta t(t)=[\delta t_2(t)-\delta t_1(t)]$

$$N_{1,2}^j = N_2^j(t_0)-N_1^j(t_0)$$

$$\Delta D_{\text{iono}}^j(t)=D_{2,\text{iono}}^j(t)-D_{1,\text{iono}}^j(t)$$

$$\Delta D_{\text{trop}}^j(t)=D_{2,\text{trop}}^j(t)-D_{1,\text{trop}}^j(t)$$

从式（7-6）可见，单差观测方程中，卫星钟差的影响被消除了，而两测站接收机的相对钟差（钟差之差）$\Delta t(t)$，对于同一观测历元来说，与其它被测卫星组成的单差观测方程都是相同的。又由于卫星轨道误差和大气折射误差，对同步观测的两测站具有一定的相关性，因此，在测站间求单差后，它们的影响将明显减弱，特别是对于短基线（$S<20$km），效果更显著。

如果对观测量事先用模型进行大气折射改正，则相位观测量方程（7-2）中的相应项仅代表改正后的残差，在组成单差后，其影响将进一步削弱，因此单差观测方程（7-6）又可简化为：

$$\Delta\varphi_{1,2}^j(t)=\frac{f_0}{c}[\rho_2^j(t)-\rho_1^j(t)]+f_0\Delta t(t)-N_{1,2}^j \tag{7-7}$$

由以上讨论可知，单差观测模型的优点是：消除了卫星钟差的影响，并明显削弱了卫星轨道误差和大气折射误差的影响，但单差观测方程个数比独立观测量方程减少一半。

三、双差观测方程

若在求单差分的基础上，再对不同卫星 S^j、S^k 求差，便可得到双差观测方程。将式（7-7）用于卫星 S^j 和 S^k 并求差可得：

$$\nabla\Delta\varphi_{1,2}^{j,k}(t)=\frac{f_0}{c}[\rho_2^k(t)-\rho_2^j(t)-\rho_1^k(t)+\rho_1^j(t)]-N_{1,2}^{j,k} \tag{7-8}$$

式中，$\nabla\Delta\varphi_{1,2}^{j,k}(t)=\Delta\varphi_{1,2}^k(t)-\Delta\varphi_{1,2}^j(t)$

$$N_{1,2}^{j,k}=N_{1,2}^k-N_{1,2}^j$$

由双差观测方程（7-8）可见，接收机相对钟差 $\Delta t(t)$ 被消除了，这是双差观测模型的重要优点。

因为 GPS 接收机使用稳定性较差的石英钟，它难以用模型表示。如果将每个观测历元的接收机钟差都作为未知数求解，则将使解算基线向量的法方程中的未知数个数大大增加（例如，15s 观测一次，在 1hr 观测中，每台接收机将有 240 个钟差未知数）。使用双差模型后，接收机钟差的影响被消除了，它既不涉及钟差模型，又使法方程中未知数个数大大减少，很方便地解决了 GPS 数据处理中一个棘手的问题。所以，几乎所有的 GPS 基线解算软件，都使用双差观测模型。但双差观测模型的方程个数比单差模型减少，对解算精度可能造成不利影响。

四、三差观测方程

所谓三差，就是在双差的基础上，再对两个不同观测历元 t_1 和 t_2 求差。为此，将双差观测方程（7-8）用于观测历元 t_1 和 t_2，并相减，考虑到 $N_{1,2}^{j,k}$ 与观测历元 t 无关这一特点，便可求得如下三差观测方程：

$$\delta\nabla\Delta\varphi_{1,2}^{j,k}(t)=\frac{f_0}{c}[\rho_2^k(t_2)-\rho_2^j(t_2)-\rho_1^k(t_2)+\rho_1^j(t_2)]-\frac{f_0}{c}[\rho_2^k(t_1)-\rho_2^j(t_1)-\rho_1^k(t_1)+\rho_1^j(t_1)] \tag{7-9}$$

由三差观测方程(7-9)可知，求三差后，观测方程中不再包含整周未知数 $N^j(t_0)$和 $N^k(t_0)$，这是三差模型的优点，但三差观测方程的个数比双差模型又进一步减少；且求三差后，相位观测值 $\delta\nabla\Delta\varphi_{1,2}^{j,k}(t)$ 的有效数字位大为减少，增大了计算过程的凑整误差，这些将对未知参数的解算产生不良影响。所以，三差模型求得的基线结果精度不够高，在数据处理中，只作为初解，用于协助求解整周未知数 N（t_0）和周跳等问题。

7.3 GPS 动态相对定位

7.3.1 GPS 动态相对定位方法及其应用

所谓动态相对定位，就是将一台 GPS 接收机安置于已知坐标的固定观测站（也称基准站或参考站）上，并同步观测相同的卫星；基准接收机将瞬时观测量与由基准站已知坐标求得的相应结果进行比较，得出瞬时校正值，并用该瞬时校正值改正流动接收机的瞬时观测量，从而求得流动站 T_i 相对于基准站 T_1 的瞬时位置。图 7-3 是动态相对定位法示意图，其中 R 代表由基准站和流动站电台组成的通讯链。

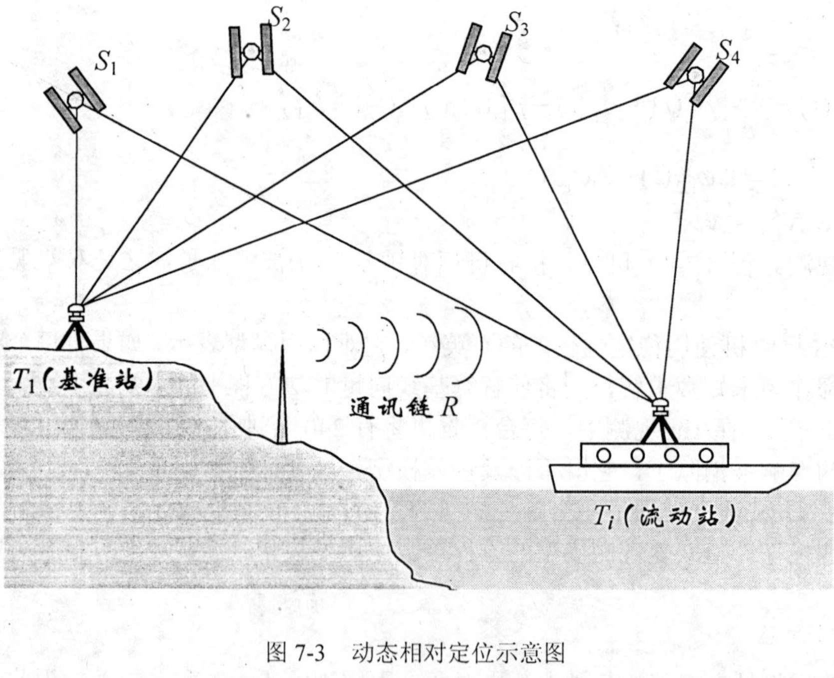

图 7-3　动态相对定位示意图

若由基准接收机测得的瞬时校正值等数据通过通讯链传送给流动站，适时校正流动接收机的瞬时观测结果，以求得流动站相对于基准站的瞬时位置，则这种定位模式称为实时差分动态定位；若基准站与流动站之间不使用通讯链适时传输数据，而是在相对定位观测之后，对基准接收机和流动接收机所采集的定位数据进行测后联合处理，以求解流动站的实时位置，则这种定位模式称为后处理差分动态定位。

若按动态相对定位时所测量的对象是伪随机噪声码还是载波来划分，动态相对定位又可分为测码伪距动态相对定位和测相伪距动态相对定位。

由于以相对定位原理为基础的动态相对定位能有效地削弱卫星轨道误差、大气折射误差、卫星钟和接收机钟误差的影响，因而其定位精度远比动态绝对定位高。测码伪距动态相对定位可达米级相对定位精度；测相伪距动态相对定位在测程小于 20km 的情况下，可达厘米级相对定位精度。这里的动态相对定位精度是对应于每个观测历元而言的，其作业效率非常之高，因此，这两种定位方法在国民经济建设和国防建设等领域中得到了广泛应用。如测码伪距动态相对定位可用于车、船、飞机的导航，交通管理，地球物理勘探，海洋资源的开采，以及航空与海洋重力测量等领域；而测相伪距动态相对定位主要应用于测绘领域和高精度导航，如建立测图控制（图根控制）、地形测量、地籍测量、普通工程测量、实时三维动态工程放样、航空摄影测量（GPS 辅助空中三角测量）、飞机着陆与船舰进港的高精度导航等。

7.3.2 测码伪距动态相对定位原理及其观测方程

将测码伪距观测方程（5-5）用于基准站 T_1，就有：

$$\tilde{\rho}_1^j(t) = \rho_1^j(t) + c[\delta t_1(t) - \delta t^j(t)] + D_{1,\text{iono}}^j(t) + D_{1,\text{trop}}^j(t) \tag{7-10}$$

式中，$\rho_1^j(t)$ 可根据基准站 T_1 在 WGS-84 坐标系中的已知坐标值（X_1，Y_1，Z_1）与卫星 S^j 在时刻 t 的坐标值[$X^j(t)$，$Y^j(t)$，$Z^j(t)$]，依下式求得：

$$\rho_1^j(t) = \sqrt{[X_1 - X^j(t)]^2 + [Y_1 - Y^j(t)]^2 + [Z_1 - Z^j(t)]^2} \tag{7-11}$$

其中 $\rho_1^j(t)$ 称为伪距计算值，如此可以求得基准站的伪距观测量 $\tilde{\rho}_1^j(t)$ 与其相应计算值 $\rho_1^j(t)$ 之差：

$$\Delta\rho_1^j(t) = \tilde{\rho}_1^j(t) - \rho_1^j(t) = c[\delta t_1(t) - \delta t^j(t)] + D_{1,\text{iono}}^j(t) + D_{1,\text{trop}}^j(t) \tag{7-12}$$

同理，可以求得流动站 $T_i(t)$的伪距观测值 $\tilde{\rho}_i^j(t)$ 与其相应站星几何距离 $\rho_i^j(t)$ 之差为：

$$\Delta\rho_i^j(t) = \tilde{\rho}_i^j(t) - \rho_i^j(t) = c[\delta t_i(t) - \delta t^j(t)] + D_{i,\text{iono}}^j(t) + D_{i,\text{trop}}^j(t) \tag{7-13}$$

设 $\Delta\Delta\rho^j(t) = \Delta\rho_i^j(t) - \Delta\rho_1^j(t)$

$\Delta\delta t(t) = \delta t_i(t) - \delta t_1(t)$

$\Delta D_{\text{iono}}^j(t) = D_{i,\text{iono}}^j(t) - D_{1,\text{iono}}^j(t)$

$\Delta D_{\text{trop}}^j(t) = D_{i,\text{trop}}^j(t) - D_{1,\text{trop}}^j(t)$

则由式（7-12）和式（7-13）相减可得：

$$\left.\begin{aligned} &\Delta\Delta\rho^j(t) = c\Delta\delta t(t) + \Delta D_{\text{iono}}^j(t) + \Delta D_{\text{trop}}^j(t) \\ \text{又}\quad &\Delta\rho_i^j(t) = \Delta\rho_1^j(t) + \Delta\Delta\rho^j(t) \end{aligned}\right\} \tag{7-14}$$

由式（7-13）和（7-14）可求得流动接收机 $T^i(t)$与所观测卫星 S^j 之间的几何距离为：

$$\begin{aligned}\rho_i^j(t) &= \tilde{\rho}_i^j(t) - \Delta\rho_1^j(t) - \Delta\Delta\rho^j(t) \\ &= \tilde{\rho}_i^j(t) - \Delta\rho_1^j(t) - c\Delta\delta t(t) - \Delta D_{\text{iono}}^j(t) - \Delta D_{\text{trop}}^j(t)\end{aligned} \tag{7-15}$$

当流动站与基准站相距在 1 000km 范围以内时，可忽略上式中 $\Delta D^i_{\text{iono}}(t)$和 $\Delta D^i_{\text{trop}}(t)$的影响，则式（7-15）可简化为：

$$\rho_i^j(t) = \tilde{\rho}_i^j(t) - \Delta\rho_1^j(t) - c\Delta\delta t(t) \tag{7-16}$$

式（7-16）就是测码伪距动态相对定位观测方程。其中$\Delta\rho_1^j(t)$为 t 时刻由基准站 T_1 求得的观测卫星 S^j 的伪距修正值，它可以通过数据链及时发送给流动站，用来修正 t 时刻流动站 $T_i(t)$的伪距观测值 $\tilde{\rho}_i^j(t)$；而$\Delta\delta t(t) = \delta t_i(t) - \delta t_1(t)$，是流动接收机与基准接收机的钟差之差，称为相对钟差，它可作为未知数与流动站 3 个坐标未知数[$X_i(t)$，$Y_i(t)$，$Z_i(t)$] 一并求解。由此可见，基准站和流动站必须至少同步观测 4 颗相同的 GPS 卫星，才能求解 $X_i(t)$、$Y_i(t)$、$Z_i(t)$和$\Delta\delta t(t)$ 4 个未知数。求解过程中，可以将式（7-16）组成类似于式（5-31）的误差方程，并建立法方程求解之。

测码伪距动态相对定位的精度取决于以下因素：

（1）流动站离开基准站的距离：精度将随距离的增大而下降。一般来说，在 100km 范围内，可达米级精度。

（2）修正量$\Delta\rho_i^j(t)$求解的精度。

（3）通讯链的质量（如“误码率”）。

7.3.3　测相伪距动态相对定位基本原理及其观测方程

这是基于载波相位测量的动态相对定位方法。该方法从 20 世纪 90 年代中期以来，随着快速确定整周未知数方法的进步，已发展成为一种实时、高精度的动态相对定位技术(RTK-Real Time Kinematic)测量系统。RTK 的仪器配置和作业过程，将在第八章中叙述，这里仅讨论 RTK 的基本原理及其观测方程，即讨论数据实时处理过程。由于公式推导非常繁琐，这里只讨论数据实时处理的基本过程和给出重要的结论公式及其说明。

1．用快速确定整周未知数（FARA—Fast Ambiguity Resolution Approach）的方法，在几分钟时间内测定流动接收机的初始（出发站）坐标，也即进行流动接收机的初始化。其目的是快速搜索并唯一确定流动接收机 R 所测卫星 j 的相位观测值的初始整周未知数$(N_0)_R^j$。流动接收机初始化可以在静态环境下完成，也可在动态环境下完成。

2．在完成初始化后，流动接收机即可开始流动观测。在流动观测中，数据实时处理过程如下：

（1）使基准接收机和流动接收机接收卫星载波信号的时刻 t_R、卫星发射载波信号的时刻 t_T 都统一到 GPS 标准时刻 t_G。

因为 GPS 测量系统是采用被动测距方式（即由卫星发射测距信号，并由接收机接收来测定站星距离）的，所以，发射与接收的时刻必须统一时间标准，由此测得的载波信号传播时间 Δt 才是正确的。统一到 GPS 标准时间后，在 t_R 时刻由测站 i 至卫星 S^j 的载波相位测量值$\Phi_i^j(t_R)$可表示为：

$$\Phi_i^j(t_R)=\Phi_i(t_G)+f_i\delta t_i-\Phi^j(t_G)-f^j\delta t_i+\rho_i^j(t_T,t_G)(f^j/c)+\dot{\rho}_i^j(t_T,t_G)(f^j/c)\delta t_i+N_i^j \tag{7-17}$$

式中，δt_i 是 GPS 接收机 i 在 t_R 时刻的钟差；

f_i 和 f^j 分别代表接收机 i 和卫星 S^j 的基准载波频率；

$\dot{\rho}_i^j(t_T,t_G)$ 是载波相位测量瞬间站星距离变化率；

$\rho_i^j(t_T,t_G)$ 是载波相位测量瞬间站星距离，可表示成下式：

$$\begin{aligned}\rho_i^j(t_T,t_G)=\{&[X^j(t_G)-\dot{X}^j(t_G)\rho_i^j(t_T,t_G)/c-X_i]^2\\&+[Y^j(t_G)-\dot{Y}^j(t_G)\rho_i^j(t_T,t_G)/c-Y_i]^2\\&+[Z^j(t_G)-\dot{Z}^j(t_G)\rho_i^j(t_T,t_G)/c-Z_i]^2\}^{1/2}\end{aligned} \tag{7-18}$$

式中，$X^j(t_G)$、$Y^j(t_G)$、$Z^j(t_G)$ 和 $\dot{X}^j(t_G)$、$\dot{Y}^j(t_G)$、$\dot{Z}^j(t_G)$ 分别是 GPS 卫星 S^j 在历元 t_G 的在轨三维位置和三维速度；X_i、Y_i、Z_i 为接收机 i 在历元 t_G 的三维坐标。

（2）求载波相位测量的剩余观测值 $\Delta\Phi$。

所谓剩余观测值，就是载波相位观测值与其相应计算值之差。以周为单位的载波相位测量的计算值为：

$$\Phi_i^j(t_G)_{ca}=(f^j/c)\rho_i^j(t_T,t_G)_{ca} \tag{7-19}$$

式中 $\rho_i^j(t_T,t_G)_{ca}$ 可根据载波发射时刻卫星在轨位置和接收机天线在接收载波时刻的位置估值计算得到。对于基准接收机而言，位置估值就是它的已知基准站坐标；对流动接收机来讲，位置估值就是它在前一观测历元求得的坐标。

由式（7-19）和（7-17）可求得载波相位测量的剩余观测值（也称为剩余相位）：

$$\begin{aligned}\Delta\Phi&=\Phi_i^j(t_R)-\Phi_i^j(t_G)_{ca}\\&=\Phi_i(t_G)+f_i\delta t_i-\Phi^j(t_G)-f^j\delta t_i+(f^j/c)\Delta\rho_i^j(t_T,t_G)\\&\quad+\dot{\rho}_i^j(t_T,t_G)(f^j/c)\delta t_i+N_i^j\end{aligned} \tag{7-20}$$

式中，$\Delta\rho_i^j(t_T,t_G)=\rho_i^j(t_T,t_G)-\rho_i^j(t_T,t_G)_{ca}$

对于流动接收机，剩余相位 $\Delta\Phi$ 中包含了流动接收机的待定坐标 $X_i(t_G)$、$Y_i(t_G)$、$Z_i(t_G)$。为进行差分动态定位，下面也类似静态相对定位，组成单差、双差和三差观测方程。在这里需设立一个点位已知的基准站，并在诸观测卫星中选择一颗参考卫星 j_0。为简化公式，在下面的公式中略去时间注记，并令小项中的载频 $f^j=f^{j_0}=f$，由此产生的误差不大于 1×10^{-7} 周。

（3）求基准接收机 r 和流动接收机 i 的剩余相位的星际一次差分。

基准站 r 的星际一次差分虚拟观测值为：

$$\begin{aligned}\Delta\Phi_r^j-\Delta\Phi_r^{j_0}=&-\Phi^j+\Phi^{j_0}+(\Delta\rho_r^j-\Delta\rho_r^{j_0})(f/c)\\&+(\dot{\rho}_r^j-\dot{\rho}_r^{j_0})(f/c)\delta t_r+N_r^j-N_r^{j_0}\end{aligned} \tag{7-21}$$

流动站 i 的星际一次差分虚拟观测值为：

$$\Delta\Phi_i^j - \Delta\Phi_i^{j_0} = -\Phi^j + \Phi^{j_0} + (\Delta\rho_i^j - \Delta\rho_i^{j_0})(f/c) + (\dot{\rho}_i^j - \dot{\rho}_i^{j_0})(f/c)\delta t_i + N_i^j - N_i^{j_0} \tag{7-22}$$

（4）在流动接收机和基准接收机间求一次差分，即虚拟观测值的站际差分（二次差分）。

$$\begin{aligned}&(\Delta\Phi_i^j - \Delta\Phi_i^{j_0}) - (\Delta\Phi_r^j - \Delta\Phi_r^{j_0})\\ &= (\Delta\rho_i^j - \Delta\rho_i^{j_0} - \Delta\rho_r^j + \Delta\rho_r^{j_0})(f/c) + (\dot{\rho}_i^j - \dot{\rho}_i^{j_0})(f/c)\delta t_i\\ &\quad - (\dot{\rho}_r^j - \dot{\rho}_r^{j_0})(f/c)\delta t_r + N_i^j - N_i^{j_0} - N_r^j + N_r^{j_0}\end{aligned} \tag{7-23}$$

式中 $\Delta\rho_i^j$ 是站星实际距离与用测站坐标估值求得的距离之差，它可表示为：

$$\Delta\rho_i^j = [(X^j - \widetilde{X}_i)\delta X_i + (Y^j - \widetilde{Y}_i)\delta Y_i + (Z^j - \widetilde{Z}_i)\delta Z_i]/(\rho_i^j)_{ca} \tag{7-24}$$

式中，$(\rho_i^j)_{ca}$ 是站星距离的计算值，X^j、Y^j、Z^j 是载波发送时刻 t_T 的卫星在轨位置，$\widetilde{X}_i$、$\widetilde{Y}_i$、$\widetilde{Z}_i$ 是接收机天线在载波接收时刻 t_R 的位置估值，δX_r、δY_r、δZ_r 是位置估值的改正数。

对于基准接收机 r 来说，由于基准站坐标是精确已知的，即 $\delta X_i = \delta Y_i = \delta Z_i = 0$，因此式（7-23）中 $\Delta\rho_r^j = \Delta\rho_r^{j_0} = 0$；$\dot{\rho}$ 可由相邻两观测历元的卫星位置与接收机位置的估值求得；钟差 δt_i 和 δt_r 可以用 P 码或 C / A 码的伪距观测值 $(\widetilde{\rho}_{伪距})$ 计算得到。如此，将式（7-23）中的已知量写于等式左边，可得二次差虚拟观测值方程：

$$\begin{aligned}&[(\Delta\Phi_i^j - \Delta\Phi_i^{j_0}) - (\dot{\rho}_i^j - \dot{\rho}_i^{j_0})(f/c)\delta t_i] - [\Delta\Phi_r^j - \Delta\Phi_r^{j_0} - (\dot{\rho}_r^j - \dot{\rho}_r^{j_0})(f/c)\delta t_r]\\ &= (\Delta\rho_i^j - \Delta\rho_i^{j_0})(f/c) + N_i^j - N_i^{j_0} - N_r^j + N_r^{j_0}\end{aligned} \tag{7-25}$$

（5）在观测历元 t 和初始观测历元 t_1 之间求二次差虚拟观测值的历元间差分（即三次差分）。

在观测 GPS 卫星的一次通过中，只要不发生整周跳变，则式（7-25）中的各个 N 值在各次载波相位测量时都是不改变的，因此，在观测历元 t 和 t_1 间求差，即可消去式（7-25）中的 N 值。由式（7-25）用于历元 t 和 t_1，并求差可得：

$$\begin{aligned}&\{[(\Delta\Phi_i^j - \Delta\Phi_i^{j_0}) - (\dot{\rho}_i^j - \dot{\rho}_i^{j_0})(f/c)\delta t_i] - [\Delta\Phi_r^j - \Delta\Phi_r^{j_0} - (\dot{\rho}_r^j - \dot{\rho}_r^{j_0})(f/c)\delta t_r]\}_t -\\ &\{[(\Delta\Phi_i^j - \Delta\Phi_i^{j_0}) - (\dot{\rho}_i^j - \dot{\rho}_i^{j_0})(f/c)\delta t_i] - [\Delta\Phi_r^j - \Delta\Phi_r^{j_0} - (\dot{\rho}_r^j - \dot{\rho}_r^{j_0})(f/c)\delta t_r]\}_{t_1}\\ &= (f/c)(\Delta\rho_i^j - \Delta\rho_i^{j_0})_t - (f/c)(\Delta\rho_i^j - \Delta\rho_i^{j_0})_{t_1}\end{aligned} \tag{7-26}$$

当流动接收机完成初始化后，其初始位置是已知的，设 t_1 为完成初始化的时刻，则式（7-26）中的 $(\Delta\rho_i^j)_{t1} = (\Delta\rho_i^{j_0})_{t1} = 0$，又式（7-26）左边是观测值的函数，令其等于 φ，如此，参照式（7-24）可将式（7-26）写成：

$$\begin{aligned}(c/f)\varphi &= [(X^j - \widetilde{X}_i)/\rho_i^j - (X^{j_0} - \widetilde{X}_i)/\rho_i^{j_0}]\delta X_i\\ &\quad + [(Y^j - \widetilde{Y}_i)/\rho_i^j - (Y^{j_0} - \widetilde{Y}_i)/\rho_i^{j_0}]\delta Y_i\\ &\quad + [(Z^j - \widetilde{Z}_i)/\rho_i^j - (Z^{j_0} - \widetilde{Z}_i)/\rho_i^{j_0}]\delta Z_i\end{aligned} \tag{7-27}$$

由上式可知，当流动接收机和基准接收机同步观测了 4 颗相同的 GPS 卫星时，则可得到形式与式（7-27）相同的 3 个三差虚拟观测方程式，进而联立求解出流动接收机在历元 t 的位置估值（$\widetilde{X}_i$，$\widetilde{Y}_i$，$\widetilde{Z}_i$）的改正数 δX_i、δY_i、δZ_i。最后，求得观测历元 t 的动态接收机的实时位置：

$$\begin{cases} X_i = \widetilde{X}_i + \delta X_i \\ Y_i = \widetilde{Y}_i + \delta Y_i \\ Z_i = \widetilde{Z}_i + \delta Z_i \end{cases} \tag{7-28}$$

当同步观测卫星数多于 4 颗时，可按最小二乘法原理进行解算。

7.4 整周跳变（周跳）及其修复

7.4.1 周跳（Cycle Slip）的概念

任一观测历元 t，完整的载波相位测量值可写为（参见公式(5-18))：

$$\Phi_i^j(t) = \Delta\varphi_i^j(t) + N_i^j(t-t_0) + N_i^j(t_0)$$

它是由三部分组成的，其中 $N_i^j(t_0)$ 为接收机 i 对卫星 j 的第一个（t_0 时刻）载波测量值中的整周未知数部分（$N_i^j(t_0)$ 如何求解，将在 7.5 中讨论）；$\Delta\varphi_i^j(t)$ 是接收机实际测量的不足一周的相位值，只要卫星与接收机的振荡器连续正常工作，该值可以精确测定；$N_i^j(t-t_0)$ 可由接收机中的多普勒（频移）计数器累计求得（注：在有的文献中，$N_i^j(t-t_0)$ 记为 $\mathrm{Int}(\Phi)$）。但由于种种原因，如卫星信号被遮挡或卫星电路瞬时故障，GPS 接收机附近的电磁干扰，或接收机电路的瞬时故障，或接收机工作在恶劣的动态环境下，而使载波跟踪环路无法锁住卫星信号（Loss of Lock）等等，都将使多普勒计数中断。如此，在接收机恢复对 GPS 卫星信号的跟踪后，多普勒计数器的累计值 $N_i^j(t-t_0)$ 便不正确了。这就是整周跳变（简称为周跳）。因此，必须寻找载波相位测量中整周丢失的地方，并对其进行修复，以恢复正确的相位测量值，确保载波相位测量的高精度。这是基于载波测量的相对定位必须解决的一个关键问题。

7.4.2 周跳的探测及修复

周跳的数值可大可小，大的可达十几周甚至成千上万周，小的可能只有几周。通常，大周跳与小周跳的探测方法是不同的，下面分别讨论之。

1. 大周跳的探测及修复

在观测期间，某颗卫星到接收机的距离的变化是平滑的，有规律的。也就是说，载波相位观测值[$N_i^j(t-t_0)+\Delta\varphi_i^j(t)$]的变化是平滑的，有规律的。如果观测值中出现周跳，则将破坏这种平滑性和规律性。但由于卫星相对于接收机距离的变化可达每秒钟数千周，如果 10s 观测一次，这种变化可达数万周，不易发现数十周的周跳。为此，可对相邻观测值求高次差，以削弱站星距变化对整周计数值的影响。在这种情况下，如果没有周跳，则求 4~5 次差后的载波相位观测值的变化，主要是 GPS 接收机的晶体振荡器不稳定引起的，它们应呈偶然性误差，且数值为几周以下（如表 7-1）；否则，求 4~5 次差后，其变化不再具有偶然性，且数值比产生的周跳值还要大（如表 7-2）。该表在序号 n_i 为 35 处，发生丢失 100 周的大周跳，据此，我们能够找到产生较大周跳的地方，并对其进行修复。

为了确定大周跳的数值，可根据发生周跳前的 4~5 个历元的观测值，用高次插值公式外插求出表 7-2 中序号为 35 的正确观测值（这里仅用计数值的整数部分，小数部分仍用原观测值）。求得丢失的整周数后，还须对其后的观测值依次进行改正。

表 7-1　没有周跳的相位观测值的高次差

序号 n_i	$N_i^j(t-t_0)+\Delta\varphi_i^j(t)$	一次差	二次差	三次差	四次差	五次差
30	464 623.158 1					
		11 210.067 2				
31	475 833.225 1		398.685 9			
		11 608.753 1		1.128 1		
32	487 441.978 4		399.814 0		1.379 1	
		12 008.567 1		2.507 2		−1.958 6
33	499 450.545 5		402.321 2		−0.579 5	
		12 410.888 3		1.927 7		1.543 4
34	511 861.433 8		404.248 9		0.963 9	
		12 815.137 2		2.891 6		−1.236 0
35	524 676.571 0		407.140 5		−0.272 1	
		13 222.277 7		2.619 5		−0.149 8
36	537 898.848 7		409.760 0		−0.421 9	
		13 632.037 7		2.197 6		
37	551 530.886 4		411.957 6			
		14 043.995 1				
38	565 574.881 7					

表 7-2　有大周跳的相位观测值的高次差

序号 n_i	$N_i^j(t-t_0)+\Delta\varphi_i^j(t)$	一次差	二次差	三次差	四次差	五次差
30	464 623.158 1					
		11 210.067 2				
31	475 833.225 1		398.685 9			
		11 608.753 1		1.128 1		
32	487 441.978 4		399.814 0		1.379 1	
		12 008.567 1		2.507 2		−101.9586
33	499 450.545 5		402.321 2		−100.579 5	
		12 410.888 3		−98.072 3		401.543 4
34	511 861.433 8		304.248 9		300.963 9	
		12 715.137 2		202.891 6		−601.236 0
35^*	524 576.571 0		507.140 5		−300.272 1	
		13 222.277 7		−97.380 5		399.850 2
36^*	537 798.848 7		409.760 0		99.578 1	
		13 632.037 7		2.197 6		
37^*	551 430.886 4		411.957 6			
		14 043.995 1				
38^*	565 474.881 7					

(序号右上方有*号者发生了大周跳)

为了便于计算机计算，常使用下面多项式（曲线）拟合公式：

$$\widetilde{\varphi}_i = a_0 + a_1 t_i + a_2 t_i^2 + a_3 t_i^3 + a_4 t_i^4 \tag{7-29}$$

由正确计数部分，求多项式中各待定系数 $a_i(i=0,1,2,3,4)$，然后依次向后递推（即令 i=1，2，3，4，5……），直至求得发生大周跳的观测值的正确数值 $\widetilde{\varphi}_i$ 为止。

2．小周跳（小于 4~5 周）的探测及修复

如上所述，对载波相位观测值求 4~5 次差后，即使无大周跳，但仍存在由于接收机晶振不稳定引起的 1~2 周的误差，那么，如何将它与 1~2 周的小周跳区分开呢？也就是说，如何消除产生于接收机晶振不稳定的影响呢？下面就来讨论这个问题。

小周跳可能来自接收机本身，也可能来自卫星，还可能来自与接收机和卫星均无关的外界瞬时干扰。

（1）来自某颗卫星的小周跳的探测与修复

可先对同一卫星的不同历元的相位观测值求高次差后，再对不同卫星同一历元的观测值的高次差求差的方法来探测并修复。因为对不同卫星同一历元求差时，它们受到接收机晶振不稳定性的影响是相同的，求差后即可消除其影响。所以，用这种方法可以发现来自卫星信号的小周跳。

（2）来自某台接收机瞬时故障产生的小周跳的探测与修复

可在卫星和接收机之间求双差相位观测值 $\nabla\Delta\varphi_i^j(t)$ （i=1,2,3……)的高次差来发现并修复产生于某台接收机的小周跳。在此情况下，凡是与发生小周跳的接收机组成的双差相位观测值的高次差，在有小周跳前后几个历元的高次差数值将大至几周，据此可发现哪一台接收机在某个历元处产生了小周跳。这种探测方法，要求同步观测的接收机不少于 3 台。

上述发生小周跳的历元找到后，即可利用其前面的正确观测值及各次差分，用高次插值公式外插，或用多项式拟合方法，求得产生小周跳后的正确整周计数。

（3）来自外界瞬时干扰的小周跳的探测与修复

这种小周跳可根据经上述周跳修复后的观测值进行基线向量平差计算（常采用三差解），求得各观测值的残差，再根据残差的大小和符号来分析、判断、寻找和修复。这一过程往往需反复进行，直至得到一组无周跳的“干净的载波相位观测值”。

一组观测值中，周跳出现频繁与否，与 GPS 接收机的质量和野外观测环境密切相关。为了取得优良的成果，必须选择质量好的接收机、选择良好的观测站和观测星座（这些内容将在第 8 章中讨论）。切不可认为，在数据后处理中可以修复周跳而放宽对它们的要求，因为一组频繁发生周跳的观测值是难以通过内业数据处理获得好的测量成果的。

7.5 整周未知数的确定

确定整周未知数是基于载波相位测量进行相对定位必须解决的另一个关键问题。准确和快速地求解整周未知数，对于确保相对定位的高精度，提高作业效率，开拓高精度动态定位新方法，都是极其重要的。近十年来，广大从事 GPS 定位测量的科技工作者，对快速解算（甚至动态解算）整周未知数的问题，进行了广泛深入的研究，取得了丰硕成果，大大拓宽了 GPS 的应用领域。

确定整周未知数的方法很多，若按解算所需时间的长短区分，可分为经典静态相对定位法和快速解算模糊度（整周未知数）法，而快速解算模糊度法又包括交换天线法、P 码双频

法、滤波法、搜索法和模糊函数法等等；若按确定整周未知数时 GPS 接收机的运动状态区分，又可分为静态法和动态法。上述各种快速解算法皆属于静态法的范畴。所谓动态法，就是 GPS 接收机在运动状态中完成求解整周未知数，它是实施高精度实时动态定位的基础。

在这一节中，主要讨论如何用经典静态相对定位法、P 码双频法和 FARA 方法确定整周未知数的问题。

为了使公式中符号简洁，在下面的讨论中，将整周未知数 $N_i^j(t_0)$ 简记为 $N(t_0)$，多普勒整周计数值 $N_i^j(t-t_0)$ 简记为 $\text{Int}(\Phi)$。

7.5.1 经典静态相对定位法确定整周未知数

这种方法早在 20 世纪 80 年代初就出现了。它是将 $N(t_0)$ 作为待定的未知参数，在基线平差中与其它未知参数（如 δX_i、δY_i、δZ_i 等）一并求解的方法。一般是由载波相位观测值组成双差分观测方程式，并进行方程式线性化，得到双差分误差方程式，则该方程式中包含有待定测站 3 个坐标改正数 δX_i、δY_i、δZ_i 和整周未知数 $N(t_0)$ 的线性组合 $\nabla\Delta N(t_0)$ 这 4 个未知数 [此处 $\nabla\Delta N(t_0)=N_2^k(t_0)-N_1^k(t_0)-N_2^j(t_0)+N_1^j(t_0)$]。只要在已知测站和待定测站上同步观测不少于 4 颗卫星，则可平差解出整周未知数。

用这种方法一般需观测较长时间（几十分钟至几小时），但解算的精度最高，常用于静态相对定位中，尤其是用于长距离相对定位中。

在平差计算中，根据对 $N(t_0)$ 的取值方式不同，可分为整数解（固定解）和实数解（浮动解）两种。

1. 整数解

它是利用 $N(t_0)$ 应该是整数的特性[$\nabla\Delta N(t_0)$ 也应为整数]，将解得的 $\nabla\Delta N(t_0)$ 值进行凑整（凑成最接近的整数），然后将凑整后的 $\nabla\Delta N(t_0)$ 作为已知量再代入双差分误差方程，重新平差，解算待定测站坐标改正数。这种方法，只有在观测误差和外界误差对观测值影响较小，解得的 $\nabla\Delta N(t_0)$ 比较接近整数的情况下才有效。此时，它可以提高解算结果的精度。整数解常用于四五十公里以下的基线的相对定位。

2. 实数解

当联测基线较长时，某些外界误差（如大气折射误差、卫星星历误差等）对基线两端点观测值的影响差别较大（即相关性不强）。这时，在两测站间求差分时，就不能较好地消除或削弱其影响，它们在基线平差解算中将被吸收进待定测站坐标改正数和整周未知数中，这样解算出来的整周未知数一般偏离整数值较远，且其精度较低，误差可能大于半周。此时，我们不再考虑 $N(t_0)$ 的整数特性，而取其实际解算值——实数解。在长基线相对定位中，常采用这种方法。

7.5.2 P 码双频法确定整周未知数

若在进行载波相位测量的同时，进行测码伪距测量，则由测码伪距观测方程（5-5）和测相伪距观测方程（5-24）可知：

$$\tilde{\rho}_i^j(t)_{\text{测码}}-\tilde{\rho}_i^j(t)_{\text{测相}}=\lambda\cdot N_i^j(t_0)$$

式中 $\tilde{\rho}_i^j(t)_{\text{测码}}$、$\tilde{\rho}_i^j(t)_{\text{测相}}$ 分别是测码、测相伪距观测值，两者求差便可求得整周未知数 $N_i^j(t_0)$。

但由于电离层的弥散性质，其对码信号与载波信号传播的影响不同；又由于 P 码波长（约为 3m）比载波波长（λ_{L_1} =0.19m，λ_{L_2} =0.24m）长得多，由 P 码与载波测量值直接比较求得的整周未知数精度较低。因此，不能简单利用 P 码的原始观测量与载波信号观测量相比较直接求解整周未知数，而必须先进行适当变换——线性组合。

所谓 P 码双频法（技术），就是将双频 L_1 和 L_2 载波相位观测值进行某种线性组合，使其变成一种波长较长的组合波——宽波（或称宽巷——Wide Lane），而将调制于载波 L_1 和 L_2 上的 P 码相位观测值，组合成虚拟 P 码窄巷（Narrow Lane）相位观测值，然后将这两种组合后的相位观测值进行综合处理来求解整周未知数的方法。

1．观测值的线性组合

（1）将载波相位观测值 $\varphi_{L_1}(t)$ 和 $\varphi_{L_2}(t)$ 组成如下宽巷观测值。

$$\varphi_{i,W}^{j}(t)=\varphi_{i,L_1}^{j}(t)-\varphi_{i,L_2}^{j}(t) \tag{7-30}$$

其频率 f_W、波长 λ_W、整周未知数 N_W 和电离层延迟 $(D_{\text{iono}})_W$ 分别为：

$$\begin{cases} f_W=f_{L_1}-f_{L_2} \\ \lambda_W=c/f_W=c/(f_{L_1}-f_{L_2}) \\ N_W=N_{L_1}-N_{L_2} \\ (D_{\text{iono}})_W=-C_I/(f_{L_1}\cdot f_{L_2}) \end{cases} \tag{7-31}$$

式中，$C_I=1.343\,6\times10^{-7}N_\Sigma$，$N_\Sigma$ 为电磁波传播路径上的电子总量。

（2）将 P 码相位观测值 $\Phi_{L_1}(t)$ 和 $\Phi_{L_2}(t)$ 组成虚拟 P 码窄巷相位观测值。

令 $\Phi_{L_1}(t)$ 和 $\Phi_{L_2}(t)$ 分别表示调制于载波 L_1 和 L_2 上的 P 码相位观测值，f_P 为 P 码的频率，并简记 f_{L_1}、f_{L_2} 为 f_1、f_2。又定义虚拟 P 码相位观测量为：

$$\begin{cases} \overline{\Phi}_{L_1}(t)=\dfrac{f_1}{f_P}\Phi_{L_1}(t) \\ \overline{\Phi}_{L_2}(t)=\dfrac{f_2}{f_P}\Phi_{L_2}(t) \end{cases} \tag{7-32}$$

则虚拟 P 码窄巷位观测值为：

$$\overline{\Phi}_n(t)=\overline{\Phi}_{L_1}(t)+\overline{\Phi}_{L_2}(t) \tag{7-33}$$

2．整周未知数的确定

首先，根据载波相位测量观测方程（7-2），可写出对应于载波 L_1 和 L_2 的观测方程：

$$\varphi_{i,L_1}^{j}(t)=\frac{f_1}{c}\rho_i^j(t)+f_1[\delta t_i(t)-\delta t^j(t)]-N_{i,L_1}^{j}(t_0)+\frac{f_1}{c}[(D_i^j)_{\text{iono}}^{L_1}(t)+(D_i^j)_{\text{trop}}(t)] \tag{7-34}$$

$$\varphi_{i,L_2}^{j}(t)=\frac{f_2}{c}\rho_i^j(t)+f_2[\delta t_i(t)-\delta t^j(t)]-N_{i,L_2}^{j}(t_0)+\frac{f_2}{c}[(D_i^j)_{\text{iono}}^{L_2}(t)+(D_i^j)_{\text{trop}}(t)] \tag{7-35}$$

将式（7-34）和式（7-35）代入式（7-30），并顾及式（7-31）可得：

$$\varphi_{i,W}^{j}(t)=\frac{f_W}{c}\rho_i^j(t)+f_W[\delta t_i(t)-\delta t^j(t)]-N_{i,W}^{j}+\frac{C_I}{f_1\times f_2}f_W+\frac{f_W}{c}(D_i^j)_{\text{trop}}(t) \tag{7-36}$$

然后，根据测码伪距观测方程（5-5），可写出对应于载波 L_1 和 L_2 上的 P 码观测方程：

$$\tilde{\rho}_{i,L_1}^j(t)=\rho_i^j(t)+c[\delta t_i(t)-\delta t^j(t)]+(D_i^j)_{iono}^{L_1}(t)+(D_i^j)_{trop}(t) \tag{7-37}$$

$$\tilde{\rho}_{i,L_2}^j(t)=\rho_i^j(t)+c[\delta t_i(t)-\delta t^j(t)]+(D_i^j)_{iono}^{L_2}(t)+(D_i^j)_{trop}(t) \tag{7-38}$$

根据式（7-32），并顾及 $\tilde{\rho}_i^j(t)=\lambda_P\Phi_P(t)$，可将式（7-37）和（7-38）写成：

$$\overline{\Phi}_{i,L_1}^j(t)=\frac{f_1}{c}\rho_i^j(t)+f_1[\delta t_i(t)-\delta t^j(t)]+\frac{f_1}{c}[(D_i^j)_{iono}^{L_1}(t)+(D_i^j)_{trop}(t)] \tag{7-39}$$

$$\overline{\Phi}_{i,L_2}^j(t)=\frac{f_2}{c}\rho_i^j(t)+f_2[\delta t_i(t)-\delta t^j(t)]+\frac{f_2}{c}[(D_i^j)_{iono}^{L_2}(t)+(D_i^j)_{trop}(t)] \tag{7-40}$$

将这二式代入式（7-33），可求得虚拟 P 码窄巷相位观测值：

$$\overline{\Phi}_{i,n}^j(t)=\frac{f_n}{c}\rho_i^j(t)+f_n[\delta t_i(t)-\delta t^j(t)]+\frac{C_I}{f_1\times f_2}f_n+\frac{f_n}{c}(D_i^j)_{trop}(t) \tag{7-41}$$

比较式（7-36）和（7-41），并顾及式（7-31），可得：

$$N_{i,W}^j(t)=-[\varphi_{i,W}^j(t)+\frac{\lambda_n}{\lambda_W}\overline{\Phi}_{i,n}^j(t)] \tag{7-42}$$

上式右边的 $\varphi_{i,W}^j(t)$ 可利用载波 L_1 和 L_2 的相位观测值，由式（7-30）求得；$\overline{\Phi}_{i,n}^j(t)$ 可由调制于载波 L_1 和 L_2 的 P 码相位观测值，由式（7-32）和（7-33）求得；且

$$\begin{cases}\lambda_n=c/f_n=c/(f_1+f_2)\\ \lambda_W=c/f_W=c/(f_1-f_2)\end{cases}$$

由此，可由式（7-42）求得宽巷整周未知数 $N_{i,W}^j(t)$，并代入载波宽巷观测方程（7-36），按前述诸解算方法，求解其它待定参数。

由以上讨论可见，当使用 P 码双频接收机进行相对定位时，只需观测一个历元，便可求解宽波的整周未知数。因此，P 码双频法可实现整周未知数的实时解算，这对缩短相对定位观测时间，开拓其在实时动态相对定位（RTK）技术中的应用具有十分重要的意义。

7.5.3 速解算整周未知数方法（FARA）——搜索法

1990 年 E.Frei 和 G.Beutler 提出了快速解算整周未知数方法（FARA）。试验和后来的实践表明，采用这种方法进行短基线（S<15km）相对定位时，在使用双频 GPS 接收机的条件下，观测数分钟便可准确求解整周未知数，使相对定位精度达到厘米量级。该方法已广泛应用于快速静态相对定位中。

FARA 的基本思想是：以数理统计理论的参数估计和假设检验为基础，利用初始平差向量解（即测站坐标和整周未知数的实数解向量 N）及精度信息（方差与协方差阵 Q_{NN} 和单位权中误差 m_0），确定在某一区间内，整周未知数可能的整数解（N_I）$_i$ 的组合，然后将每一个组合当作已知值代入观测方程进行平差计算，选择其中使估值的验后方差为最小的一组整周未知数作为最佳估值。但是，当观测时间减为几分钟时，初始平差解出的整周未知数实数解

的均方差 m_{N_i} （$=m_0\sqrt{(Q_{NN})_{ii}}$ ）会达到 2～3 周。当置信水平（1－a）＝99.9%时，所确定的置信水平区间中的整周未知数个数 C_N 将多达 10～20 个。假设观测的卫星数 n^j=6, 则双差分平差模型的整周未知数的整数解的可能组合数为：

$$C=\prod_{N=1}^{6-1}C_N=10^5\sim 20^5=(1\sim 32)\times 10^5$$ （对应单频观测，双频观测则加倍）

也就是说，在此情况下，将有 10 万个以上的不同整数组合需要代入观测方程进行平差计算检验。这显然是十分费时的，不能满足快速定位的要求。

为了减少整周未知数可能的整数取值个数 C_N，以提高搜索整周未知数最佳估值的速度，目前，常采用以下两种方法：

（1）再次利用初次平差计算中所获得的方差与协方差阵中的信息，对经上述第一次检验后所挑选出来的整周未知数的整数解进行检验，以删除不能通过检验的整周未知数的组合，进一步缩小整周未知数最佳估值的搜索区间。

为此，我们对通过第一次检验的整周未知数的实数解集 N 及其对应的整数解集 N_i，分别求差，即：

$$\begin{cases} N_{ik}=N_k-N_i & \text{(实数解之差)} \\ (N_I)_{ik}=(N_I)_k-(N_I)_i & \text{(整数解之差)} \end{cases} \tag{7-43}$$

则在置信水平为（1－a）的情况下，$(N_I)_{ik}$ 应满足：

$$\mathrm{P}\{|N_{ik}-(N_I)_{ik}|\leqslant m_{N_{ik}}t(f,\tfrac{1-a}{2})\} \tag{7-44}$$

其中，$t(f,\frac{1-a}{2})$ 可根据自由度 f 和置信水平（1－a），从 t 分布数值表中查取；而整周未知数实数解之差的验后均方差为：

$$m_{N_{ik}}=m_0\sqrt{(q_{N_{ik}})} \tag{7-45}$$

其中 m_0 为初次平差求得的单位权验后方差；$q_{N_{ik}}$ 可由协因数阵 Q_{NN} 中的相应元素，依下式求得：

$$q_{N_{ik}}=[Q_{NN}]_{ss}-[2Q_{NN}]_{st}+[Q_{NN}]_{tt} \tag{7-46}$$

（$s=i+c$, $t=k+c$; c 为基线矢量中未知数的个数）

经过上述检验，凡是有两个元素不能满足式（7-44）条件的整周未知数的某个组合 $(N_I)_i$，则将其剔除，只保留通过检验的那些组合。这样检验后，可将绝大部分不正确的组合去掉，有效地缩小整周未知数最佳估值的搜索范围。

（2）利用 L_1 和 L_2 波段的双频观测值的初次平差计算所得到的整周未知数的实数解向量及精度信息，进行 t 检验，求得载波 L_1 和 L_2 的整周未知数实数解向量 N_{L_1} 和 N_{L_2}，并令 $(N_I)_{L_1}$ 和 $(N_I)_{L_2}$ 是相应的整周未知数整数解向量。取

$$
\begin{cases}
\Delta N_R = N_{L_1} - \dfrac{\lambda_2}{\lambda_1} N_{L_2} \\
\Delta N_I = (N_I)_{L_1} - \dfrac{\lambda_2}{\lambda_1} (N_I)_{L_2}
\end{cases}
\tag{7-47}
$$

则在置信水平（1－a）的情况下，ΔN_I应满足：

$$
P\{|\Delta N_R - \Delta N_I| \leqslant m_L \cdot t(f, \tfrac{1-a}{2})\} \tag{7-48}
$$

经过检验，如果ΔN_I不在置信区间$[\Delta N_R - t(f, \frac{1-a}{2}) m_L, \Delta N_R + t(f, \frac{1-a}{2}) m_L]$之间，则剔除$(N_I)_{L_1}$和$(N_I)_{L_2}$的整数组合。

由于式（7-48）中的m_L通常只有 0.01 周，而单频观测对应的m_{N_i}可达 2～3 周，因此利用双频观测值进行上述检验，其整周未知数最佳估值的搜索区间比单频观测值小得多。也就是说，使用双频观测值进行快速整周未知数解算特别有效。

第八章　GPS 数据采集与数据处理

在前面的章节中，主要介绍了 GPS 定位的基本原理和有关的理论，它们是实现 GPS 定位的基础。本章主要讨论进行 GPS 测量作业的具体程序和方法。

8.1　概述

GPS 测量工作包括数据采集与数据处理两部分。所谓数据采集，就是使用 GPS 接收机在野外观测 GPS 卫星，接收 GPS 卫星发送的导航定位信号和采集测站信息，即通常所说的外业观测；而数据处理，就是将外业观测得到的数据进行平差计算，以求得待测地面点的坐标及其精度评定，即通常所说的内业计算。

GPS 数据采集主要包括 GPS 网的优化设计、选点与建立测站标志、外业观测和成果检核等内容。GPS 数据处理包括粗加工、预处理、基线向量解算和 GPS 基线向量网与地面常规网数据的联合处理等基本步骤。

GPS 测量工作与经典测量工作虽然有类似之处，但又具有它自身的许多特点，如数据采集与数据处理自动化程度高，全天候测量，测站间无须相互通视，数据量非常大，数据处理过程复杂等等。因此，在下面的讨论中，对那些与经典测量工作类似的内容将从简，而着重讨论 GPS 测量特有的基本方法和原则。

8.2　GPS 数据采集工作的实施

GPS 数据采集总的原则是，在满足用户对测量精度、点位分布等要求（以“作业任务书”的形式提出）的前提下，尽量减少外业工作量和选择恰当的数据处理方法，以便节省人力、物力和时间，迅速、经济地获得满足用户要求的测量成果。为此，应根据用户要求和有关 GPS 测量规范（细则），制定相应的作业技术要求。

由于 GPS 定位技术（硬件和软件）发展很快，总的发展方向是更快、更精确。因此，现有测量规范（细则）的有些条款、规定，也应及时更新，以适应 GPS 技术日新月异的发展的需要。

GPS 测量通常使用基于载波相位测量的相对定位方法。相对定位法有各种不同的作业模式，如经典静态相对定位法、快速静态相对定位法、准动态相对定位法（Go and Stop）、后处理动态相对定位法和实时动态相对定位法（RTK 技术）等。下面，我们将讨论这些定位方法的一些共同的基本要求及各种作业模式的施测过程。

8.2.1　GPS 数据采集的基本要求

尽管 GPS 测量的作业模式多种多样，但它们都有许多共同的基本要求，如 GPS 定位精度等级的划分、GPS 接收机的选择与检验、GPS 测站的选择与埋设点位标志、GPS 定位星座的选择与最佳观测时段的预报等。下面，我们逐一加以讨论。

一、GPS 相对定位精度等级的划分

GPS 网的精度主要取决于网的用途。精度指标，常用网中相邻站点间的距离均方差来表示：

$$\sigma = \sqrt{a^2 + (b \times D)^2} \qquad (8\text{-}1)$$

式中，σ 为相邻站点间的距离方差（以 mm 为单位）；

a 为 GPS 接收机的固定误差（以 mm 为单位）；

b 为 GPS 接收机的比例误差（以 10^{-6} 为单位）；

D 为站点间的距离（以 km 为单位）。

我国国家质量技术监督局于 2001 年颁布的《全球定位系统（GPS）测量规范》，对 GPS 相对定位的精度的规定如表 8-1 所列。按精度高低划分为 6 个等级，其中 AA、A 两级可作为建立地心参考框架的基础，AA、A、B 三级均可作为建立国家空间大地测量控制网的基础，C、D、E 三级网是短基线局部控制网。C 级网主要用于大、中城市及工程测量的基本控制网；

表 8-1　GPS 测量相对定位精度指标

测量分级	相对定位精度		相邻点平均距离（km）
	固定误差 a（mm）	比例误差系数 b	
AA	≤3	≤0.01	1 000
A	≤5	≤0.1	300
B	≤8	≤1	70
C	≤10	≤5	10~15
D	≤10	≤10	5~10
E	≤10	≤20	0.2~5

D、E 两级网主要用于中、小城市、城镇及测图、地籍、土地信息、房产、物探、勘测、建筑施工等的控制测量。

上表的精度指标，是针对 GPS 网的平面位置而言的，由于 GPS 高程分量的测量精度较水平分量差，因此，考虑 GPS 网高程分量的精度时，应将比例误差 b_0 放大一倍。

不同等级 GPS 网的作业要求是不同的，其主要差异是：观测时段长度、卫星分布、卫星高度截止角、每点独立设站次数、复测基线所占百分比、构成异步环总基线和长度、天线高和气象元素测量次数等规定有所不同。此外，对所使用的接收机类型的要求也有所不同。详细情况可参阅上述 GPS 测量规范。

二、GPS 接收机的选择与检验

在 GPS 作业之前，应根据用户任务的作业特点和精度要求，选择合适的 GPS 接收机，并检验用于作业的接收机的主要技术指标和性能是否与生产厂家标称一致。

（一）选择适宜的 GPS 接收机

GPS 接收机机型的选择主要依据以下 4 点：

（1）是用于导航还是用于测量，依此来选择导航型或测量型接收机。

（2）进行相对定位的最大联测距离大于或小于 30km， 依此来决定是选择双频机或单频机。

（3）根据相对定位的精度要求来选型（表 8-2）。

表 8-2　GPS 定位精度与接收机的选择

定位精度等级	距离误差（cm）	相对精度（10^{-6}）	选择的 GPS 接收机类型
A	0.5	0.1	第三代测量型双频接收机
B	0.8	1	第二代测量型双频接收机
C	<5	10	第二代测量型单频接收机

（4）根据作业特点：选择静态型、低动态型或高动态型。其中动态型还应根据是实时定位还是后处理定位，而选择是否配备数据链（电台）。

（二）GPS 接收机的检验

GPS 接收机在用于测量作业之前，必须进行检验。对新购的 GPS 接收机，应全面检验其技术性能与可能达到的精度水平，是否与厂商提供的指标一致。它是制定 GPS 作业方案的依据，也是顺利完成 GPS 测量任务的重要保证。

全面检验 GPS 接收机，可包括以下检测项目：

（1）接收机系统检视；

（2）接收机通电检验；

（3）内部噪声水平测试；

（4）接收机天线相位中心稳定性测试；

（5）接收机野外作业性能及不同测程精度指标测试；

（6）接收机频标稳定性检验和数据质量评价；

（7）接收机高低温性能测试；

（8）接收机附件检验；

（9）数据后处理软件验收与测试；

（10）接收机综合性能评价。

上述各项检验项目的内容、检验方法、技术要求等，详见国家测绘局 1995 年发布的《全球定位系统（GPS）测量接收机检定规程》。下面，仅对（3）、（4）、（5）项加以补充说明。

1．接收机内部噪声水平测试

接收机内部噪声，主要是由于接收机硬件性能欠佳引起的，表现为接收机钟差、信号通道时延差和锁相环路误差等。检验方法有以下两种：

（1）零基线检验法

检验需要用一个专用设备——功率分配器（简称功分器）。检验的基本原理是，将同一 GPS 天线接收到的 GPS 信号，用微波信号电缆线送至功分器，由功分器分成相位和功率严格相同的两路信号，并分别送到两台 GPS 接收机的天线输入插口（如图 8-1）进行观测记录（一般需观测 1.5hr），然后，利用两台接收机的观测数据，按相对定位原理解算基线向量。由于两台接收机接收的信号来自同一接收天线，可有效

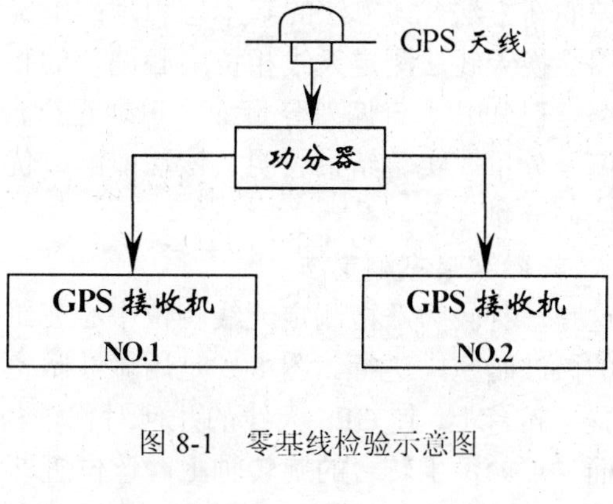

图 8-1　零基线检验示意图

地消除大气折射误差、卫星星历误差、天线相位中心偏差、信号多路径误差及天线对中误差等对基线解算结果的影响，因此，该基线向量解的理论值应为零。如果基线向量解不等于零，其与理论值差异的大小，便反映了接收机内部噪声水平的大小。该项检验，功分器质量好坏，对检验结果的可靠性至关重要。

(2)超短基线检验法

在没有功分器的情况下，可采用此方法。检验方法如下：在平坦、对天视野开阔（仰角10° 以上无障碍物）、无强电磁干扰的地方，用经过鉴定的钢尺反复精确丈量一段5～10m的超短基线（精度优于1mm）；在基线两端点上安置两台GPS天线，天线须严格对中、置平、定向，并精确量测天线高，在不少于4颗卫星的条件下，同步观测1.5hr。测后用静态定位软件的双差分模型计算其基线长度，将计算得到的基线长度与已知丈量值比较求其差值。由于基线很短，观测数据经差分处理后，便能有效地消除大气折射误差、卫星星历误差及信号多路径误差等外界因素的影响，因此，求得的差值主要反映了接收机内部噪声水平的大小。

2．天线相位中心稳定性测试

接收机天线的相位中心，是指天线接收GPS卫星发送的载波信号（L_1和L_2）时的“电气”中心，它们与厂家在天线的几何对称轴上指定的某一位置（作为量测天线高的参考点）往往是不重合的，这个偏差量就是天线相位中心偏差，但此偏差量非恒定值，它会随着仪器电子器件的老化和观测时外界条件的改变而变化（即不稳定性），所以，在GPS精密定位中，必须对天线相位中心的稳定性进行测定，并对测量结果加以改正。只要我们定期（如一年）对天线相位中心偏差进行检测，则同一天线不同时间测得的相位中心偏差之变化，便反映了天线相位中心的稳定性。

天线相位中心偏差测定的方法，可根据具体条件，分别采用相对定位法和微波暗室测定法。

（1）相对定位法

这是测绘界常用的一种野外测定方法。该方法只须在天空视野开阔、无强电磁干扰的野外，在相距几米的距离上，安置两台（或多台）GPS接收机（注意天线安置稳定，并严格置平），按相对定位方法，便可测定，无须其它设备，只要观测方法得当，测定精度也可达到毫米量级。

以往，使用相对定位法，只能测定天线相位中心的水平（二维）偏差分量，而高程偏差分量未能测定。在这里，我们提出在野外同时测定天线相位中心三维（水平和垂直分量）位置偏差的新方法。该方法的基本思想是：用旋转天线法测定天线相位中心偏差的二维水平分量；用交换天线法测定天线相位中心偏差的相对垂直分量。而且，只要被测试的诸天线中，有一个是已知其垂直偏差分量的（可通过微波暗室法测定），则可求得其它天线的（绝对）垂直偏差分量。实验结果表明，该法能够以优于2mm的精度，在野外测定天线相位中心的三维偏差分量。

（2）微波暗室测定法

这是一种较为严格测定天线相位中心三维位置的方法。但该方法需要在设备复杂、价格昂贵的微波暗室中进行。图8-2是用微波暗室测定GPS天线相位中心的原理图。将GPS天线安置在转台上，使GPS天线的几何对称轴与微波暗室的纵轴线一致，并使其测量天线高的参考面（点）位于转台的旋转轴上。该位置即为“零位”。GPS天线可以绕转台的纵轴旋转，也可在平行或垂直于暗室的纵轴线方向上平移。

测量的基本原理是，让发射天线发射一定功率的与 GPS 载波（L_1 或 L_2）频率一样的微波信号，该信号被 GPS 天线接收并放大，然后由高频电缆线送至微波接收机（如 1783 幅相接收机），与信号源送来的提供给发射天线相同的参考信号进行相位比较。比较后得到的相对相位值送给相位记录仪。如果转台带动 GPS 天线旋转，则相位记录仪将绘出对应于不同旋转方位角的相对相位方向图。如果绘出的波形不是一条与方位轴（横坐标轴）平行的波纹线，则可先左右再前后仔细调整 GPS 天线位置，直至绘出的相对相位方向图平行于方位轴（即 GPS 天线输出的信号相位与基准信号相位之差不随天线的旋转而改变）为止。此时，GPS 天

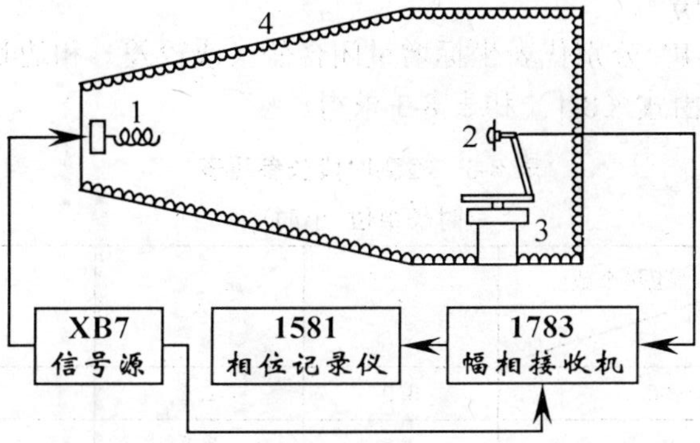

图 8-2 微波暗室测定 GPS 天线相位中心原理图

1. 微波发射天线；2. GPS 天线；3. 转台；4. 微波暗室

线相位中心便位于转台的转轴上。然后，用游标卡尺测量天线相对于其“零位”的左右（X 或 Y）和前后（Z）移动量，即可测得天线相位中心的水平和垂直偏差分量。如果此时测得的是水平分量 X，则改变 GPS 天线方位指向 90°，可测得水平分量 Y。

用微波暗室测定天线相位中心位置的精度主要取决于转台上的“零位”确定误差，该项误差可达 1mm 左右。

3．接收机野外作业性能及不同联测距离精度指标的检验

该项检验分为短基线（10km 左右）、中基线（20～50km）和长基线（几百公里）3 种。

(1) 短基线直接比对法检验

在标准检定场上进行。天线应严格整平、对中，对中误差<1mm，最好采用强制对中装置；天线上的方位标志（一般标以箭头符号）指向地磁北极；天线高量测至 1mm 精度。被检验的两台或多台接收机应同步观测 1.5hr。观测后，采用双差分固定解模型解算对应于 L_1 和 L_2 的基线矢量，求得的基线长 D_{L_1} 和 D_{L_2} 与已知基线长比较，互差应小于接收机标称的标准误差 σ（$\sigma=\sqrt{a^2+(b\times D)^2}$）。

(2) 中基线检验

应充分利用高精度的已知地面红外激光边进行直接比对。如果不便于利用已知激光边，也可实测一个 GPS 网，利用重复边（复测边）较差和异步环（由独立观测的 GPS 基线构成的闭合环路）闭合差进行检验。

检测采用静态相对定位方法。对于联测边长<30km 的基线，采用双差固定解模型；联测边>30km 的基线，采用双差浮动解模型，并需实测气象元素（T，P，e），对基线解进行对流

层折射改正。

检测时段长短参照表 8-3。

检测精度应满足以下要求。

重复基线 2 个时段校差为：

$$\begin{cases} W_S \leqslant 2\sigma\sqrt{2} \\ W_X, W_Y, W_Z \leqslant 2\sigma\sqrt{3} \end{cases} \tag{8-2}$$

异步环闭合差为：

$$W_X, W_Y, W_Z \leqslant 3\sigma\sqrt{n} \tag{8-3}$$

式中，W_X、W_Y、W_Z 和 W_S 分别代表坐标增量闭合差（或较差）和边长互差；σ 为相应精度等级规定的标准差，可由式（8-1）和表 8-3 求得。

表 8-3　检测时段长参照表

（时长单位：小时）

卫星个数 / 基线长（km）	4	5	≥6
15～30	3.0	2.5	2.5
30～40	3.5	3.0	3.0
＞40	4.0	3.5	3.5

（3）长基线检验

利用人卫激光边进行直接比对。应进行多时段观测，每时段长不短于 4hr，且各时段均匀分布于白天和夜间，共测 4 个时段，每小时测定测站气象元素一次。基线解算采用优质软件（如 GAMIT 软件等），用双差分浮动解或三差解模型解算。

三、GPS 测站的选择与埋设点位标志

1．GPS 测站的选择

由于 GPS 观测有它自身的特点与要求，如测站间不必通视，对（天）空视野要开阔，避免强电磁干扰和反射信号干扰等。因此，它的选站要求与经典测量有许多不同之处。选择 GPS 测站的总的原则是：防止 GPS 信号被挡，减弱信号的多路径影响，避免强电磁干扰，以及便于点位保持与使用等。具体要求是：

（1）测站应远离大面积水域、光滑地面、盐碱地带、金属矿区、高大的楼房、广告牌等，测站不宜设于山谷或陡峭的山坡上；

（2）测站应远离微波发射台站、微波中继站、电视发射塔、雷达站、高压输电线等强电磁波辐射源；

（3）在观测的最小高度角（如 $E=10°$）之上，不应有成片的障碍物，必要时应绘制测站环视图；

（4）测站应位于地基稳定、地下水位低和交通较方便的地方；

（5）每个 GPS 测站至少应与另一个 GPS 测站相互通视，便于日后使用。

2．埋设点位标志

为了今后利用 GPS 测量成果或进行重复观测，GPS 网站一般应埋设具有中心标志的标石。标石埋设的类型及适用级别如表 8-4 所示。

表 8-4　标石类型及适用级别

类别	形式	适用级别
基岩标石	基岩天线墩、基岩标石	A
基本标石	一般基本标石、土层天线墩、岩层天线墩、岩层基本标石、冻土基本标石、沙丘基本标石	A 或 B
普通标石	一般标石 岩层标石 建筑物上标石	B～E

四、GPS 定位星座的选择与观测时段的预报

GPS 定位的精度取决于测量误差和卫星星座几何图形强度两个因素。前者与接收机误差、卫星误差和信号传播误差等有关；后者只与被测卫星星座相对于观测站的几何位置有关，或者说与图形强度因子（也称几何误差放大因子或精度因子）有关。

设 σ_0 代表测量标准差，DOP（Dilution of Precision）代表精度因子，σ 代表定位标准差，则：

$$\sigma = \sigma_0 \cdot DOP \tag{8-4}$$

可见，在测量误差一定的条件下，为了提高定位精度，就必须选择 *DOP* 值尽可能小的卫星星座进行观测。这就是为什么要选择 GPS 定位星座的原因。

在 GPS 测量中，通常用三维精度因子（*PDOP*）来选择观测星座及对应的观测时段。GPS 接收机的随机软件中，一般都有作预报和观测计划用的软件。用它可以方便地选择定位星座及观测时段。

GPS 定位星座的选择与观测时段预报的具体步骤如下：

（1）根据观测 GPS 卫星获得的数据，由导航电文中的传输参数 *N* 所提供的每颗 GPS 卫星的测距精度估值 *URA*，删除不健康的卫星。删除的标准如下：

$URA \geqslant 1.4 \times 16$(m)（对应于未实施 SA 技术的卫星）

或　$URA \geqslant 1.4 \times 32$(m)（对应于实施 SA 技术的卫星）

（2）选择适当的卫星高度截止角 E_{min}。

一般选取 $E_{min} = 15°$。

（3）根据测区（站）的近似地理坐标和卫星历书预报 *PDOP* 值（图），一般选择 *PDOP* ≤6 的观测星座所对应的时间段进行观测。

应该说明的是，对于相对定位来说，采用 20 世纪 80 年代末 C.Coad 博士等提出的相对定位精度因子（*RDOP*）来选择定位星座更为合理。但商用软件一般都设有相应预报 *RDOP* 的功能。

8.2.2　GPS 数据采集各主要作业模式的施测、精度及应用范围

一、经典静态相对定位

作业前须按 8.2.1 之三的要求进行选点与埋设测量标志，并进行网图设计。

GPS 网图设计时既要考虑到网的科学性与合理性，又需考虑测区交通、地理环境、后勤保障（主要是交通工具）、以及同步观测仪器的数量等情况，以便省时、省力、省费用、高质量完成既定任务。网图设计切忌“纸上谈兵”，设计前应尽可能地收集测区已有的测绘资料、交通、水系资料等，最好深入测区踏勘。

GPS 网图设计的基本原则有以下 5 点：

（1）为了增加检核条件，提高网的可靠性，应着眼于整个测区、固定全网结构，用网环路（NETL）和子环路（SUBL）构成封闭的 GPS 网。

（2）为了将 GPS 网（对应于 WGS-84 坐标系）向地方坐标系（如我国的 80 国家大地坐标系、54 北京大地坐标系等）转换，GPS 网点应尽量与原有地面控制点重合。一般不少于 3 个重合点，且重合点在网中分布应较均匀。

（3）为了将实测的 GPS 大地高转换为有工程实用价值的海拔高（正常高）和研究区域大地水准面形状，GPS 点应与测区原有的等级水准点重合；重合点的分布应较均匀，平坦地区重合点可少一些（但不少于 3 个），地形起伏较大的地区应适当增加重合点数，必要时在 GPS 网中可布设一定密度的水准联测点。

（4）GPS 网中各基线长度相差不要太悬殊，尽量避免出现几百米的短基线，以使整网精度分布较均匀。

（5）网的结构将随着参加联测的接收机台数的多少而有较大变化，应灵活变通。图 8-3 是用三台接收机作业的经典相对定位网形示例。

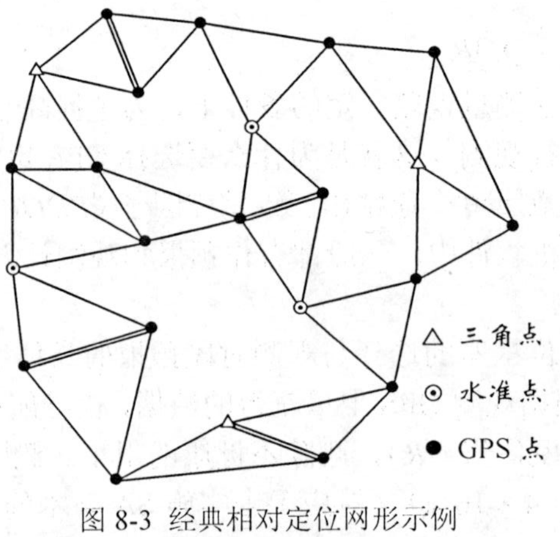

图 8-3 经典相对定位网形示例

完成 GPS 网图设计之后，便可根据预报的观测时段，制定观测计划及每天的作业调度命令。按照调度命令的安排，将两台（或多台）GPS 接收机分别安置于一条（或多条）基线的两个端点上，同步观测不少于 4 颗 GPS 卫星。观测时段的长度，可根据基线长度和精度（等级）要求，参照有关 GPS 测量规范执行。对于联测距离大于 30km 的基线，观测过程中应测定气象参数，以便对基线解进行对流层折射改正。

经典静态相对定位的基线解（$D<1$km 的基线除外）的精度一般可达 5mm＋1（10^{-6}）× D (D 为以公里为单位的基线长度)。这种观测模式的应用范围包括：建立全球性或国家大地控制网、建立地壳运动或工程形变监测网、测定地球自转参数、进行海岛与大陆联测、建立陆地海洋大地测量基准和海底测量控制网以及建立精密工程测量控制网等。

二、快速静态相对定位

作业前先进行选点与埋设测量标志。

网图设计比较简单，只须在网的中部选择一个观测条件较好的测站作为基准站（或称中心站）r，其余观测站作为流动站 i。图 8-4 是该作业模式的网图示例。

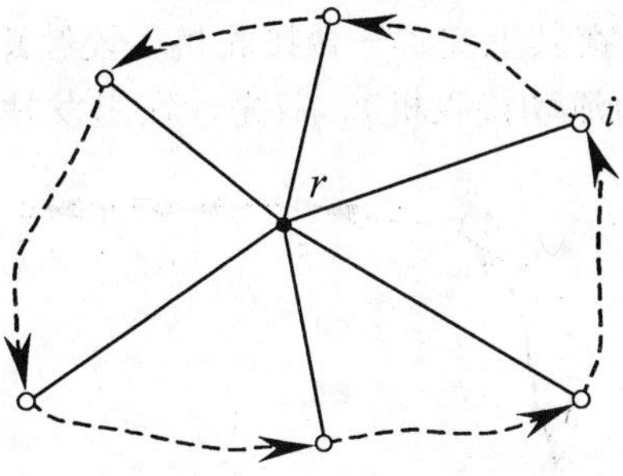

图 8-4　快速静态相对定位网图

作业时，基准站 r 上安置一台接收机，连续跟踪观测所有可见卫星；另一台接收机依次到各流动站 i 上，各静止观测数分钟，以便用 FARA 方法解出整周未知数。如此，便可与基准站的观测数据组成双差分观测模型，解算出 i 至 r 的基线矢量 $\vec{b}_{ir}$。如果基准站在 WGS-84 坐标系中的坐标已测定，则可推求各流动站在 WGS-84 中的坐标。

为了将 WGS-84 坐标转换为地方坐标系中的坐标，必须先求得基准站在地方坐标系中的坐标和测区范围内由 WGS-84 坐标系到地方坐标系的转换参数。如果基准站的地方坐标和转换参数已知，则可直接引用，否则，需按经典静态相对定位模式，联测不少于 3 个已知地方坐标的控制点求解之。

该作业模式，要求流动站必须观测不少于 4 颗卫星，并使用双频接收机，以利于快速确定整周未知数。另外，流动站距离基准站不应大于 15km，以确保测量精度。

这种定位模式测定基线的精度可达（5～10）mm＋1(10^{-6})×D。其优点是速度快、精度高、观测工作简便。但是在只使用两台接收机作业的情况下，直接观测边不能构成闭合图形，没有检核条件，可靠性较差。快速静态相对定位的应用范围：小区域的控制测量及控制点加密（如测定图根点）、普通工程测量、地籍测量、碎部测量以及边界测量等。

三、准动态相对定位（Go and Stop）

该定位模式的作业过程如下：在测区选择一基准站 r，在其上安置一台接收机，连续跟踪观测所有可见卫星。安置另一台（或多台）流动接收机于起始点 1 上（如图 8-5 所示），观测几分钟，以便快速确定其整周未知数。此过程称为初始化。流动接收机完成初始化后，则可按预定计划依次迁往各流动站（2，3，……），并在迁站过程中保持对不少于 4 颗卫星的连续跟踪（即保持所测卫星的整周未知数不变），则每个流动站只需观测几个历元（每秒钟测一次，只需几秒钟），便可以测定其相对于基准站的基线向量。

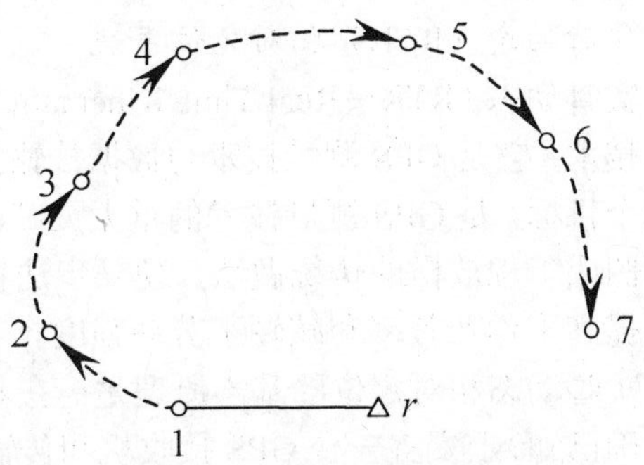

图 8-5　准动态相对定位示意图

如果在观测过程中（包括迁站），某些卫星发生失锁，被测卫星少于 4 颗，则可在待测流动点上重新完成初始化（静止观测几分钟），然后继续往前测。流动站至基准站的距离，目前以不大于 15km 为宜。

这种作业模式的精度可达（10～20）mm＋1（10^{-6}）×D，其优点是速度比快速静态相对定位更快；主要缺点是流动接收机在迁站过程中必须保持对卫星的跟踪，比较麻烦。

将流动站测得的 WGS-84 坐标转换为地方坐标系坐标的方法，与前面快速静态相对定位中所述方法相同。

准动态相对定位的应用范围：开阔地区的控制点加密测量、普通工程定位、剖面测量、路线测量、地籍测量、碎部测量以及边界测量等。

四、动态相对定位

作业方法：选择一个已知坐标的测站作为基准站，在其上安置一台接收机，连续跟踪所有可见卫星。另一台接收机安置于运动载体上（称之为流动接收机）。首先，在出发站上，按快速静态相对定位法静止观测几分钟，或者使用在航模糊度解算方法（AROF－Ambiguity Resolution on the Fly），在运动状态下观测若干分钟，进行流动接收机的初始化。初始化完成后，流动接收机按预定路线（如图 8-6 中的 1，2，3，4，5，6，7……）和采样间隔，边运动边自动观测记录各采样观测点的数据（每点只记录一个历元数据）。

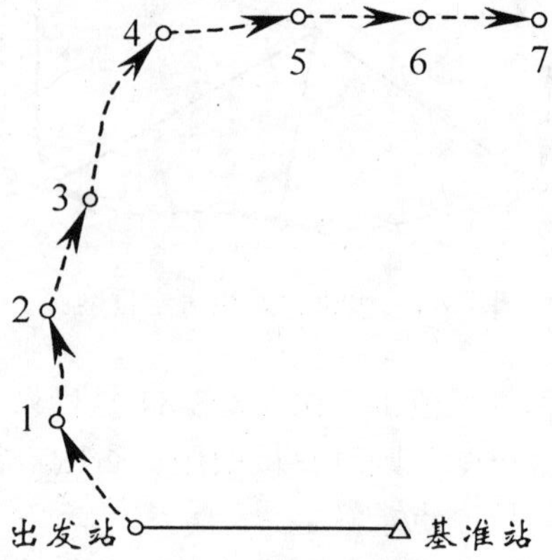

图 8-6 动态相对定位示意图

该作业模式要求基准站与流动站至少同步观测 4 颗以上分布良好的卫星，并在运动中保持连续跟踪。如果流动站某些卫星失锁，被测卫星少于 4 颗，则需重新进行初始化。作业中流动站至基准站的距离不得大于 15km。

流动站相对基准站的基线测定精度为 20mm＋1（10^{-6}）×D。

该模式的优点是精度高、速度快、可实现运动载体的连续定位。缺点是流动站必须连续跟踪卫星，一旦 GPS 信号失锁，须重新初始化。

其主要应用范围有：精密测定载体的运动轨迹、道路中心测量、航道测量、开阔地区的剖面测量和水文测量等。

五、实时动态（RTK）相对定位系统

实时动态（RTK－Real Time Kinematic）测量系统，是基于载波相位测量的实时差分 GPS 测量技术，它是 GPS 测量技术与数据传输技术相结合的组合系统，它实现了高精度和实时定位两个目标，是 GPS 测量技术的重大突破。它的出现，使测绘工作一改过去先控制、后加密、再测图或工程放样的传统做法，使一步法自动化数字成图、工程放样一步到位成为现实，极大地提高了作业效率和减轻了劳动强度。

实时动态相对定位的基本原理是：在基准站（也称参考站，其在 WGS-84 坐标系中的坐标精确已知）上安置一台 GPS 接收机和传输数据的电台，接收机连续跟踪观测所有可见卫星，并借助电台将观测数据和基准站已知坐标信息发送给流动接收机；流动接收机将自己采集的 GPS 观测数据和由电台接收的来自基准站的数据，组成差分观测值，并进行实时处理，求得流动站的瞬时三维位置，从而实现实时动态相对定位。这里所使用的收、发电台，通常称为数据链。

实时动态相对定位的作业过程如下：开始作业时，流动接收机可设置于某一固定点（不一定为坐标已知点）上，先静止观测数分钟，进行初始化，也可使用 AROF 技术，在动态条件下完成初始化工作（一般需 3～5min）。之后，流动接收机即可按预定路线和采样间隔，自动进行每历元的观测，将每历元采集的数据与基准站数据链传输过来的对应历元观测数据，实时地进行差分处理，便可求得流动接收机的实时位置。实时动态相对定位（RTK）作业示意图，如图 8-7 所示。

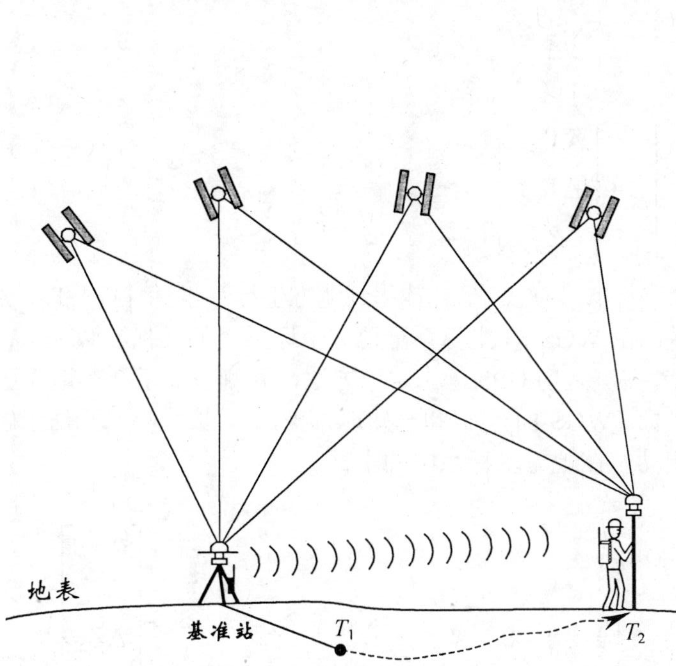

图 8-7　实时动态相对定位示意图

为了进行 RTK 作业，用户必须有以下配置（以 Leica 公司的 Wild300 为例）：

1．硬件

（1）基准站接收机——传感器采用 SR399（或 SR399E 加外置天线 AT-202）、CR344（或 CR333）控制器。

（2）流动站接收机——SR399E 加外置天线 AT-202、CR344（或 CR333）控制器。

（3）数据链——选择波特率不低于 4 800bit/s 的无线通讯设备，其频率和功率取决于测程和测区环境。

（4）电源——基准站用交流市电或 12VDC 汽车电瓶，流动站用 GEB70/71 镍镉蓄电池或摩托车电瓶。

（5）计算机（用于数据后处理）——486 或更高台式计算机或便携机。

2．软件

（1）软件 SKI——动态、静态通用后处理软件包。它包括系统结构、测量计划编制、项目管理、输入或输出管理、多基线平差处理、调阅与编辑等功能。

（2）加载于 CR333（或 CR344）控制器上的、可反复擦写的只读存储器中的 Leica 300RTK 软件。该软件是在 RTDGOS 版本基础上开发的新软件，它兼容了 RTDGPS 的全部功能，用户可根据精度要求选择 RTDGPS（米级精度的码相位实时差分测量）或 RTK 作业模式。它还允许用户在作业过程中随时变更作业模式。该软件可随着 GPS 技术的发展而随时更新。

六、RTK 数据处理及应用

下面，我们讨论 RTK 数据处理问题。流动站在 RTK 作业过程中，当流动接收机的载波相位测量的整周未知数确定后（即初始化后），便可根据自己在 t 时刻的载波相位观测值，与由数据链传来的基准站在同一时刻的载波相位测量值及测站信息，由二次差虚拟观测方程（7-25）求得基准站（R）至流动站（K）在时刻 t 的基线向量解（ΔX_{RK}，ΔY_{RK}，ΔZ_{RK}），然后由下式求得时刻 T 流动站在 WGS-84 坐标系中的坐标。

$$\begin{bmatrix} X_K \\ Y_K \\ Z_K \end{bmatrix}_{84} = \begin{bmatrix} X_R \\ Y_R \\ Z_R \end{bmatrix}_{84} + \begin{bmatrix} \Delta X_{RK} \\ \Delta Y_{RK} \\ \Delta Z_{RK} \end{bmatrix} \tag{8-5}$$

为了将 WGS-84 坐标$[X_K、Y_K、Z_K]_{84}$转化到地方坐标系坐标 $[X_K、Y_K、Z_K]_T$，可以通过当地测绘部门收集测区的由 WGS-84 坐标系至地方坐标系 T 的转换参数（ΔX_0、ΔY_0、ΔZ_0、k，ε_X、ε_Y、ε_Z），或者在测区用 GPS 静态定位方法，联测不少于 3 个地面已知控制点，然后根据联测站的两套坐标（WGS-84 坐标和已知地方坐标），按最小二乘法求解转换参数，最后用下面转换公式求流动站在地方坐标系中的坐标：

$$\begin{bmatrix} X_K \\ Y_K \\ Z_K \end{bmatrix}_{T} = \begin{bmatrix} X_K \\ Y_K \\ Z_K \end{bmatrix}_{84} - \begin{bmatrix} 1 & 0 & 0 & X_K & 0 & -Z_K & Y_K \\ 0 & 1 & 0 & Y_K & Z_K & 0 & -X_K \\ 0 & 0 & 1 & Z_K & -Y_K & X_K & 0 \end{bmatrix} \begin{bmatrix} \Delta X_0 \\ \Delta Y_0 \\ \Delta Z_0 \\ k \\ \varepsilon_X \\ \varepsilon_Y \\ \varepsilon_Z \end{bmatrix} \tag{8-6}$$

式中，ΔX_0、ΔY_0、ΔZ_0为平移参数，即地方坐标系原点 O_T 相对于 WGS-84 坐标系原点 O_S 的坐标向量；

k 为地方坐标系与 WGS-84 坐标系的尺度比参数；

ε_X、ε_Y、ε_Z 为旋转参数（欧拉角），即地方坐标系的 X_T、Y_T、Z_T 轴相对于 WGS-84 坐标轴 X_S、Y_S、Z_S 的旋转角。

式（8-6）称为 7 参数模型。对于小范围的 GPS 网，进行坐标系之转换用 3 参数（ΔX_0，ΔY_0，ΔZ_0）模型或 4 参数（ΔX_0，ΔY_0，ΔZ_0，k）模型即可，不必使用 7 参数模型。

RTK 定位的精度主要取决于：基准站坐标精度、数据链传输数据的质量、数据采集质量及基线解算精度、流动接收机天线晃动（不垂直）误差、坐标转换误差、大地水准面内插误差等。

目前，实时动态测量系统，已在 20km 范围内得到成功的应用。它主要应用于以下几个方面：

1．常规应用

（1）使用快速静态测量模式，观测 10min 左右，基线精度可达 10mm+1（10^{-6}）$\times D$。该模式可用于建立城市、矿山等区域性的控制网。

（2）使用准动态测量模式，每站只需观测几个历元（约几十秒钟），定位精度为厘米量级。使用 RTK 系统进行准动态测量时，不必担心地面障碍物所引起的暂时信号失锁，失锁后，系统在重新锁定 4 颗以上卫星后，能够在动态条件下自动完成初始化工作。该作业模式，主要应用于地籍测量、碎部测量、路线测量及工程放样等。

2．新领域应用

使用动态测量模式，在流动站完成初始化后，即可进行动态实时差分测量，每观测一个历元得到一个定位结果。在数据链信号传输质量良好的前提下，10km 测程，平面位置精度可达±5cm，高程精度±10cm 或更差些。主要应用于：

（1）一步法成图。RTK 技术与 Super-Station（全站仪）相结合，综合成一套全自动化测图工作站。

（2）实时三维动态放样，如水上精密打桩。

（3）航空摄影测量和航空物理勘探中采样点的定位及定姿态。

（4）航道测量。

（5）道路中线测量。

（6）水下地形测量。

（7）航空器着陆和船舰进港精密导航。

（8）城市交通管理。

（9）实时监测执行特殊任务的交通工具（如警车、直升飞机等）所在位置，为指挥部提供决策的重要信息。

（10）建立地区性 GPS 定位与导航服务网，即局域差分 GPS 网（LADGPS）和广域差分 GPS 网（WADGPS），为单台 GPS 用户提供高精度实时定位服务。

总之，随着 RTK 技术的日臻完善，其应用范围将愈来愈广。

8.3 GPS 观测数据的测后处理概述

GPS 观测数据包括伪距观测值，载波相位测量值、卫星星历文件、星钟参数、电离层模型参数以及测站信息（天线偏心元素、气象参数、点名、点号）等。GPS 测量的最终目标是求得待定测站的坐标（WGS-84 坐标或地方坐标）及精度信息，为此，必须进行观测数据的测后处理。

GPS 观测数据的测后处理，一般均可借助相应的后处理软件完成。随着 GPS 技术的发展，GPS 观测数据后处理软件的功能和自动化程度将不断提高与完善，所采用的处理模型也将不断改进。GPS 数据后处理的特点为：数据量非常大，处理过程复杂，处理方法多种多样，处理过程自动化程度高。GPS 数据处理的基本过程如图 8-8 所示，它包括观测值的粗加工、预处理、基线向量解算、GPS 网平差、GPS 网与地面网的联合处理（坐标系统转换与大地水准面差距的求解）等步骤。图中虚线左边为 GPS 数据采集部分，右边为 GPS 数据处理部分。

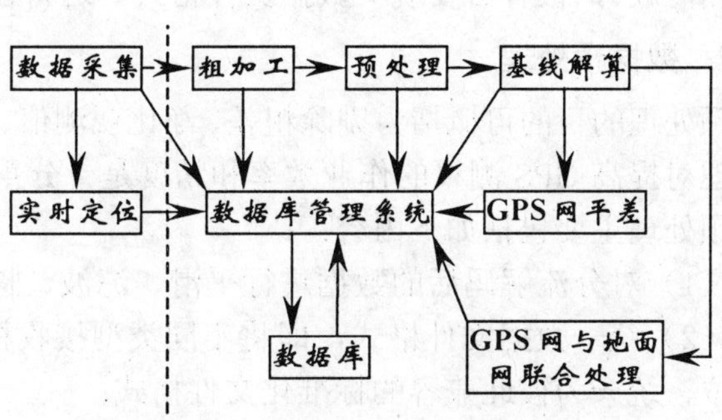

图 8-8　GPS 数据处理基本流程

GPS 观测值的粗加工和预处理的目的是将 GPS 接收机采集的数据进行传输、分流、解译、平滑、滤波、剔除粗差、统一数据文件格式并标准化，修复周跳和进行各种模型改正，最终得到一组“干净”的观测值并符合平差计算要求的文件。

8.3.1　数据粗加工

数据粗加工包括数据传输和分流及数据解码两部分。

一、数据传输和分流过程

数据传输和分流过程如图 8-9 所示。

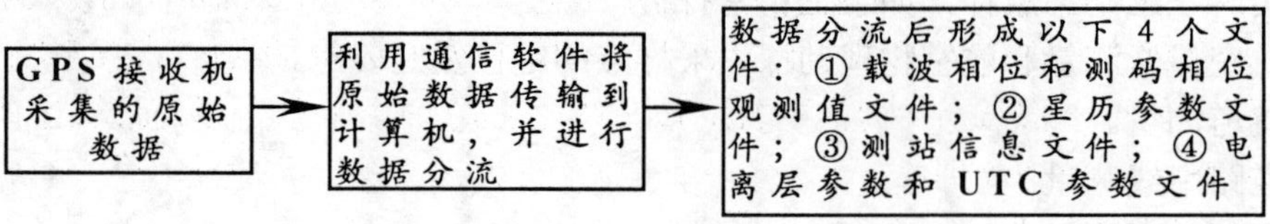

图 8-9　数据传输与分流

二、数据解码

数据解码的目的——经过数据分流后形成的 4 个文件中，除测站信息文件外，均为二进制数据文件。为了便于对它们进行阅读、分析研究，更重要的是为数据文件标准化作准备，必须将它们解码为能供人们直接识别的（十进制）精简的文件。

20 世纪 90 年代中期推出的一些 GPS 处理软件，在用通信软件进行数据传输与分流的同时，可根据用户需要，得到不同格式（如 RINEX 格式，CONAN ASCⅡ格式等）解码后的数据文件。

在了解了分流后文件的数据类型和记录类型后，只要知道各记录的格式，就能够将二进制数据文件解译成十进制数据文件。由于不同厂家生产的 GPS 接收机使用的数据类型、记录类型和格式有所不同，因此使用的解码程序也有所不同，一般都是用其随机软件来解码，且解码后的文件格式有所不同。为了能够将不同型号接收机解码后的文件进行统一平差处理（这对于大规模 GPS 网是必要的，因为大规模 GPS 网往往由不同型号的众多 GPS 接收机联合观测而成），很有必要统一数据文件格式。这将在数据预处理中完成。

8.3.2　数据预处理

预处理的目的可概括为剔除粗差、净化观测值、统一不同格式的数据文件为标准化文件。预处理对提高 GPS 测量的作业效率和精度是十分重要的。

预处理主要包括如下内容：

（1）对分流解码后的数据进行平滑、滤波、检验，剔除粗差和无用无效的数据；

（2）统一数据文件格式，即将不同类型接收机的数据记录格式、项目、采样间隔和数据单位，统一为彼此兼容的标准化文件格式；

（3）GPS 卫星轨道方程标准化，卫星时钟多项式的拟合和标准化；

（4）探测周跳，修复载波相位观测值；

（5）对观测值进行各项模型改正（如大气折射模型改正）。

上述的内容（4）可参阅第七章 7.4，内容（5）可参阅第四章 4.3，下面仅对内容（2）和（3）加以讨论。

一、卫星轨道方程的标准化

1. 轨道方程标准化的必要性

（1）在平差计算中，可能使用来源不同的星历，它们的数据格式及相应计算卫星空间位置和速度的公式都不相同。为了简化计算程序，就必须找到一种适用于不同星历的统一计算方法。

（2）GPS 卫星每小时更新一次广播星历，即每小时有一组独立的星历参数。这样，当用相邻两组星历计算同一时刻卫星的位置时，其结果将有所不同。如果观测时段跨越两组或多组星历，将会给周跳探测、修复等带来诸多弊病，为此，必须使用一组覆盖整个观测时段的标准化轨道方程，使轨道平滑、连续。

（3）在数据后处理中，将多次计算卫星轨道位置，如果使用能满足整个轨道弧段计算精度要求的计算公式，则计算工作将十分繁杂，因此，必须找到一种适合计算观测弧段（往往仅为整个轨道的一小部分）的简洁的轨道弧段计算公式（多项式），以简化轨道计算工作，节省占用计算机内存空间和提高计算速度。

2．用多项式拟合卫星轨道方程

通常采用以时间 t 为变量的多项式，作为卫星轨道位置标准化表达式，即：

坐标分量为 $$P_j(t)=\sum_{i=0}^{n}a_{ji}t^i \tag{8-7}$$

速度分量为 $$P'_j(t)=\sum_{i=1}^{n}ia_{ji}t^{i-1} \tag{8-8}$$

式中 a_{ji}（$j=X$，Y，Z；$i=0$，1，2……n）是多项式系数，它可根据由星历数据求得的 t_K（$K=1$，2，3……m，$m\geqslant n$）时刻的卫星位置（X_K，Y_K，Z_K），组成 3 组（对应于 X，Y，Z）$3m$ 个误差方程。例如，对于坐标 X_K，矩阵形式的误差方程为：

$$\begin{bmatrix} V_{X1} \\ V_{X2} \\ \vdots \\ V_{Xm} \end{bmatrix}=\begin{bmatrix} 1 & t_1 & t_1^2 & \cdots & t_1^n \\ 1 & t_2 & t_2^2 & \cdots & t_2^n \\ \vdots & \vdots & \vdots & \cdots & \vdots \\ 1 & t_m & t_m^2 & \cdots & t_m^n \end{bmatrix}\begin{bmatrix} a_{X,0} \\ a_{X,1} \\ \vdots \\ a_{X,m} \end{bmatrix}-\begin{bmatrix} X_1 \\ X_2 \\ \vdots \\ X_m \end{bmatrix} \tag{8-9}$$

由于 $m\geqslant n$，故可用最小二乘法平差解出多项式系数 $a_{X,i}$，并将它们记入标准化星历文件。此后，就可以用式（8-7）和（8-8），计算观测时段内任何时刻的卫星位置和速度。阶数 n 取 8～10，即可保证卫星位置计算精度达到米至厘米量级。

由于 t^n 可能是一个很大的数字，为了避免计算 t^n 产生计算机溢出的错误，还必须将实际观测时刻 t_i，变为规格化时刻 T_i（$|T_i|\leqslant 1$），即：

$$T_i=\frac{2t_i-(t_1+t_m)}{t_m-t_1} \tag{8-10}$$

在以后利用多项式（8-7）计算卫星轨道时，也必须使用规格化时刻。

二、卫星时钟多项式的拟合和标准化

1．星钟多项式拟合和标准化的必要性

与卫星星历一样，有时一个观测时段会跨越整点时刻，如此，也会出现两组或多组星钟改正系数。为了提供在整个观测时段内连续、唯一且充分平滑的时钟改正多项式，就必须对卫星导航电文中提供的时钟多项式进行拟合和标准化。

2．星钟多项式的拟合方法

首先进行星钟参数相对论效应改正。依照式（5-45），星钟多项式可写为：

$$\Delta t_{sv}=a_0+a_1(t-t_{oe})+a_2(t-t_{oe})^2 \tag{8-11}$$

式中 a_0、a_1 和 a_2 分别代表星钟的钟偏、钟速和钟漂参数，t 为观测历元，t_{oe} 为星钟参数的参考历元。

由于卫星广播的各组星钟参数中，已加入相应的相对论效应的周期性部分的改正 a_{0r}、a_{1r}、a_{2r}（由卫星轨道扁率 e 引起），因此，在拟合之前应先将其扣除，然后再加上对应于观测历元 t 的相对论效应改正 $\Delta t_r(t)$。如此，将式（8-11）写成：

$$\Delta t_{sv}=(a_0-a_{0r})+(a_1-a_{1r})(t-t_{oe})+(a_2-a_{2r})(t-t_{oe})^2+\Delta t_r(t) \tag{8-12}$$

式中，$\Delta t_r(t)=(-4.443\times10^{-10})e\sqrt{a_e}\sin E(t)=K\cdot\sin E(t)$ （8-13）

其中，a_e 为卫星轨道半长轴。

由式（8-13）可知：

$$a_{0r}=K\cdot\sin E(t_{oe}) \tag{8-14}$$

而 a_{1r}、a_{2r} 分别是相对论效应改正的周期部分 $\Delta t_r(t)=K\sin E(t)$ 的一阶导数和二阶导数，即：

$$a_{1r}=\frac{d[\Delta t_r(t)]}{dt}\bigg|_{t=t_{oe}}=K\cdot\cos E(t_{oe})\frac{dE}{dt} \tag{8-15}$$

对开普勒方程 $E-e\sin E=M=nt$ 求微分可得 $\dfrac{dE}{dt}=\dfrac{n}{1-e\cos E}$，代入式（8-15）可得：

$$a_{1r}=K\cdot n\cos E(t_{oe})/[1-e\cos E(t_{oe})] \tag{8-16}$$

对上式再求一次导数可得：

$$a_{2r}=-\frac{1}{2}K\cdot n^2\sin E(t_{oe})/[1-e\cos E(t_{oe})]^2 \tag{8-17}$$

上述各式中，n 为卫星平均运动角速度，E（t_{oe}）为对应于星历参考历元 t_{oe} 的卫星偏近点角，它们均可由卫星导航电文中提供的轨道参数值通过有关公式计算得到。如此，a_{0r}、a_{1r}、a_{2r} 可由式（8-14）、（8-16）和（8-17）求得，将它们代入式（8-12）即可求得某颗卫星 i 在观测历元 t 的卫星钟改正值（Δt_{sv}）$_i$。

下面，我们讨论星钟多项式的拟合问题。设拟合后覆盖整个观测时段的星钟多项式仍为二次三项式，其系数用 A_0、A_1、A_2 表示，参考历元取观测时段中央时刻 T_{oc}，则可写出如下适用于整个观测时段的星钟改正多项式：

$$\Delta T_{sv}=A_0+A_1(t-T_{oc})+A_2(t-T_{oc})^2 \tag{8-18}$$

为使其截断误差不大于±1（ns），拟合的时段长度应不大于 3hr。当时段内取 n 个等距节点，用式（8-12）计算这 n 个节点上的（ΔT_{SV}）$_K$，（K=1，2，3……n），则可得到以下 n 个误差方程：

$$\begin{bmatrix} V_1 \\ V_2 \\ \vdots \\ V_n \end{bmatrix} = \begin{bmatrix} 1 & T_1 & T_1^2 \\ 1 & T_2 & T_2^2 \\ \vdots & \vdots & \vdots \\ 1 & T_n & T_n^2 \end{bmatrix} \begin{bmatrix} A_0 \\ A_1 \\ A_2 \end{bmatrix} - \begin{bmatrix} (\Delta t_{sv})_1 \\ (\Delta t_{sv})_2 \\ \vdots \\ (\Delta t_{sv})_n \end{bmatrix} \tag{8-19}$$

式中，$T_i = t_i - T_{oc}$

只要 $n>3$，便可用最小二乘法解算出 A_0、A_1、A_2。然后，就可用式（8-18）计算时段内任一时刻 t 的星钟改正数。

三、观测值文件的标准化

观测值文件标准化的内容有统一不同类型的 GPS 接收机的数据记录格式、记录类型、记录项目、数据采样密度和数据单位（量纲）。显而易见，只有将不同类型接收机的观测值文件都统一为某一规定的标准化文件，才能与标准化后的轨道方程一起输入主处理程序进行平差计算。

目前，多数 GPS 随机数据处理软件包都能够将星历文件和观测值文件转换为 RINEX 格式的标准化文件，这对统一处理不同型号接收机的观测成果是十分方便的。

8.3.3 GPS 基线向量的解算

一、基线向量解算的数学模型

在第七章中已经讨论过，由载波相位观测值组成的双差观测模型式（7-8）中，可消去卫星钟差和接收机钟差的影响，对 30km 以下的基线，还可大大削弱电离层、对流层折射影响和卫星星历误差影响。因而在基线向量解算时，通常采用双差数学模型。它既可消除或削弱一些难以建立误差模型的误差，提高了基线解算的精度，又使方程式中的未知数个数大为减少，减轻了平差计算的难度和工作量。

如果设 Δt 为接收机钟差 Δt_i、电离层折射误差 D_{iono} 和对流层折射误差 D_{trop} 的综合影响，并将式(7-8)中的 $\rho(t)$ 写成 $\rho(t^b + \Delta t)(t^b)$ 代表接收机接收到卫星载波信号的接收机钟面时刻)，再引入测量误差项 $\varepsilon_{1,2}^{j,k}(t)$，则依照式（7-8）可写出双差分虚拟观测方程式：

$$\begin{aligned} \nabla\Delta\varphi_{1,2}^{j,k}(t) = \frac{f}{c}[&\rho_2^k(t^b+\Delta t) - \rho_2^j(t^b+\Delta t) - \rho_1^k(t^b+\Delta t) \\ &+ \rho_1^j(t^b+\Delta t)]_t - N_{1,2}^{j,k} + \varepsilon_{1,2}^{j,k}(t) \end{aligned} \tag{8-20}$$

若将上式中的 $\rho(t^b+\Delta t)$ 写成 $\rho(t^b)-\Delta$，并简记为 $\rho-\Delta$，其中 $\Delta = \frac{f}{c}(D_{\text{iono}} + D_{\text{trop}} + \dot{\rho}\delta t_i)$ 是 GPS 信号传播延迟改正，则式（8-20）可写成：

$$\begin{aligned} \nabla\Delta\varphi_{1,2}^{j,k}(t) = \frac{f}{c}[&(\rho_2^k - \rho_1^k - \varDelta_2^k + \varDelta_1^k) \\ &-(\rho_2^j - \rho_1^j - \varDelta_2^j + \varDelta_1^j)]_t - N_{1,2}^{j,k} + \varepsilon_{1,2}^{j,k}(t) \end{aligned} \tag{8-21}$$

为了解算出基线向量坐标（$\Delta X_{1,2}$，$\Delta Y_{1,2}$，$\Delta Z_{1,2}$），必须对式（8-21）进行线性化，并假设基线的一个端点 1 为已知点，端点 2 为未知点，且点 2 的近似坐标已求得（可由测码伪距方法或三差法求得）。

先导出向量形式的站星双差相位误差方程式，然后再化成纯量形式。这里不作具体推导，仅写出最终的双差相位观测值的误差方程（令$V_{1,2}^{j,k}(t)=-\varepsilon_{1,2}^{j,k}(t)$）：

$$V_{1,2}^{j,k}(t)=a_{1,2}^{j,k}(\delta X)_{1,2}+b_{1,2}^{j,k}(\delta Y)_{1,2}+c_{1,2}^{j,k}(\delta Z)_{1,2}-\delta N_{1,2}^{j,k}+W_{1,2}^{j,k} \tag{8-22}$$

式中，$(\delta X)_{1,2}$、$(\delta Y)_{1,2}$、$(\delta Z)_{1,2}$和$\delta N_{1,2}^{j,k}$分别是基线向量近似值$\Delta\widetilde{X}_{1,2}$、$\Delta\widetilde{Y}_{1,2}$、$\Delta\widetilde{Z}_{1,2}$和整周未知数线性组合近似值$\widetilde{N}_{1,2}^{j,k}$的改正数。

$$\begin{cases} a_{1,2}^{j,k}=\dfrac{f}{2c}\sec^2\left(\dfrac{W^k}{2}\right)\left(\dfrac{\Delta X_1^k}{\rho_1^k}+\dfrac{\Delta X_2^k}{\rho_2^k}\right)-\dfrac{f}{2c}\sec^2\left(\dfrac{W^j}{2}\right)\left(\dfrac{\Delta X_1^j}{\rho_1^j}+\dfrac{\Delta X_2^j}{\rho_2^j}\right) \\ b_{1,2}^{j,k}=\dfrac{f}{2c}\sec^2\left(\dfrac{W^k}{2}\right)\left(\dfrac{\Delta Y_1^k}{\rho_1^k}+\dfrac{\Delta Y_2^k}{\rho_2^k}\right)-\dfrac{f}{2c}\sec^2\left(\dfrac{W^j}{2}\right)\left(\dfrac{\Delta Y_1^j}{\rho_1^j}+\dfrac{\Delta Y_2^j}{\rho_2^j}\right) \\ c_{1,2}^{j,k}=\dfrac{f}{2c}\sec^2\left(\dfrac{W^k}{2}\right)\left(\dfrac{\Delta Z_1^k}{\rho_1^k}+\dfrac{\Delta Z_2^k}{\rho_2^k}\right)-\dfrac{f}{2c}\sec^2\left(\dfrac{W^j}{2}\right)\left(\dfrac{\Delta Z_1^j}{\rho_1^j}+\dfrac{\Delta Z_2^j}{\rho_2^j}\right) \end{cases} \tag{8-23}$$

$$W_{1,2}^{j,k}=a_{1,2}^{j,k}\Delta\widetilde{X}_{1,2}+b_{1,2}^{j,k}\Delta\widetilde{Y}_{1,2}+c_{1,2}^{j,k}\Delta\widetilde{Z}_{1,2}-\widetilde{N}_{1,2}^{j,k}+\Delta_{1,2}^{j,k}-\nabla\Delta\varphi_{1,2}^{j,k} \tag{8-24}$$

计算系数$a_{1,2}^{j,k}$、$b_{1,2}^{j,k}$、$c_{1,2}^{j,k}$时，ΔX_1^k、ΔX_2^k、ΔX_1^j、ΔX_2^j、ΔY_1^k、$\cdots\Delta Y_2^j$、ΔZ_1^k、$\cdots\Delta Z_2^j$及ρ_1^k、ρ_2^k、ρ_1^j、ρ_2^j，可用测站近似坐标与 t 历元的卫星坐标近似值代入求之。而$\Delta_{1,2}^{j,k}=(f/c)(\Delta_1^k-\Delta_2^k-\Delta_1^j+\Delta_2^j)$。

W^j和W^k为卫星j和k的星位角，即测站1、2至卫星j和k方向的夹角。它们可由测站至卫星的单位向量$\vec{u}$点（数）乘求得，即：

$$\begin{cases} \cos W^j=\vec{u}_1^j\cdot\vec{u}_2^j \\ \cos W^k=\vec{u}_1^k\cdot\vec{u}_2^k \end{cases} \tag{8-25}$$

当联测基线短于 40km 时（大多数 GPS 相对定位属于这种情况），式（8-23）中的$\sec^2(W^j/2)$和$\sec^2(W^k/2)$与 1 之差小于 10^{-6}，不影响广播星历达到的精度，故可令$\sec^2(W^j/2)=\sec^2(W^k/2)=1$，于是可用下列公式计算双差相位观测值误差方程（8-22）中的系数：

$$\begin{cases} a_{1,2}^{j,k}=\dfrac{f}{2c}\left(\dfrac{\Delta X_1^k}{\rho_1^k}+\dfrac{\Delta X_2^k}{\rho_2^k}-\dfrac{\Delta X_1^j}{\rho_1^j}-\dfrac{\Delta X_2^j}{\rho_2^j}\right) \\ b_{1,2}^{j,k}=\dfrac{f}{2c}\left(\dfrac{\Delta Y_1^k}{\rho_1^k}+\dfrac{\Delta Y_2^k}{\rho_2^k}-\dfrac{\Delta Y_1^j}{\rho_1^j}-\dfrac{\Delta Y_2^j}{\rho_2^j}\right) \\ c_{1,2}^{j,k}=\dfrac{f}{2c}\left(\dfrac{\Delta Z_1^k}{\rho_1^k}+\dfrac{\Delta Z_2^k}{\rho_2^k}-\dfrac{\Delta Z_1^j}{\rho_1^j}-\dfrac{\Delta Z_2^j}{\rho_2^j}\right) \end{cases} \tag{8-26}$$

二、法方程的组成及其解算

我们用误差方程式（8-22）来组成法方程式。假设在测站 1 和 2 同步观测了 SV 个卫星

（$SV \geqslant 4$），则可列出（$SV-1$）个误差方程，并相应引入 $SV-1$ 个整周未知数的改正数，再加上基线向量的 3 个坐标改正数，共有 $SV+2$ 个未知数。若测站 1 和 2 同步观测了 n 个历元，则总共有 $m=n$（$SV-1$）个误差方程式。将全部误差方程式写成矩阵形式为：

$$V = AX + L \tag{8-27}$$

其中，$V=[V_1, V_2, \ldots\ldots V_m]^T$；

$$X=[\delta X, \delta Y, \delta Z, \delta N_1, \delta N_2, \ldots\ldots \delta N_{SV-1}]^T; \tag{8-28}$$

$L=[W_1, W_2 \cdots\cdots W_m]^T$。

A 为系数矩阵。为了更明晰表示矩阵 A，我们这样定义 A 中各元素：a_{ij}、b_{ij}、c_{ij} 代表第 i 观测历元的第 j 对卫星的双差观测值误差方程式的系数。这样，系数矩阵 A 就可写为：

$$A=\begin{pmatrix}
a_{11} & b_{11} & c_{11} & -1 & 0 & \cdots & \cdots & \cdots & 0\\
a_{21} & b_{21} & c_{21} & -1 & 0 & \cdots & \cdots & \cdots & 0\\
\vdots & \vdots & \vdots & \vdots & \vdots & \cdots & \cdots & \cdots & \vdots\\
a_{n1} & b_{n1} & c_{n1} & -1 & 0 & \cdots & \cdots & \cdots & 0\\
a_{12} & b_{12} & c_{12} & 0 & -1 & 0 & \cdots & \cdots & 0\\
a_{22} & b_{22} & c_{22} & 0 & -1 & 0 & \cdots & \cdots & 0\\
\vdots & \vdots & \vdots & \vdots & \vdots & \vdots & \cdots & \cdots & \vdots\\
a_{n2} & b_{n2} & c_{n2} & 0 & -1 & 0 & \cdots & \cdots & 0\\
\vdots & \vdots & \vdots & \vdots & \vdots & \vdots & \cdots & \cdots & \vdots\\
\vdots & \vdots & \vdots & \vdots & \vdots & \vdots & \cdots & \cdots & \vdots\\
a_{1(SV-1)} & b_{1(SV-1)} & c_{1(SV-1)} & 0 & 0 & 0 & \cdots & \cdots & -1\\
a_{2(SV-1)} & b_{2(SV-1)} & c_{2(SV-1)} & 0 & 0 & 0 & \cdots & \cdots & -1\\
\vdots & \vdots & \vdots & \vdots & \vdots & \vdots & \cdots & \cdots & \vdots\\
a_{n(SV-1)} & b_{n(SV-1)} & c_{n(SV-1)} & 0 & 0 & 0 & \cdots & \cdots & -1
\end{pmatrix}
\begin{matrix}
\left.\begin{matrix}\\ \\ \\ \\ \end{matrix}\right\}\text{第1对卫星}\\
\left.\begin{matrix}\\ \\ \\ \\ \end{matrix}\right\}\text{第2对卫星}\\
\vdots\\
\left.\begin{matrix}\\ \\ \\ \\ \end{matrix}\right\}\text{第}SV-1\text{对卫星}
\end{matrix} \tag{8-29}$$

A 是一个 $n(SV-1)$行,$3+(SV-1)$列的矩阵,各元素按式(8-26)或式(8-23)计算。

设各双差观测值等权且彼此独立，即权阵 P 为单位阵，在 ΣVV=最小的条件下，可写出如下法方程：

$$NX+B=0 \tag{8-30}$$

式中，

$$\begin{cases} N = A^T A \\ B = A^T L \end{cases} \tag{8-31}$$

由式（8-30）可解出改正数向量：

$$X = -N^{-1}B = -(A^T A)^{-1}(A^T L) \tag{8-32}$$

如果测站 1 坐标已知，则可依下式求得测站 2 的坐标：

$$\begin{cases} X_2 = X_1 + \Delta\widetilde{X}_{1,2} + \delta X_{1,2} \\ Y_2 = Y_1 + \Delta\widetilde{Y}_{1,2} + \delta Y_{1,2} \\ Z_2 = Z_1 + \Delta\widetilde{Z}_{1,2} + \delta Z_{1,2} \end{cases} \tag{8-33}$$

基线向量坐标平差值为：

$$\begin{cases} \Delta X_{1,2} = \Delta\widetilde{X}_{1,2} + \delta X_{1,2} \\ \Delta Y_{1,2} = \Delta\widetilde{Y}_{1,2} + \delta Y_{1,2} \\ \Delta Z_{1,2} = \Delta\widetilde{Z}_{1,2} + \delta Z_{1,2} \end{cases} \tag{8-34}$$

基线长度平差值为：

$$b_{1,2} = [(\Delta X_{1,2})^2 + (\Delta Y_{1,2})^2 + (\Delta Z_{1,2})^2]^{1/2} \tag{8-35}$$

整周未知数双差值的平差值为：

$$N_{1,2}^{j,k} = \widetilde{N}_{1,2}^{j,k} + \delta N_{1,2}^{j,k} \tag{8-36}$$

三、精度评定

1．单位权中误差估值

$$m_0 = \sqrt{\frac{V^T PV}{m-SV-2}} = \sqrt{\frac{V^T V}{m-SV-2}} \tag{8-37}$$

2．坐标平差值的精度估计

未知数向量 $\boldsymbol{X}$ 中任一分量 $\boldsymbol{X_i}$ 的精度估值为：

$$m_{Xi} = m_0\sqrt{Q_{ii}} \tag{8-38}$$

式中 Q_{ii} 为方阵 N^{-1} 中对应的对角线元素。

3．基线长度 b 的精度估计

i、j 两点间的基线长度可以表示为：

$$b_{ij} = [(\Delta\widetilde{X}_{ij} + \delta X_{ij})^2 + (\Delta\widetilde{Y}_{ij} + \delta Y_{ij})^2 + (\Delta\widetilde{Z}_{ij} + \delta Z_{ij})^2]^{1/2}$$

在 $\Delta\widetilde{X}_{ij}$、$\Delta\widetilde{Y}_{ij}$、$\Delta\widetilde{Z}_{ij}$ 处泰勒级数展开（只取一阶项）可得：

$$b_{ij} = \widetilde{b}_{ij} + \frac{\Delta\widetilde{X}_{ij}}{\widetilde{b}_{ij}}\delta X_{ij} + \frac{\Delta\widetilde{Y}_{ij}}{\widetilde{b}_{ij}}\delta Y_{ij} + \frac{\Delta\widetilde{Z}_{ij}}{\widetilde{b}_{ij}}\delta Z_{ij} \tag{8-39}$$

式中，令 $\Delta\vec{X}_{ij} = (\delta X_{ij}, \ \delta Y_{ij}, \ \delta Z_{ij})^T$

$$f = \left(\frac{\Delta\widetilde{X}_{ij}}{\widetilde{b}_{ij}}, \frac{\Delta\widetilde{Y}_{ij}}{\widetilde{b}_{ij}}, \frac{\Delta\widetilde{Z}_{ij}}{\widetilde{b}_{ij}}\right)^T$$

$$\delta b_{ij} = b_{ij} - \tilde{b}_{ij}$$

则式（8-39）可写成：

$$\delta b_{ij} = f^T \Delta\vec{X}_{ij} \tag{8-40}$$

而 $\Delta\vec{X}_{ij}$ 的协因数阵可由 N^{-1} 中取出，即：

$$Q_{\Delta\vec{X}_{ij}} = \begin{bmatrix} Q_{\delta X_{ij}} & Q_{\delta X_{ij}\delta Y_{ij}} & Q_{\delta X_{ij}\delta Z_{ij}} \\ Q_{\delta Y_{ij}\delta X_{ij}} & Q_{\delta Y_{ij}} & Q_{\delta Y_{ij}\delta Z_{ij}} \\ Q_{\delta Z_{ij}\delta X_{ij}} & Q_{\delta Z_{ij}\delta Y_{ij}} & Q_{\delta Z_{ij}} \end{bmatrix} \tag{8-41}$$

由关系式（8-40）知：

$$Q_{\delta b} = f^T Q_{\Delta\vec{X}_{ij}} f \tag{8-42}$$

因而基线 b 的中误差估值为：

$$m_b = m_0\sqrt{Q_{\delta b}} \tag{8-43}$$

基线长度相对中误差估值为：

$$m_r = \frac{m_b}{b} \times 10^{-6} (10^{-6}) \tag{8-44}$$

8.3.4 基线向量解算结果分析

基线向量解算完成后，应对其解算结果进行分析，主要进行观测值残差分析和基线解算结果精度自评两项工作。

一、观测值残差分析

观测值残差分布是否合理，将表现在平差后的单位权中误差估值的大小上，一般应不大于 0.05 周（相当于 1cm），当边长超过 10km 时，该值略有增大。否则，表明基线解算中存在问题。当观测值残差过大时，可能存在以下问题：

（1）存在劣质观测值；

（2）使用的观测值改正模型不适宜，或差分处理后仍存在未被模型化的误差；

（3）周跳未被完全修复；

（4）整周未知数解算有偏差。

二、基线解算结果精度自评

1. 验后单位权方差检验

用 χ^2 检验量对验后单位权方差进行检验，看是否与理论值相接近。检验未通过的原因主要是：

（1）存在上面观测值残差分析中所述的问题；

（2）基线起算点坐标精度太差。

2. 基线长度的精度

对于单频 GPS 接收机，应优于 $10\text{mm}+2(10^{-6})\times D$ 的标称精度；对于双频 GPS 接收机，应优于 $5\text{mm}+2(10^{-6})\times D$ 的标称精度。

3．双差分固定解（整数解）与双差分浮动解（实数解）之差

通常短基线向量坐标差应小于 5cm。否则表明，将实数解的 N 值凑为整数时不恰当。而对长于 20km 的基线，一般应采用实数解。

8.3.5 GPS 基线向量网的平差

一、概述

在 GPS 测量实践中，建立 GPS 测量控制网是其中一项重要的任务。一个 GPS 测量控制网少则有十几个测站，多则几十个乃至几百个测站，但我们能投入作业的 GPS 接收机数量往往只有若干台，因此，一个 GPS 网通常由许多同步观测的图形（如三边形、多边形或导线环）相互连接而成，如图 8-10 所示。这种由基线向量构成的网称为 GPS 基线向量网。

GPS 基线向量网的平差就是以载波相位观测解算得到的基线向量为观测值，以其方差阵的逆阵为权，进行平差计算，求得各 GPS 网点在 WGS-84 坐标系的坐标，并进行精度评定的过程。

由于观测值不免存在各种误差，因而，由基线向量构成的各种闭合图形将存在图形闭合条件（闭合差），GPS 网平差的目的之一就是消除这些闭合条件的不符值。另外，GPS 网还必须在地球体中进行定位、定向和确定尺度，这也须通过 GPS 网的平差加以解决。

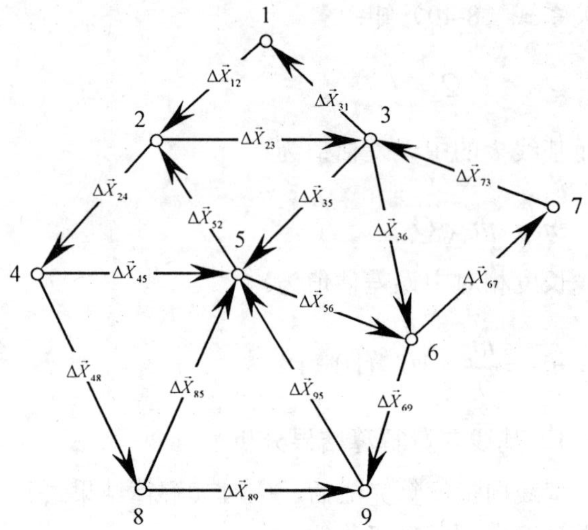

图 8-10　GPS 基线向量网

目前普遍使用的 GPS 网平差方法，有经典自由网平差和非经典自由网平差（即亏秩自由网平差）两种。

对 GPS 网而言，经典自由网平差仅需一个已知坐标的起始点，其坐标在平差中保持不变，即网的位置基准由该起始点的坐标所确定，其方向基准和尺度基准则由参与平差的基线向量本身来确定。而非经典自由网平差则是一种没有必要起始数据的平差方法，它的位置基准是在最小范数条件下，由网点坐标近似值的平均值所确定。此外，还有自由网拟稳平差方法，它是取网中一部分相对稳定点（称拟稳点），以其坐标改正数的最小范数为条件进行平差解算的一种平差方法，这时网的位置基准由拟稳点坐标近似值的平均值所确定。

经典自由网平差广泛应用于城市与矿山等区域性 GPS 控制网的平差，而非经典自由网平差则主要应用于工程变形与地壳运动等 GPS 监测网的平差。

下面，我们仅对 GPS 基线向量网平差中最常用的经典自由网平差方法进行讨论。该方法也称为 GPS 网三维无约束平差。平差采用间接平差方法。

二、GPS 网三维无约束平差

GPS 网三维无约束平差只须引入网中一个点的位置基准，而网的定向与尺度基准由参与平差的 GPS 基线向量所确定。这个位置基准可取网中任意一点（最好位于网的中部）的多次伪距定位求得的坐标平均值。只要该基准点（也称为起始点）的位置基准满足一定精度要求，

它不会引起观测值（基线向量）的变形，所以，GPS 网三维无约束平差能比较客观地反映 GPS 网测定的内部精度情况，它不会因平差而损失 GPS 测量固有的高精度。正因为如此，三维无约束平差常被用来检查 GPS 基线向量之间有无明显的系统误差或粗差，用于变形监测的平差，以及为 GPS 大地高向海拔高转换（拟合）提供平差处理后的大地高数据。

用于网平差的基线应由各同步图形中的独立基线组成。

1．误差方程

设网中固定点（基准点）的点号为 1，其固定坐标为 X_1，即：

$$X_1=(X_1,\ Y_1,\ Z_1)^T \tag{8-45}$$

待定点的点号为 $i(j)$，其坐标近似值为 $\tilde{X}_i$，改正数（即平差未知数）为 δX_i，即：

$$\tilde{X}_i=(\tilde{X}_i,\ \tilde{Y}_i,\ \tilde{Z}_i)^T、\delta X_i=(\delta X_i,\ \delta Y_i,\ \delta Z_i)^T \quad (i=2, 3, 4\cdots\cdots n) \tag{8-46}$$

又设，用于平差的观测值为基线向量 $\Delta\vec{X}_{ij}$，权阵为 P_{ij}，即：

$$\Delta\vec{X}_{ij}=(\Delta X_{ij},\ \Delta Y_{ij},\ \Delta Z_{ij})^T \tag{8-47}$$

$$P_{ij}=Q_{ij}^{-1}=\begin{bmatrix} \sigma_{\Delta X_{ij}} & \sigma_{\Delta X_{ij}\Delta Y_{ij}} & \sigma_{\Delta X_{ij}\Delta Z_{ij}} \\ \sigma_{\Delta Y_{ij}\Delta X_{ij}} & \sigma_{\Delta Y_{ij}} & \sigma_{\Delta Y_{ij}\Delta Z_{ij}} \\ \sigma_{\Delta Z_{ij}\Delta X_{ij}} & \sigma_{\Delta Z_{ij}\Delta Y_{ij}} & \sigma_{\Delta Z_{ij}} \end{bmatrix}^{-1} \tag{8-48}$$

式中 Q_{ij} 为方差阵，σ 为方差阵各元素。$\Delta\vec{X}_{ij}$ 和 Q_{ij} 由基线解算得到。由以上假设可写出如下两类误差方程：

（1）包含固定点 1 的基线向量观测值 $\Delta\vec{X}_{1i}$ 的误差方程为：

$$\begin{bmatrix} V_{\Delta X_{1i}} \\ V_{\Delta Y_{1i}} \\ V_{\Delta Z_{1i}} \end{bmatrix}=\begin{bmatrix} 1 & 0 & 0 \\ 0 & 1 & 0 \\ 0 & 0 & 1 \end{bmatrix}\begin{bmatrix} \delta X_i \\ \delta Y_i \\ \delta Z_i \end{bmatrix}-\begin{bmatrix} \Delta X_{1i}+X_1-\tilde{X}_i \\ \Delta Y_{1i}+Y_1-\tilde{Y}_i \\ \Delta Z_{1i}+Z_1-\tilde{Z}_i \end{bmatrix} \tag{8-49}$$

上式写成矩阵形式，即：

$$\vec{V}_{1i}=E\delta X_i-\vec{L}_{1i} \quad （E为单位阵） \tag{8-50}$$

对应的权阵为 P_{1i}。

（2）不含固定点的基线向量观测值 $\Delta\vec{X}_{ij}$ 的误差方程为：

$$\begin{bmatrix} V_{\Delta X_{ij}} \\ V_{\Delta Y_{ij}} \\ V_{\Delta Z_{ij}} \end{bmatrix}=-\begin{bmatrix} 1 & 0 & 0 \\ 0 & 1 & 0 \\ 0 & 0 & 1 \end{bmatrix}\begin{bmatrix} \delta X_i \\ \delta Y_i \\ \delta Z_i \end{bmatrix}+\begin{bmatrix} 1 & 0 & 0 \\ 0 & 1 & 0 \\ 0 & 0 & 1 \end{bmatrix}\begin{bmatrix} \delta X_j \\ \delta Y_j \\ \delta Z_j \end{bmatrix}-\begin{bmatrix} \Delta X_{ij}+\tilde{X}_i-\tilde{X}_j \\ \Delta Y_{ij}+\tilde{Y}_i-\tilde{Y}_j \\ \Delta Z_{ij}+\tilde{Z}_i-\tilde{Z}_j \end{bmatrix} \tag{8-51}$$

上式写成矩阵形式，即：

$$\vec{V}_{ij}=-E\delta X_i+E\delta X_j-\vec{L}_{ij} \quad （E为单位阵） \tag{8-52}$$

对应的权阵为 P_{ij}。

2．法方程式的组成及解算

由于各基线向量观测值之间可以看成是相互独立的，因此可以分别对每个基线向量观测值的误差方程组成法方程，由式（8-50）可得：

$$P_{1i}\delta X_i - P_{1i}\vec{L}_{1i} = 0 \tag{8-53}$$

由式（8-52）可得：

$$\begin{bmatrix} P_{ij} & -P_{ij} \\ -P_{ij} & P_{ij} \end{bmatrix}\begin{bmatrix} \delta X_i \\ \delta X_j \end{bmatrix} - \begin{bmatrix} -P_{ij} & \vec{L}_{ij} \\ P_{ij} & \vec{L}_{ij} \end{bmatrix} = 0 \tag{8-54}$$

由上述两个法方程，可得到总法方程。设总法方程为：

$$N\delta\vec{X} - U = 0 \tag{8-55}$$

式中，$\delta\vec{X} = (\delta X_2^T,\ \delta X_3^T,\ \cdots\cdots\ \delta X_n^T)^T$

由总法方程式（8-55）可解得平差未知数：

$$\delta\vec{X} = N^{-1}U \tag{8-56}$$

因而各未知测站坐标平差值为：

$$\hat{X}_i = \tilde{X}_i + \delta X_i \quad (i=2,3,4\cdots\cdots n) \tag{8-57}$$

3．精度评定

单位权中误差估值为：

$$\hat{\sigma}_0 = \sqrt{\frac{V^T PV}{3m - 3(n-1)}} \tag{8-58}$$

式中 m 为独立基线数，n 为网点数，V 可将 δX_i 和 δX_j 代入式（8-50）和（8-52）求得。

未知数平差值的方差估值为：

$$D_{\hat{X}} = \hat{\sigma}_0^2 N^{-1} \tag{8-59}$$

8.3.6 WGS-84 大地坐标系及其与地方坐标系之间的坐标转换

由于GPS定位结果是属于WGS-84大地坐标系的，而某一国家或地区所使用的测量成果，为了与当地大地水准面符合得最好，一般都使用国家或地方坐标系，因此必须将GPS测量成果转换到国家或地方坐标系里来，这就需要解决由WGS-84大地坐标系转换为国家或地方坐标系的问题，即解决GPS定位成果的坐标变换问题。

一、WGS-84 大地坐标系

1．WGS-84 大地坐标系的定义

WGS-84（World Geodetic System, 1984）全球大地坐标系是美国国防部制定的大地坐标系，其几何定义如下：

原点为地球质心；

Z 轴指向 BIH1984.0 定义的协议地球极（CTP）方向；

X 轴指向 BIH1984.0 的零子午面与 CTP 赤道的交点；

Y 轴与 X、Z 轴构成右手坐标系。

2．WGS-84 椭球及有关常数

对应于 WGS-84 大地坐标系的椭球常数，采用 IUGG 第 17 届大会的大地测量常数推荐值，即：

长半轴 a=6 378 137±2(m)

地球引力常数 GM=3 986 005×10^{-8}±0.6×10^{-8}($m^3 \cdot s^{-2}$)

正常化二阶带谐系数 $\overline{C}_{2.0}$ =−484.166 85×10^{-6}±1.30×10^{-6}

地球自转角速度 ω=7 292 115×10^{-11}±0.150 0×10^{-11}(rad/s)

WGS-84 最常用的两个几何常数是长半轴 a_{84}=6 378 137(m)以及扁率 f_{84}^{-1}=298.257 223 563，其中扁率 $f=\frac{a-b}{b}$（b 为椭球短半轴），是与 $\overline{C}_{2.0}$ 相对应的。

二、WGS-84 大地坐标系与地方坐标系之间的坐标换算

1．两空间直角坐标系之间的几何关系及 Bursa-Wolf 模型

两空间直角坐标系的几何关系如图 8-11 所示。其中 $O_S-X_SY_SZ_S$ 代表 GPS 卫星使用的 WGS-84 大地坐标系，$O_T-X_TY_TZ_T$ 代表地方大地坐标系。ΔX_0 是两坐标系的原点不重合的平移量，称为平移参数；ε_X、ε_Y、ε_Z 是两坐标系对应坐标轴不平行的旋转角（即欧拉角），称为旋转参数。此外，还有一个描述两坐标系尺度不一致的尺度差 k，称为尺度参数。ΔX_0（即 ΔX_0，ΔY_0，ΔZ_0），ε_X、ε_Y、ε_Z、k 称为坐标系间转换 7 参数。

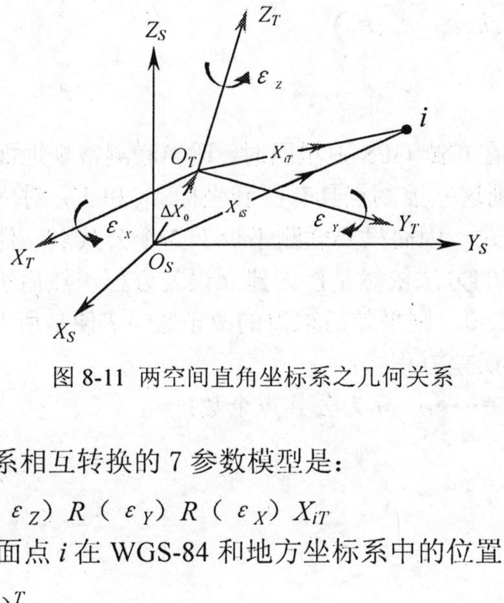

图 8-11 两空间直角坐标系之几何关系

描述两空间直角坐标系相互转换的 7 参数模型是：

$$X_{iS}=\Delta X_0+(1+k)R(\varepsilon_Z)R(\varepsilon_Y)R(\varepsilon_X)X_{iT} \tag{8-60}$$

式中 X_{iS} 和 X_{iT} 分别代表地面点 i 在 WGS-84 和地方坐标系中的位置矢量：

$$\begin{cases} X_{iS}=(X_{iS},Y_{iS},Z_{iS})^T \\ X_{iT}=(X_{iT},Y_{iT},Z_{iT})^T \end{cases} \tag{8-61}$$

$R(\varepsilon_X)$、$R(\varepsilon_Y)$、$R(\varepsilon_Z)$是 3 个旋转矩阵，其矩阵表达式是：

$$R(\varepsilon_X)=\begin{bmatrix}1 & 0 & 0\\ 0 & \cos\varepsilon_X & \sin\varepsilon_X\\ 0 & -\sin\varepsilon_X & \cos\varepsilon_X\end{bmatrix} \quad R(\varepsilon_Y)=\begin{bmatrix}\cos\varepsilon_Y & 0 & -\sin\varepsilon_Y\\ 0 & 1 & 0\\ \sin\varepsilon_Y & 0 & \cos\varepsilon_Y\end{bmatrix} \quad R(\varepsilon_Z)=\begin{bmatrix}\cos\varepsilon_Z & \sin\varepsilon_Z & 0\\ -\sin\varepsilon_Z & \cos\varepsilon_Z & 0\\ 0 & 0 & 1\end{bmatrix} \tag{8-62}$$

式（8-60）就是著名的 Bursa-Wolf 模型（简称布尔莎模型）。

2．转换参数的确定

将 3 个旋转矩阵的表达式（8-62）和坐标向量 ΔX_0，X_{is}、X_{it} 的表达式代入式（8-60），顾

及 ε_X、 ε_Y、 ε_Z 和 k 是微小量，略去二阶微小量，将各矩阵相乘，并加以整理可得：

$$X_{iS}=\begin{bmatrix}X_{iS}\\Y_{iS}\\Z_{iS}\end{bmatrix}=\begin{bmatrix}X_{iT}\\Y_{iT}\\Z_{iT}\end{bmatrix}+\begin{bmatrix}1&0&0&X_{iT}&0&-Z_{iT}&Y_{iT}\\0&1&0&Y_{iT}&Z_{iT}&0&-X_{iT}\\0&0&1&Z_{iT}&-Y_{iT}&X_{iT}&0\end{bmatrix}\begin{bmatrix}\Delta X_0\\\Delta Y_0\\\Delta Z_0\\k\\\varepsilon_X\\\varepsilon_Y\\\varepsilon_Z\end{bmatrix} \tag{8-63}$$

令

$$C_i=\begin{bmatrix}1&0&0&X_{iT}&0&-Z_{iT}&Y_{iT}\\0&1&0&Y_{iT}&Z_{iT}&0&-X_{iT}\\0&0&1&Z_{iT}&-Y_{iT}&X_{iT}&0\end{bmatrix} \tag{8-64}$$

$$T=(\Delta X_0,\Delta Y_0,\Delta Z_0,k,\varepsilon_X,\varepsilon_Y,\varepsilon_Z)^T$$

则式（8-63）可写成：

$$X_{iS}=X_{iT}+C_iT \tag{8-65}$$

由此可见，如果我们在布测 GPS 卫星网时，适当联测常规地面控制网中的若干个已知点（这些点称为公共点），则这些控制点具有两套坐标 X_{iS} 和 X_{iT}, 对应每个公共点，可列出如式（8-63）那样的 3 个方程式，因而只要联测不少于 3 个公共点，便可用最小二乘法原理平差求解 7 个转换参数。求解的方法依然是，先建立误差方程，然后组成法方程式并进行解算。

假设 T 的近似值为 $T_0=0$，则平差后求得的改正数 δT 便是所要求解的转换参数 T。如此由式（8-65）可写出如下误差方程式：

$$V_{iS}=C_i\,\delta T+L_{iS}\quad(i=1,2,3\cdots\cdots n,\ n\text{ 为公共点个数}) \tag{8-66}$$

式中，

$$L_{iS}=\begin{bmatrix}X_{iT}-X_{iS}^0\\Y_{iT}-Y_{iS}^0\\Z_{iT}-Z_{iS}^0\end{bmatrix} \tag{8-67}$$

对应权阵为 P_{iS}。而（ X^0_{iS}, Y^0_{iS}, Z^0_{iS}）是由 GPS 网三维无约束平差求得的公共点 i 的三维坐标值；（X_{iT}, Y_{iT}, Z_{iT}）是常规地面网公共点 i 的三维坐标。

关于法方程式的组成及其解算和精度评定，可按间接观测平差方法进行，此处从略。

解出的 7 个转换参数，还需进行显著性检验，以剔除不显著的参数，仅保留显著的参数。详见 8.3.9。

为了提高转换参数的确定精度和可靠性，首先应对公共点在地面网中的坐标精度和标识位置的可靠性进行检查，并尽可能多联测几个常规地面控制点作为公共点，以便通过网平差对公共点进行优选，剔除有疑问的公共点。再者，应尽可能高精度地测定公共点在 WGS-84 坐标系中的三维坐标，例如，采用精密星历解算，或与国家 GPS 网点（A 或 B 等级点）联测，或多时段对公共点进行伪距定位等方法。

常用的两空间直角坐标系间的转换模型除了上述的布尔莎模型外，还有莫洛金斯基（Molodensky）模型。可以证明，这两种模型求得的转换参数是等价的。

3．转换参数应用中应注意的几个问题

（1）利用转换参数，将任一地面点的坐标从一个坐标系转换到另一个坐标系时，转换后的坐标精度，既与被转换的坐标精度有关，又与所确定的转换参数精度有关。

（2）由于求转换参数的公共点的个数、分布范围和分布方式不同，所确定的转换参数具有区域性差异，因此，当转换参数被用于区域外或区域内某些地方（如大地水准面起伏较大的异常地方）的坐标转换时，其精度会降低。

（3）转换参数具有时间性。这是由于卫星网的坐标系统随着时间的推移而有所变化，以及美国政府在某一时期对 GPS 卫星执行“SA”和“A-S”限制性技术所致。所以，根据某一时期的观测求得的转换参数来进行另一时期的卫星坐标系与常规地面坐标系的转换时，精度可能会下降。

（4）不是所有情况下都采用 7 参数转换模型，而应根据实际情况（如转换区域的大小、地方坐标系定向偏差及尺度偏差的大小）来确定，应删除某些不显著的转换参数，以免影响其它显著参数的求定精度。对于小区域网（如城市网、矿山网等），由于求旋转参数不可靠，因此，常使用 3 参数（ΔX_0，ΔY_0，ΔZ_0）或 4 参数（ΔX_0，ΔY_0，ΔZ_0，k）模型。

4．GPS 测量成果的坐标转换

主要有以下两种方法：

（1）对于中、小区域 GPS 测量网，可采用 GPS 基线向量网的约束平差方法（约束条件为常规地面网已知点坐标、已知边长和方位角），或采用 GPS 基线向量网与地面网常规观测值的联合平差方法。

（2）对于全国范围或大区域 GPS 测量网，则需利用相对定位方法，布设高精度 GPS 大地控制网，并利用网中若干具有高精度的 WGS-84 坐标的基准点（如国际 IGS 网的跟踪站，或由 SLR 或 VLBI 结果转换得到），建立一个在 WGS-84 坐标系内绝对定位精度很高的 GPS 测量控制网（例如我国已建成的 GPS A 级网和 B 级网）。如果这些基本点大部分是国家大地坐标系中的高等级点（如Ⅰ、Ⅱ等三角点），则可用上述布尔莎模型或莫洛金斯基模型，求得 WGS-84 坐标系与国家坐标系间的转换参数。

这样，如果我们在某一地区进行 GPS 相对定位时，至少联测一个国家 GPS 网点，并以该点的坐标作为起算数据进行整体平差，那末，就可以利用上述求得的 WGS-84 坐标系与国家大地坐标系之间的转换参数，将该地区 GPS 网整体平差成果，转换为国家大地坐标系中的坐标。

8.3.7 GPS 基线向量网的约束平差

GPS 基线向量网的约束平差，是以地方（或国家）坐标系中的已知点固定坐标、固定大地方位角和固定空间弦长为约束条件，将 GPS 基线向量网附合到地方（或国家）坐标系中的一种平差方法。平差后可求得各 GPS 测站在地方（或国家）坐标系中的坐标，以及两网（卫星网与地面常规网）之间的转换参数。采用的平差方法是附有条件的相关间接平差。

根据平差时所采用的坐标是三维还是二维，约束平差可分为三维约束平差和二维约束平差两类。

一、三维约束平差

GPS 基线向量网的三维约束平差是在国家大地坐标系中进行的，其约束条件是国家大地坐标系的地面网控制点的固定大地坐标、固定大地方位角和固定空间弦长。

由于 GPS 基线向量网是属于 WGS-84 坐标系的，而地面网控制点的国家大地坐标、固定大地方位角和固定空间弦长是属于国家大地坐标系的，这两种大地坐标系的定位、定向和尺度是不一致的。因此，为了将 GPS 基线向量网的观测值与国家坐标系的约束条件联系起来进行平差，就必须考虑 WGS-84 坐标系与国家大地坐标系间的系统差，也就是说，在平差时应引入 GPS 卫星网与国家大地网之间的转换参数，在这里我们引入 7 参数模型，即 3 个平移参数 ΔX_0，3 个旋转参数（欧拉角）R（ε_X，ε_Y，ε_Z）和 1 个尺度比参数 k。

设 X_{iS} 为地面点 i 在 GPS 卫星网中的坐标向量。X_{iT} 为地面点 i 在国家大地网中的坐标向量，则任一点 i 的坐标转换关系式为：

$$X_{iS} = \Delta X_0 + (1+k)R(\varepsilon_X, \varepsilon_Y, \varepsilon_Z)X_{iT} \tag{8-68}$$

而对于 GPS 基线向量 ΔX_{ij} 而言有：

$$\Delta \vec{X}_{ij} = X_{jS} - X_{iS} = (1+k)R(\varepsilon_X, \varepsilon_Y, \varepsilon_z)(X_{jT} - X_{iT}) \tag{8-69}$$

由上式可见，在进行 GPS 基线向量网的三维约束平差时，不必考虑平移参数 ΔX_0，只须考虑尺度比参数 k 和 3 个旋转参数 ε_X，ε_Y，ε_Z 的影响。

1. 误差方程

设 $\vec{V}_{ij}$ 是 GPS 基线向量 $\Delta \vec{X}_{ij}$ 的平差改正数向量，δX_{iT} 和 δX_{jT} 分别代表地面网点 i 和 j 坐标近似值 X^0_{iT} 和 X^0_{jT} 的平差改正数向量，则有：

$$\Delta \vec{X}^0_{ij} = X^0_{jT} - X^0_{iT} \tag{8-70}$$

考虑到略去二阶微小量后

$$R(\varepsilon_X, \varepsilon_X, \varepsilon_X) = \begin{pmatrix} 1 & \varepsilon_Z & -\varepsilon_Y \\ -\varepsilon_X & 1 & \varepsilon_X \\ \varepsilon_Y & -\varepsilon_X & 1 \end{pmatrix} \tag{8-71}$$

则由式（8-69）可写出在地面网坐标系中三维 GPS 基线向量 $\Delta \vec{X}_{ij}$ 观测值的误差方程：

$$\begin{aligned} \begin{pmatrix} V_{\Delta X_{ij}} \\ V_{\Delta Y_{ij}} \\ V_{\Delta Z_{ij}} \end{pmatrix} &= -\begin{pmatrix} \delta X_{iT} \\ \delta Y_{iT} \\ \delta Z_{iT} \end{pmatrix} + \begin{pmatrix} \delta X_{jT} \\ \delta Y_{jT} \\ \delta Z_{jT} \end{pmatrix} + \begin{pmatrix} \Delta X^0_{ij} \\ \Delta Y^0_{ij} \\ \Delta Z^0_{ij} \end{pmatrix} k \\ &+ \begin{pmatrix} 0 & -\Delta Z^0_{ij} & \Delta Y^0_{ij} \\ \Delta Z^0_{ij} & 0 & -\Delta X^0_{ij} \\ -\Delta Y^0_{ij} & \Delta X^0_{ij} & 0 \end{pmatrix} \begin{pmatrix} \varepsilon_X \\ \varepsilon_Y \\ \varepsilon_Z \end{pmatrix} - \begin{pmatrix} \Delta X^0_{iT} - \Delta X^0_{jT} + \Delta X_{ij} \\ \Delta Y^0_{iT} - \Delta Y^0_{jT} + \Delta Y_{ij} \\ \Delta Z^0_{iT} - \Delta Z^0_{jT} + \Delta Z_{ij} \end{pmatrix} \end{aligned} \tag{8-72}$$

上式就是以空间直角坐标形式表示的 GPS 基线向量的三维约束平差误差方程式。

考虑到空间直角坐标改正数 δX_i 与大地坐标改正数 δB_i（δB_i=[δB_i，δL_i，δH_i]^T）存在以下关系：

$$\delta X_i = A_i \delta B_i \tag{8-73}$$

其中，

$$A_i = \begin{pmatrix} -\dfrac{(M_i^0 + H_i^0)\sin B_i^0 \cos L_i^0}{\rho''} & -\dfrac{(N_i^0 + H_i^0)\cos B_i^0 \sin L_i^0}{\rho''} & \cos B_i^0 \cos L_i^0 \\ -\dfrac{(M_i^0 + H_i^0)\sin B_i^0 \sin L_i^0}{\rho''} & \dfrac{(N_i^0 + H_i^0)\cos B_i^0 \cos L_i^0}{\rho''} & \cos B_i^0 \sin L_i^0 \\ \dfrac{(M_i^0 + H_i^0)\cos B_i^0}{\rho''} & 0 & \cos B_i^0 \end{pmatrix} \tag{8-74}$$

则式（8-72）可写成用大地坐标改正数 δB 表示的矩阵形式误差方程：

$$\vec{V}_{ij} = -A_i\delta B_i + A_j\delta B_j + \Delta\vec{X}_{ij}^0 k + R_{ij}\varepsilon - \vec{L}_{ij} \tag{8-75}$$

式中，

$$R_{ij} = \begin{pmatrix} 0 & -\Delta Z_{ij}^0 & \Delta Y_{ij}^0 \\ \Delta Z_{ij}^0 & 0 & -\Delta X_{ij}^0 \\ -\Delta Y_{ij}^0 & \Delta X_{ij}^0 & 0 \end{pmatrix} \quad \vec{L}_{ij} = \begin{pmatrix} \Delta X_{ij} + X_{iT}^0 - X_{iT}^0 \\ \Delta Y_{ij} + Y_{iT}^0 - Y_{iT}^0 \\ \Delta Z_{ij} + Z_{iT}^0 - Z_{iT}^0 \end{pmatrix} \quad \varepsilon = \begin{pmatrix} \varepsilon_X \\ \varepsilon_Y \\ \varepsilon_Z \end{pmatrix}$$

对应的权阵为 P_{ij}。

2．约束条件方程

（1）地面网控制点（简称为固定点）坐标约束条件方程

设 k 点为固定点，则其坐标约束条件为：

$$\delta B_k = (0,\ 0,\ 0)^T \tag{8-76}$$

如此，在平差计算时，若某条基线的一端为固定点 k，则应消去误差方程（8-75）中该点的改正数项。

（2）固定空间弦长约束条件方程

设 D_{ik} 为地面网中高精度空间弦长值。若在平差中将其当作已知值，以确定 GPS 基线向量网的尺度基准，则其约束条件方程为：

$$-C_{ik}A_i\delta B_i + C_{ik}A_k\delta B_k + W_{D_{ik}} = 0 \tag{8-77}$$

式中，

$$C_{ik} = \begin{pmatrix} \dfrac{\Delta X_{ik}}{D_{ik}^0} & \dfrac{\Delta Y_{ik}}{D_{ik}^0} & \dfrac{\Delta Z_{ik}}{D_{ik}^0} \end{pmatrix}$$

$$W_{ik} = D_{ik}^0 - D_{ik} \tag{8-78}$$

$$D_{ik}^0 = \sqrt{(\Delta X_{ik}^0)^2 + (\Delta Y_{ik}^0)^2 + (\Delta Z_{ik}^0)^2}$$

式中，$D^0{}_{ik}$ 为由 GPS 观测值求得的对应弦长。

（3）固定大地方位角约束条件方程

该约束条件是从大地方位角与大地线两端点的大地经纬度和大地高的函数关系式 $\alpha_{kj} = f(B_k, L_k, H_k, B_j, L_j, H_j)$ 出发，求 α_{kj} 对 B_k、L_k、H_k、B_j、L_j、H_j 的偏微分得到的。此处不作推导，仅写出最后的约束条件方程：

$$-F_{kj}A_k\delta B_k + F_{kj}A_j\delta B_j + W_{\alpha_{kj}} = 0 \tag{8-79}$$

式中，

$$\begin{aligned} F_{kj} = \frac{1}{D_{kj}^0 \sin Z_{kj}^0}[&\sin\alpha_{kj}\sin B_k^0 \sin L_k^0 - \cos\alpha_{kj}\sin L_k^0, \\ &\sin\alpha_{kj}\sin B_k^0\cos L_k^0 + \cos\alpha_{kj}\sin L_k^0, -\sin\alpha_{kj}\cos B_k^0] \end{aligned} \tag{8-80}$$

$$W_{\alpha_{kj}} = \tan^{-1}\left[\frac{(N_j^0 + H_j^0)\cos B_j^0 \sin(L_j^0 - L_k^0)}{X_{kj}^0}\right] - \alpha_{kj} \tag{8-81}$$

上两式中，$Z^0{}_{kj}$代表k至j方向的天顶距近似值，而

$$\begin{aligned} X_{kj}^0 = &[\cos B_k^0 \cos B_j^0 - \sin B_k^0 \cos B_j^0 \cos(L_j^0 - L_k^0)](N_j^0 + H_j^0) \\ &+ (N_k^0 \sin B_k^0 - N_j^0 \sin B_j^0)e^2 \cos B_k^0 \end{aligned} \tag{8-82}$$

3．法方程式的组成及其解算

因约束平差，其实质就是带有条件的相关间接平差，故如果将误差方程写成：

$$B_B\delta B - L = V \tag{8-83}$$

条件方程写成：

$$C\delta B + W = 0 \tag{8-84}$$

由此可组成如下法方程：

$$\begin{pmatrix} N & C^T \\ C & 0 \end{pmatrix}\begin{pmatrix} \delta B \\ K \end{pmatrix} + \begin{pmatrix} -U \\ W \end{pmatrix} = 0 \tag{8-85}$$

式中，$N = B^T{}_B P B_B$

$U = B^T{}_B PL$

$\delta B = [\delta B_1{}^T,\ \delta B_2{}^T,\ \cdots\cdots \delta B_n{}^T,\ K, \varepsilon_X,\ \varepsilon_Y, \varepsilon_Z]^T$

K是联系数向量。

解法方程（8-85）可得：

$$\begin{cases} K = [CN^{-1}C^T]^{-1}[W + CN^{-1}U] \\ \delta B = N^{-1}(U - C^T K) \end{cases} \tag{8-86}$$

平差后未知数的协因数阵为：

$$\begin{cases} Q_{\hat{B}} = N^{-1} + N^{-1}C^T Q_{KK} CN^{-1} \\ Q_{KK} = -(CN^{-1}C^T)^{-1} \end{cases} \tag{8-87}$$

单位权方差估值为：

$$\hat{\sigma}_0^2 = \frac{V^T PV}{3m - t + r} \tag{8-88}$$

式中，m 为独立基线数，t 为未知数个数，r 为条件方程个数。

平差后未知数方差估值为：

$$D_B = \hat{\sigma}_0^2 Q_{\hat{B}} \tag{8-89}$$

二、二维约束平差

为什么有了三维约束平差，还要讨论二维约束平差？这是因为无论是常规地面网还是GPS卫星网，其高程精度都不如平面精度，为了避免高程误差对平面精度的不利影响，因而将平面与高程的平差计算分开处理，以保证平面位置的高精度。为此，提出了GPS基线向量网的二维平差。

二维平差可以在某一参考椭球面上进行，也可以在某一投影平面（如高斯平面）坐标系上进行。平差也分为无约束平差、约束平差和联合平差。其平差原理及平差过程与三维平差相同。

由于GPS基线向量 $\vec{b}_{ij}$ 解算的结果是三维基线向量值（ΔX_{ij}，ΔY_{ij}，ΔZ_{ij}）及其方差阵，因此，必须首先将它们转换到二维平差计算面（高斯平面或参考椭球面）上来。转换方法有以下两种：

（1）在一个起始点（它同时是地面网点和GPS网点）上实行位置的强制约束，并在一条基线的空间方向上实行定向约束的三维转换方法。

（2）在一个起始点（点的性质与（1）同）上实行位置的强制约束，并在一条基线的参考椭球面上的投影的法截弧或大地线方向上实行定向约束的准三维转换方法。

采用上述两种转换方法的好处是：转换后GPS基线向量网与地面网在一个起始点上位置重合，在一条基线方向上方位一致，而GPS网本身的几何形状与尺度仍保持不变，避免了其它转换方法中，由于使用了不准确的大地高，而使GPS网产生变形和引入尺度误差。

下面，仅以最常用的二维约束平差为例，列立误差方程和约束条件方程。

1．误差方程

设转换后的二维基线向量观测值为 $\Delta\vec{X}_{ij}$（$=[X_{ij},\ Y_{ij}]^T$），以待定点坐标改正数 $\delta\vec{X}$（$=[\delta x,\ \delta y]^T$）、尺度比参数 k 和残余定向误差参数 $\delta\alpha$ 为平差未知数，则误差方程为：

$$\begin{pmatrix} V_{\Delta x_{ij}} \\ V_{\Delta y_{ij}} \end{pmatrix} = -\begin{pmatrix} \delta x_i \\ \delta y_i \end{pmatrix} + \begin{pmatrix} \delta x_j \\ \delta y_j \end{pmatrix} + \begin{pmatrix} \Delta x_{ij} \\ \Delta y_{ij} \end{pmatrix} k + \begin{pmatrix} -\dfrac{1}{\rho''}\Delta y_{ij} \\ \dfrac{1}{\rho''}\Delta x_{ij} \end{pmatrix} \delta\alpha - \begin{pmatrix} \Delta x_{ij} + x_i^0 - x_j^0 \\ \Delta y_{ij} + y_i^0 - y_j^0 \end{pmatrix} \tag{8-90}$$

当式（8-90）中 i 和（或）j 点是固定点时，其相应改正数 δX_i 和（或）δX_j 为零，而 X_i^0 和（或）X_j^0 用固定坐标代入（以下均同此）。

2．约束条件方程

（1）边长约束条件方程

设固定边长为 D_{ij}，其约束条件方程为：

$$-\cos\alpha_{ij}^0\delta x_i - \sin\alpha_{ij}^0\delta y_i + \cos\alpha_{ij}^0\delta x_j + \sin\alpha_{ij}^0\delta y_j + \omega_{Dij} = 0 \tag{8-91}$$

式中，

$$\begin{cases} \alpha_{ij}^0 = \tan^{-1}\left[\dfrac{y_j^0 - y_i^0}{x_j^0 - x_i^0}\right] \\ \omega_{Dij} = \sqrt{(x_j^0 - x_i^0)^2 + (y_j^0 - y_i^0)^2} - D_{ij} = D_{ij}^0 - D_{ij} \end{cases} \tag{8-92}$$

（2）坐标方位角约束条件方程

设固定坐标方位角为 α_{ij}，其约束条件方程为：

$$a_{ij}\delta x_i + b_{ij}\delta y_i - a_{ij}\delta x_j - b_{ij}\delta y_j + \omega_{\alpha ij} = 0 \tag{8-93}$$

式中，

$$a_{ij} = \frac{\rho'' \sin\alpha_{ij}^0}{D_{ij}^0}, \quad b_{ij} = \frac{\rho'' \cos\alpha_{ij}^0}{D_{ij}^0} \tag{8-94}$$

$$\omega_{\alpha ij} = \tan^{-1}\left[\frac{y_j^0 - y_i^0}{x_j^0 - x_i^0}\right] - \alpha_{ij} = \alpha_{ij}^0 - \alpha_{ij} \tag{8-95}$$

3．法方程式的组成及解算

具体做法与三维约束平差相同，此处从略。

8.3.8 GPS 卫星网与经典地面控制网的三维联合平差

这里所指的三维联合平差，是以卫星网的基线向量平差值和经典地面控制网的原始观测值（如方向观测值和边长观测值等）为根据，联合组成误差方程，并在顾及两网观测值的权重比（即可靠地确定两网的方差与协方差阵）和两网之间的转换模型的情况下，建立并解算法方程式的过程。

卫星网与地面网之间的转换模型，是两网平差时建立误差方程式的依据；两网的方差与协方差模型，是两网联合平差可靠性的依据。而网的方差与协方差模型又与网的基准密切相关。因此，选择适宜的转换模型和正确确定网的基准，对于联合平差是极其重要的。

由于以地面网原始观测量为根据的联合平差，其数据量很大，平差处理也比较复杂，因此，这种平差方法除非在原始地面网平差不合理或存在较大系统误差（例如有些地面小网用观测太阳确定方位）的情况下，一般都不采用。

采用这种平差时，GPS 基线向量观测值的误差方程及条件方程与三维约束平差相同。这里仅写出地面网观测值的误差方程。

（1）空间弦长观测值误差方程

参照式（8-77）可写出：

$$V_{Dij} = -C_{ij}A_i\delta B_i + C_{ij}A_j\delta B_j - L_{Dij} \tag{8-96}$$

式中，

$$L_{Dij} = D_{ij} - \sqrt{(\Delta x_{ij}^0)^2 + (\Delta y_{ij}^0)^2 + (\Delta z_{ij}^0)^2} \tag{8-97}$$

而 D_{ij} 为弦长观测值，相应的权为 P_{Dij}。

（2）方向观测值误差方程

参照式（8-79）可写出：

$$V_{\beta ij} = -\delta Z_i - F_{ij}A_i\delta B_i + F_{ij}A_j\delta B_j - L_{\beta ij} \tag{8-98}$$

$$L_{\beta ij} = \beta_{ij} + Z_i^0 - \alpha_{ij}^0 \tag{8-99}$$

式中，δZ_i 为 i 点定向角未知数的改正数；

Z_i^0 为 i 点定向角未知数的近似值；

β_{ij} 为方向观测值；

α_{ij}^0 为大地方位角近似值。

三维联合平差的法方程的组成与解算，是采用附有条件的相关间接平差方法进行的，可参见三维约束平差。

8.3.9 三维约束平差与三维联合平差的转换参数显著性检验

进行该项检验的目的在于：剔除某些不明显（数值足够小）的，或者数值虽有一定大小，但其确定误差大到足以说明该值不可信的那些转换参数，以便保留显著的转换参数，并将它们代入有关误差方程中重新进行网的平差，由此求得免受不显著参数扭曲的平差结果。

通常使用 t 检验的方法来检验转换参数的显著性。由于转换参数 k，ε_X, ε_Y, ε_Z 都是微小量，故可令假设检验的零假设为：

H_0：$k=0$，$\varepsilon_X=0$，$\varepsilon_Y=0$，$\varepsilon_Z=0$

备选假设为：

H_1：$k\neq 0$，$\varepsilon_X\neq 0$，$\varepsilon_Y\neq 0$，$\varepsilon_Z\neq 0$

则可组成以下 4 个 t 检验统计量：

$$\begin{cases} T_k = \dfrac{k}{\hat{\sigma}_0\sqrt{Q_k}} \sim t(f) \\ T_{\varepsilon x} = \dfrac{\varepsilon_x}{\hat{\sigma}_0\sqrt{Q_{\varepsilon x}}} \sim t(f) \\ T_{\varepsilon y} = \dfrac{\varepsilon_y}{\hat{\sigma}_0\sqrt{Q_{\varepsilon y}}} \sim t(f) \\ T_{\varepsilon z} = \dfrac{\varepsilon_z}{\hat{\sigma}_0\sqrt{Q_{\varepsilon z}}} \sim t(f) \end{cases} \tag{8-100}$$

式中，$\hat{\sigma}_0$ 为网平差求得的单位权方差估值；

$Q_k, Q_{\varepsilon x}$，$Q_{\varepsilon y}$，$Q_{\varepsilon z}$ 分别是各转换参数的协因数阵对应的主元素；

f 是 t 分布的自由度，对于三维约束平差 $f=3m-t+r$，对于三维联合平差 $f=3m+n_i-t+r$（n_i 为地面网原始观测值个数）。$t(f)$值可根据自由度 f 和显著水平 α（一般取 $\alpha=0.05$），从 t 分布数值表中查取。若由式（8-100）求得的 $T_i(i=k, \varepsilon_X, \varepsilon_Y, \varepsilon_Z)$ 值大于 t（f），则拒绝零假设，认为对应的转换参数 T_i 显著，平差中应保留它们；否则，接受零假设，应舍去这些不显著的参数，并重新平差计算。

8.3.10 网平差后的验后单位权方差 $\hat{\sigma}_0^2$ 的检验

进行该项检验的目的，是为了发现平差计算中可能存在的以下问题：

（1）函数模型有缺陷；

（2）起算（基准）数据误差过大；

（3）GPS 网与地面常规网所确定的先验方差因子（权重）的比例不恰当等，以便采取相应解决办法，获得好的平差成果。

通常采用 χ^2 检验方法，对平差后的单位权方差估值 $\hat{\sigma}_0$ 进行检验。

假设检验前单位权方差 $\hat{\sigma}_0=1$，则有如下 χ^2 检验量：

$$\chi^2=V^TPV \sim \chi^2(f) \tag{8-101}$$

零假设 H_0：$\hat{\sigma}_0^2=1$

备选假设 H_1：$\hat{\sigma}_0^2 \neq 1$

选择置信水平 $1-\alpha$，则 $\chi^2(f)$ 值可根据自由度 f 和置信水平 $1-\alpha$ 从 χ^2 分布数值表中查取。如果下面关系式成立，即：

$$\chi_{p_1}^2 \leqslant V^TPV \leqslant \chi_{p_2}^2 \tag{8-102}$$

或

$$\frac{V^TPV}{\chi_{p_2}^2} \leqslant \hat{\sigma}_0^2 \leqslant \frac{V^TPV}{\chi_{p_1}^2} \tag{8-103}$$

（其中 $p_1=(1-\alpha/2)$，$p_2=\alpha/2$）

则接受零假设，即 $\hat{\sigma}_0^2=1$；否则，拒绝零假设，应查明问题所在，并加以解决。

8.3.11 GPS 大地高的应用问题

GPS 相对定位可以精确地测定相对于 WGS-84 椭球面的各 GPS 测站间的大地高差，相对精度可达 2×10^{-6} 左右。但是在大多数工程上有实用价值的不是这种只具有几何意义的大地高差，而是具有物理意义的正常高（或正高）高差。众所周知，正常高只能通过几何水准测量方法求得。但由于它存在野外工作量大、容易引入人差和折光系统误差等缺点，因此，寻找水准测量的替代（或部分替代）方法与技术，是多年来大地测量学者研究的热门课题之一。GPS 水准就是一种有前途的方法。

所谓 GPS 水准，就是综合利用 GPS 测量的高程信息和部分水准资料或地球重力场资料，推求测区内没有联测水准的 GPS 测站的正常高（正高）的方法。

一、大地高与正常高（正高）的关系

若定义 H^G、H^γ 和 H^N 分别代表大地高、正常高和正高；ζ、N 分别代表高程异常和大地水准面差距，则它们的几何关系如图 8-12 所示。

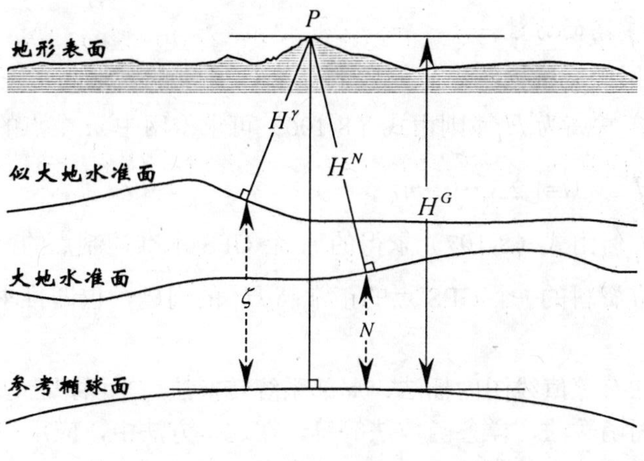

图 8-12　大地高、正常高、正高关系

由图可知：

$$H^G = H^\gamma + \zeta = H^N + N \tag{8-104}$$

上式是个近似关系式，严格讲应顾及地球椭球面法线与铅垂线方向之差异，但该差异一般不大于 1′，由它所引入的误差不大于 0.1mm，完全可忽略不计。如此，正常高和正高可表示为：

$$\begin{cases} H^\gamma = H^G - \zeta \\ H^N = H^G - N \end{cases} \tag{8-105}$$

因为大地水准面差距 N，在陆地上只能近似求得，而高程异常 ζ 可以通过天文重力水准方法较精确求得，所以高程通常采用正常高 H^γ 来度量。下面我们只研究 GPS 水准测定正常高的问题。

H^G 可通过 GPS 三维定位方法测定。但由于 GPS 单站定位误差较大，因而必须采用差分 GPS 定位方法。另外，GPS 测量所使用的 WGS-84 坐标系与我们所使用的局部地方坐标系的椭球大小、形状和定位不一致，故不能直接利用式（8-105）由 GPS 大地高来计算正常高。解决的办法通常是在所施测的 GPS 网中联测若干已知正常高的 GPS 点（该点称为 GPS 水准控制点），并由它们求得相对于 WGS-84 椭球的高程异常值 ζ^{GPS}，然后再推求那些未知正常高的 GPS 点的正常高。图 8-13 就是 GPS 大地高 H^{GPS}、正常高 H^γ 与高程异常值 ζ^{GPS} 的几何关系图。

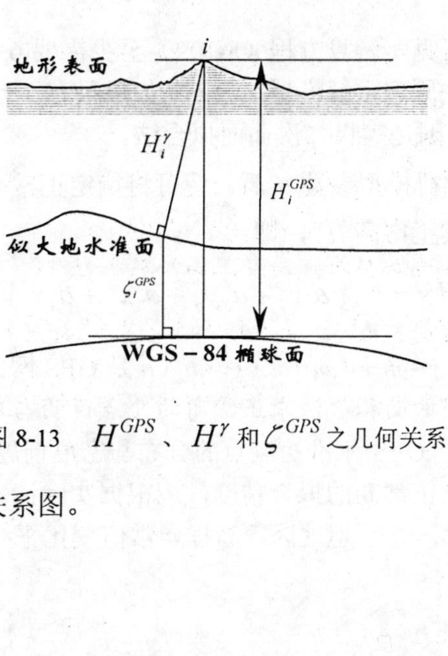

图 8-13　H^{GPS}、H^γ 和 ζ^{GPS} 之几何关系

由图可得：

$$H_i^{\gamma} = H_i^{GPS} - \zeta_i^{GPS} \tag{8-106}$$

二、求解 GPS 测站正常高的方法

设 GPS 基线向量网经三维无约束平差后求得各 GPS 点的大地高平差值为 H_i^{GPS}，又已知网中有 m 个点已知其正常高为 H_i^{γ}，则由式（8-106）可求得网中 m 个点的高程异常值，即：

$$\zeta_i^{GPS} = H_i^{GPS} - H_i^{\gamma} \quad (i=1,2,3,\cdots\cdots m) \tag{8-107}$$

下面，我们讨论如何由式（8-107）求得的 m 个 GPS 水准控制点的高程异常值 ζ_i^{GPS}，来推求网中其它没有水准资料的 j 个 GPS 点的正常高 H_j^{γ} 的问题，也即推求局部似大地水准面形状的问题。

目前，求解的方法有等值线图内插法、局部系统转换法、平面拟合法、曲面拟合法、离散点加权平均法、多面函数法、样条函数法等等。在这些方法中，应用得较广泛的是加权二次曲面拟合法，下面就此法加以讨论。

对于不太大的区域，似大地水准面的形状可表示为平面坐标 x、y 的函数，即：

$$F(x,y) = a_0 + a_1x + a_2y + a_3x^2 + a_4xy + a_5y^2 \tag{8-108}$$

式中，a_i（i=0, 1, 2,…… 5）为所拟合的曲面模型参数。

而模型参数矩阵 X 可写成：

$$X = (A^TPA)^{-1}(A^TPL) \tag{8-109}$$

式中，X=（a_0　a_1　a_2　a_3　a_4　a_5）^{T}

$$A = \begin{pmatrix} 1 & x_1 & y_1 & x_1^2 & x_1y_1 & y_1^2 \\ 1 & x_2 & y_2 & x_2^2 & x_2y_2 & y_2^2 \\ \vdots & \vdots & \vdots & \vdots & \vdots & \vdots \\ 1 & x_m & y_m & x_m^2 & x_my_m & y_m^2 \end{pmatrix}, \quad P = \begin{pmatrix} P_1 & 0 & \cdots & 0 \\ 0 & P_2 & \cdots & 0 \\ \vdots & \vdots & \ddots & \vdots \\ 0 & \cdots & \cdots & P_m \end{pmatrix}$$

$$L = (\zeta_1^{GPS}, \zeta_2^{GPS}, \cdots\cdots \zeta_m^{GPS})^T \quad (\text{假设} \zeta_i^{GPS} \text{相互独立})$$

可见，解算方程（8-109）至少需要 6 个 GPS 水准控制点，如果多于 6 个点，可按最小二乘法原理求解模型参数 a_i；如果只有 3 个点，则是平面拟合法；当取 $P_1 = P_2 = \cdots\cdots = P_m = 1$ 时，则是等权二次曲面拟合法。

求得模型参数 a_i 后，便可将待定正常高的 GPS 点 j 的平面坐标 x_j、y_j 代入式（8-108），求得其正常高 H_j^{γ}，即：

$$H_j^{\gamma} = a_0 + a_1x_j + a_2y_j + a_3x_j^2 + a_4x_jy_j + a_5y_j^2 \tag{8-110}$$

式中，$j = m+1, m+2, \cdots\cdots, n$（$n$ 是 GPS 网的总点数）

三、用曲面拟合法求正常高的几点说明与建议

1．GPS 水准控制点的分布与密度问题：GPS 水准控制点的分布与密度是否合理，将直接影响正常高的拟合精度，应根据实际情况加以确定。

第一，平坦地区，高程异常值变化平缓，只需测定少量（不少于 3 个）较均匀分布于测

区的 GPS 水准控制点，采用平面拟合法。拟合精度一般优于 10cm。

第二，丘陵地或小山区，高程异常变化较大，在这种条件下，GPS 水准控制点均匀分布是不可取的，高程异常值变化大的地方，要适当增大 GPS 水准控制点的密度，并采用曲面拟合方法。

第三，GPS 水准控制点不应在某一区域分布过密；否则，在加权拟合正常高时，将会扭曲所拟合的似大地水准面形状。

2．拟合区域外的 GPS 点的正常高，其精度将会下降，应尽量避免出现这种情况。为此，对于较大面积（>300km^2）的 GPS 网，其四周和中部都应有 GPS 水准控制点；而面积较小的 GPS 网，则在其周边布测若干个 GPS 水准控制点即可。

3．为获得好的拟合结果，应避免采用三角高程点作为 GPS 水准控制点，因为它的高程误差可大至分米量级。

4．对于地形复杂（例如部分为平地，部分为山区）的测区，拟合时可分区拟合，分别求解平地与山区的模型参数 a_i， 即用不同形状的数学面来拟合不同地区的似大地水准面。

5．对于地形起伏较大的山区，如果附加由重力资料建立起来的地球模型，并进行地形改正，则曲面拟合法也可获得厘米级精度的正常高。

6．在地势较平坦的小区域内，用 GPS 水准拟合法，拟合似大地水准面的精度，可代替三、四等水准测量。

第九章　GPS 技术的应用

GPS 全球导航定位系统，由于具有全天候、全球性、精度高、速度快、费用低、使用方便灵活等诸多优点，因此，这一技术的出现，首先在导航和大地测量领域内得到了广泛的应用。近十年来，随着 GPS 技术的飞速发展，目前它在测绘学中的应用范围，已由原先的大地控制测量，扩展到地球动力学研究、海洋测绘、精密工程测量、工程形变监测、航空摄影测量、航空重力测量、地籍测量和城市规划等。而在导航方面的应用，已包括车辆、船只、飞机的精确导航与交通管理，以及航天器的精确制导与定轨。此外，GPS 技术在精密测时，气象预报和大气物理学研究中，也有广阔的应用前景。

在本章，我们主要讨论 GPS 技术在大地（控制）测量、工程测量、工程形变监测、地壳运动监测、海洋资源勘探与开采、航空摄影测量和地图测绘等领域中的应用。同时，扼要介绍有关 GPS 技术在气象服务、运动载体导航和大气物理研究中的应用情况。

9.1　GPS 在大地（控制）测量方面的应用

这是在测绘中的一个重要应用领域，它包括：①建立和维持高精度三维地心坐标系统；②局部大地控制网之间的联测与转换，建立全球统一的地心坐标系统；③建立新的地面测量控制网（如城市测量网、矿山测量网、线路测量网等）；④检核与改善常规地面控制网；⑤测量全球性的地球动态参数（四维大地测量）等地球动力学研究；⑥GPS 技术与水准测量和重力测量技术相结合，研究与精化大地水准面；⑦测图控制点加密。

上述应用都是使用 GPS 静态相对定位的方法施测的。对于①、②、④、⑤方面的应用，由于联测边较长（上百公里至上千公里），且要求相对定位精度很高（10^{-7}～10^{-8}），因而需使用大地测量型的双频 GPS 接收机作业，联测时段长达几小时到几十小时，基线解算需使用精密星历，并须进行各种模型改正，如大气折射改正、日月引力摄动改正、地球潮汐改正、太阳光压改正、章动项改正、地极移动改正等。平差计算十分复杂，需使用实验室专用软件，如著名的美国麻省理工学院研制的 GAMIT 软件。而对于③、⑥、⑦方面的应用，通常只需使用测量型单频 GPS 接收机作业，联测时段长为几分钟至几十分钟（视联测边长度而定）。

图 9-1　国家 GPS A 级网略图

可使用广播星历解算基线。仅当联测边长大于 25km 时，才需考虑大气折射改正。一般工程应用软件（如 GPS 厂商提供的随机软件）便能胜任平面位置的平差计算，而高程（正常高或正高）的计算，可采用 8.3.11 所述方法进行。

我国 GPS A 级网和 B 级网，南沙和西沙群岛与大陆的 GPS 联测，以及各大、中城市 GPS 控制网的建立，就是这一方面的应用实例。图 9-1 是我国于 1991 年 5 月至 1992 年 5 月，历时一年施测的 GPS A 级网略图。该网共有 44 个点，采用 10 台 MiniMac 2816 型 GPS 接收机进行联测。网中最短边 86km，最长边 1 677km，平均边长约 800km。该网平差后，点位平均精度约为 1.5m，边长相对精度优于 10^{-7}。

9.2 GPS 在工程测量方面的应用

由于应用 GPS 相对定位方法，可以方便地测得地面上任意两点（不必要求通视）之间的高精度的距离信息和方向信息，因此，它在工程测量中有广阔的用武之地。特别是基于载波相位测量的实时动态定位（RTK）技术的发展，使许多原来十分繁琐与费时的野外工程测量，变得非常容易和快捷，大大减轻劳动强度，并成倍地提高作业效率。

GPS 技术在工程测量中的应用，依测量精度要求不同，大致可分为普通工程测量和精密工程测量两类。

9.2.1 在普通工程测量中的应用

这是指那些定位精度为厘米至米级的工程测量。GPS 技术在这一领域中的应用相当广泛，如①工业民用建筑的设计、施工、放样和竣工测量；②各类工程地图的测绘；③陆地和海上钻井的定位；④地质勘探普查与详查；⑤矿山测量；⑥道路测量；⑦一般隧道测量；⑧城市规划设计测量；⑨港口和河流航道的疏通测量；⑩地籍测量等。

这一类测量，最好使用 DGPS（差分 GPS）技术或 RTK 技术，它们能够大大提高工作效率。对差分定位精度为米级的工程测量，如上述③和④，可使用 DGPS 技术；其余各项应采用 RTK 技术。使用 RTK 技术，可使控制与碎部测量一步完成，如果与全站仪（Super Station）配合，可实现一步法成图。当然，上述各项，除第⑨项外，都可以使用静态相对定位的作业模式施测，但降低了作业效率。

9.2.2 在精密工程测量中的应用

这是指那些相对定位精度要求达到毫米甚至亚毫米级的工程测量。它主要用于①大型设备的超精密安装放样；②大型长隧道、地铁的贯通测量；③大型桥梁的定位定向测量；④高层建筑物、水坝的形变或沉降监测，滑坡、危岩的灾害监测，沿海大城市地面沉降监测以及大量开采地下资源（如抽取地下水、采油、采矿等）的地区的沉降监测等。

以上这一类测量，一般都采用连续几小时至十几小时的静态相对定位方法测量。测后数据处理时，上述①、④项应使用精密星历解算基线向量，基线向量网平差应在 WGS-84 坐标系中进行，以避免因坐标系转换带来不必要的精度损失。下面列举几个实例来说明 GPS 技术在这一方面的应用情况。

一、用于大型设备的超精密安装

美国加州斯坦福直线加速器中心，为了建造一个直线碰撞器（SLC），必须在原有的 3 050m 长的直线加速器上连接安装一个直径约 1km 的环形通道（如图 9-2），在安放环形通道的隧道内需精密安装 1 000 块磁铁。

为了磁铁的精密定位和使环形通道与原来的直线加速器精密连接，要求建立高精度工程控制网，各控制点相对位置误差不大于±2mm。

通过误差分析，如果用常规地下导线建立控制网，很难达到精度要求。为此，在 1984 年，使用 Macrometer V-1000 GPS 接收机，在 9 个测站上进行相对定位（其中 4 个测站位于直线部分，5 个测站位于环线部分）。然后，对 GPS 测量成果与常规测量成果进行联合处理，获得了水平位置中误差 1～2mm，高程中误差 2～3 mm 的高精度，满足了工程要求。

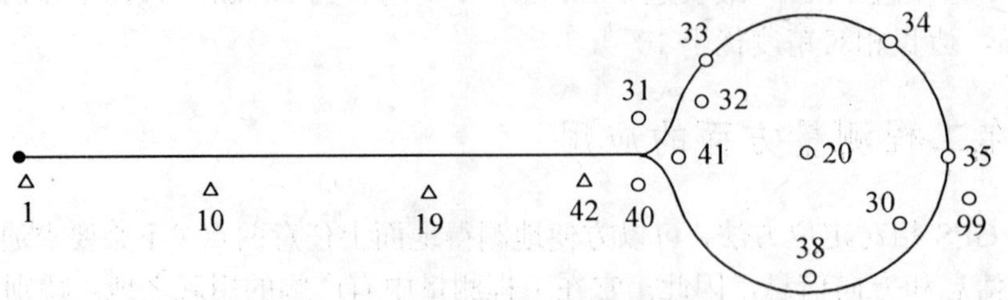

图 9-2　斯坦福直线碰撞器地面控制点位置

二、用于大型长隧道贯通测量

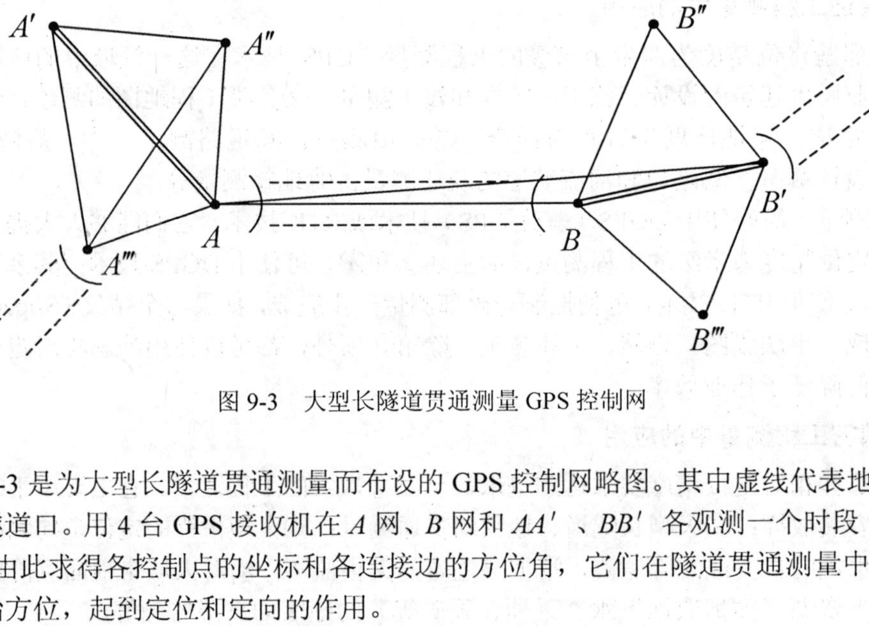

图 9-3　大型长隧道贯通测量 GPS 控制网

图 9-3 是为大型长隧道贯通测量而布设的 GPS 控制网略图。其中虚线代表地下隧道，弧线代表隧道口。用 4 台 GPS 接收机在 A 网、B 网和 AA' 、BB' 各观测一个时段（时段长 1hr 左右），由此求得各控制点的坐标和各连接边的方位角，它们在隧道贯通测量中当作起始坐标和起始方位，起到定位和定向的作用。

三、用于跨海工程高精度测量控制

修建琼州海峡跨海大桥或海底隧道的前期工程，它包括海峡地质调查和建立跨海的整体地面测量控制网。由于海峡最窄的地方也有 30km，因此，使用常规测量方法建立控制网存在许多技术上的困难。为此，应用 GPS 卫星定位技术布测琼州海峡高精度 GPS 控制网（图 9-4 是该网略图）。

该 GPS 控制网精度，应兼顾统一海峡两岸常规控制测量系统和海峡工程的定位定向两方面的要求。为此提出如下精度指标：

（1）平面位置精度：点位中误差≤2.5cm，对不短于 10km 的观测基线，边长相对精度高于 1×10^{-6}。

（2）高程位置精度：在 WGS-84 坐标系中，大地高中误差≤5cm。

为实现上述要求和精度指标，采取了如下措施：

（1）使用 4 台精度最好的 Turbo Rogue SNR 8000 双频 GPS 接收机。

（2）两岸各用 2 台 GPS 接收机进行同步观测，两岸联测基线数达 20 条。

（3）网中重合了 5 个国家三角点和 3 个 I 等水准点。

（4）网的起始坐标，由进行联测的原武汉测绘科技大学的 GPS 国际跟踪站坐标推得。

（5）采用精密星历和 GAMIT 软件解算基线向量。

（6）观测时段长度 1.5～3hr。

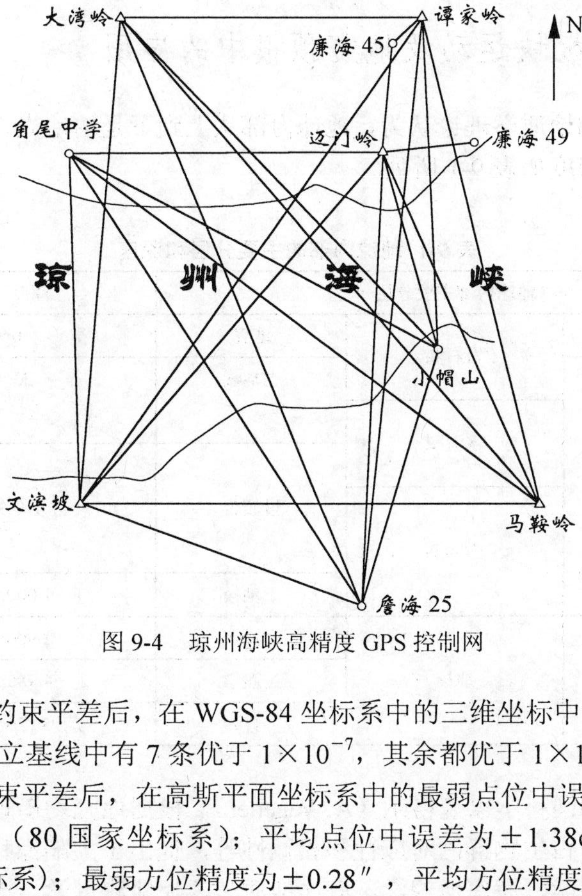

图 9-4　琼州海峡高精度 GPS 控制网

GPS 网经三维无约束平差后，在 WGS-84 坐标系中的三维坐标中误差均小于 2cm；边长相对精度中，17 条独立基线中有 7 条优于 1×10^{-7}，其余都优于 1×10^{-6}。

GPS 网经二维约束平差后，在高斯平面坐标系中的最弱点位中误差为±2.0cm（54 北京坐标系）和±1.89cm（80 国家坐标系）；平均点位中误差为±1.38cm（54 北京坐标系）和±1.26cm（80 国家坐标系）；最弱方位精度为±0.28″，平均方位精度为±0.08″。

可见，该 GPS 工程控制网完全满足琼州海峡跨海工程对定位和定向的高精度要求。

四、用于工程形变观测

GPS 技术能够方便地测量变形体相对于变形体外某稳定点的变形量，因而，它在工程形变测量中有广阔的应用前景。

抽取地下水、采矿、采油等引起的地面沉降；修建大型水库、水电站，由于蓄水区地表负荷的改变而引起的地表形变等，传统的监测方法是精密水准测量和建立精密测角测边网。然而，传统测量工作量大，作业速度慢，不能及时捕获形变信息。使用 GPS 技术进行监测，除了能满足精度（可达毫米量级）要求外，而且速度快、自动化程度高，易于实现自动连续监测，这对于突发性灾害（如溃坝、滑坡）预报，更具有重大意义。

例如，我国北海油田，由于抽油和开采石油气，地表下沉率达 10～50cm/yr。石油部门使用 GPS 技术定期（约半年）对此进行监测。由于该地区沉降率较大，因此，可采用广播星历和随机软件进行基线解算。这类形变监测的关键问题是，必须将形变监测网与油田外的稳定点联系起来，稳定基准点须慎重选择与检核。

又如，我国正在建设的举世瞩目的三峡水利工程，随着大坝的建成和开始蓄水，上游库区的水位将大幅度上升（达几十米到一百多米），库区地表负荷将发生很大变化。本来，三峡地区的地质构造就比较复杂，断层多、滑坡也多，加之地表负荷的大变化，地质灾害发生的频度和强度可能会增加。为了库区和大坝的安全，拟在库区的滑坡多发地段和大坝上，布设 GPS 形变监测系统。

9.3 GPS 在现代板块运动及地震预报中的应用

现代大地构造学和地质学理论认为，地球内部从上到下是由地壳、地幔和地核三部分组成的，其主要分层和深度如表 9-1 所列。

表 9-1 地球内部的主要分层和深度

地球内部主要分层			深度（km）
地壳	岩石圈	地壳	0～33
地　幔	岩石圈 / 软流圈	上地幔	33～410
	中间圈	过渡带	410～1 000
		下地幔	1 000～2 900
地　核	地核	外核	2 900～4 980
		过渡层	4 980～5 120
		内核	5 120～6 370

早在 1912 年，德国科学家魏格纳（A.Wegener），根据地壳均衡理论和大西洋两岸的海岸轮廓、地壳、岩石和古生物群的对应性和相似性等，提出了大陆漂移学说。从 20 世纪 50 年代以来，由于古地磁学、海底地貌学、海洋地质学、大地测量学、地球物理学和深海测深技术的发展，不仅证实了大陆漂移学说，而且进一步发展为海底扩张学说。海底扩张学说认为，大陆硅铝层作为岩石圈的一部分，在地幔对流的作用下，在软流圈之上产生被动的漂移。

1968 年，在海底扩张学说的基础上，摩根（W.J.Morgan）和勒比雄（X.Le Pichon）发展了一种崭新的大地构造理论——板块构造学说。他们认为：位于软流圈之上的岩石圈，被一些构造活动带分割成许多既不连续，又相互嵌接的球面块体——岩石圈板块（简称为板块）。由于地幔的对流作用，各板块均在不停地运动，使板块之间产生相对滑动和俯冲，因而板块的边缘是地球表面最活跃的地带，大多数地震、火山都分布在那里。板块的相对运动，是形成地表各种构造活动和变形的根本原因，也就是产生地震灾害的根本原因。

根据勒比雄的观点，全球可分为六大板块，即太平洋板块、欧亚板块、印度洋板块、非洲板块、美洲板块和南极洲板块。后来美国麦肯齐（D.P.Mekenzie）等人，又对美洲板块和欧亚板块进一步细分为许多较小的板块，这些较小的板块内又可能包含更多的块体。

研究板块的运动及其动力学机制，对发展大地构造学理论、认识各板块运动的规律，并为地震等自然灾害的预报服务，都具有深远的意义。

研究板块运动的速率和方向，有各种各样的方法和技术。有根据地质和地球物理资料推求板块运动的方法，有经典大地测量方法，还有20世纪60年代发展起来的空间大地测量方法等。用上述第一种方法求得的结果，是地质年代（数百万年）的平均值，它难以获得现代板块运动与形变信息。第二种方法，由于测量精度不够高（相对精度仅为 10^{-5}～10^{-6}），要监测年运动速率只有厘米量级的板块运动，也需经历几十年乃至百年时间。而空间大地测量方法，由于测量精度非常高（目前已达 10^{-8}），能够在相当短的周期（2～3yr）内，精确测定各板块（块体）的相对运动速率和方向，并建立各板块（块体）的相对运动模型，因此，空间大地测量方法，是监测现代板块（块体）运动的最有效的方法，它可以更快、更精确和更直观地获得板块运动与形变信息。

20世纪60至70年代，监测板块运动的空间大地测量手段主要是甚长基线干涉测量系统（VLBI）和卫星激光测距系统（SLR）。这两种手段都能够以 10^{-8} 的相对测量精度，测定长达数千公里的长基线，基线测定精度可达数厘米。但是这两种设备（特别是VLBI系统）都存在系统复杂、造价高、笨重等缺点，因此只适用于少数固定的基准站，用来监测全球性大板块的运动。自20世纪80年代以来，随着全球定位系统（GPS）的硬件和软件技术的发展，目前，在采用精密星历和适当的数据采集及数据处理方法的情况下，上百公里的较长基线的相对定位精度已达到 10^{-8}～10^{-9}。由于GPS信号接收机具有体积小、重量轻（仅几公斤），机动性好、低价位（几千美元以下），且能全天候观测等优点，因此，特别适用于地区性板块运动、断层相对运动等的监测与研究，适用于地震灾害中、长期预报的监测。

使用GPS技术监测板块运动或断层相对运动，为了取得有说服力的成果，应注意处理好以下9个问题：

（1）GPS 监测站应设置于断层（断裂带）两侧地质构造相对稳定的基岩上，且对天空视野开阔，无明显多路径效应的地方。

（2）各监测站应按照三角形或多边形连接成网状，以增强图形强度，提高成果的可靠性。

（3）使用观测噪声水平尽可能低的双频GPS接收机（如Turbo Rogue SNR 8000），分别于白天和夜间各观测6hr以上。

（4）各期观测成果均归算至相同的地球参考框架（由IERS所定义）中去。

（5）GPS监测网应与仔细挑选的稳定基准点或国际IGS网的基准站相联结，以便较客观地测定网中各监测站的相对运动与整体运动矢量。

（6）GPS基线解算应采用属于IERS所定义的地球参考框架中的精密星历，并在基线解中加入极移改正、UT1-TAI改正、章动改正，以及大气折射模型改正、地球固体潮改正等。

（7）GPS 监测网整体平差时，只引入一个基准点的位置基准信息，不引入任何其它外部基准，以免平差后产生非观测误差所引起的变形和改正。

（8）各期监测成果采用相同的数据处理软件和处理方法。目前，建议采用美国麻省理工学院研制的GAMIT软件。

（9）各期监测的时间间隔（周期）究竟取多少年，应根据被监测板块（块体）的运动速率估值和 GPS 基线测定精度两个因素来确定。一般应满足以下关系式：

$$\Delta \geqslant 2M_{\Delta}$$

式中 Δ 为监测站在一个监测周期中的位移量估值，M_{Δ}为 GPS 技术测定位移量 Δ 的标准差。

下面，我们以原武汉测绘科技大学某项目负责的国家自然科学基金资助的国家“八五”重点项目青藏高原地壳运动与形变的 GPS 研究为例，来说明 GPS 技术在现代板块运动监测中的应用情况。

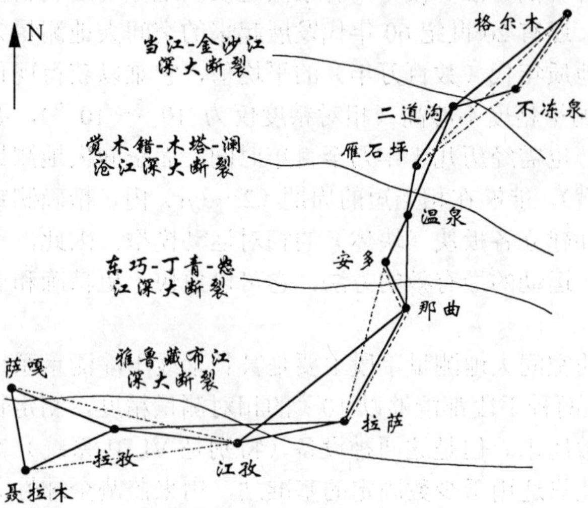

图 9-5 青藏高原地壳运动与形变 GPS 监测网（1993 年）

青藏高原地壳运动与形变监测，分别于 1993、1995 和 1997 年进行了三期观测。在此，对 1993 和 1995 年的监测成果加以介绍。

图 9-5 和图 9-6 分别是 1993 年和 1995 年的监测网略图。图中的实线与虚线仅作为区分不同联测图形之用，并无其它意义。各测站分布于欧亚大板块，甘-青块体、西藏块体和喜马拉雅块体上；由北向南穿过昆仑褶皱系、唐古拉准地台、冈底斯-念青-唐古拉褶皱系；然后向西沿喜马拉雅褶皱系北麓至尼泊尔边境；全网跨越了当江-金沙江深大断裂、觉木错-木塔-澜沧江深大断裂、东巧-丁青-怒江深大断裂、念青-唐古拉断块、象泉河-雅鲁藏布江深大断裂等大地构造十分活跃的地区。

两期监测取得了以下主要成果：

（1）获得了高精度的基线解结果

1993 年，基线解相对精度平均值为 2.3×10^{-8}，最弱边为 3.1×10^{-8}。

1995 年，基线解相对精度平均值为 6.6×10^{-9}，最弱边为 3.9×10^{-8}。两年均达到当时世界先进水平。

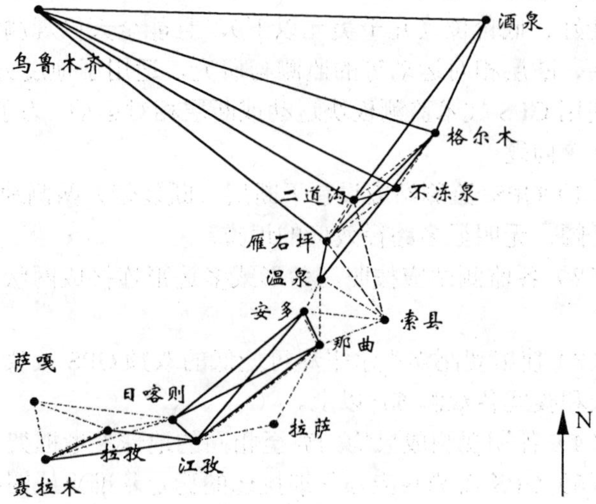

图 9-6 青藏高原地壳运动与形变 GPS 监测网（1995 年）

（2）求得各监测站位移矢量的可靠结果

各监测站年水平位移矢量图如图 9-7。各位移矢量经显著性检验，全部为显著。实测结果表明：

（1）由于印度次大陆的北移插入和欧亚大板块的挤压效应，青藏高原各块体由西南向东北方向运动；运动方向在青藏高原西南部和南部呈东北向，在东北部呈北东方向。

（2）年水平运动速率最大值发生在雅鲁藏布江深大断裂附近，运动速率由西南向东北逐渐递减。其中，喜马拉雅块体平均运动速率为 4.4cm/yr，冈底斯次级块体平均运动速率为 3.0cm/yr，羌塘次级块体平均运动速率为 2.3cm/yr。该实测值与由地质、地球物理资料得到的结果十分吻合。详见表 9-2。

又如，1990 年，日本用 38 台双频 GPS 接收机，在日本本土 100 个点上进行观测，监测地壳形变，为地震预报服务。日本已布设了由一千多个永久站组成的地形变监测网。

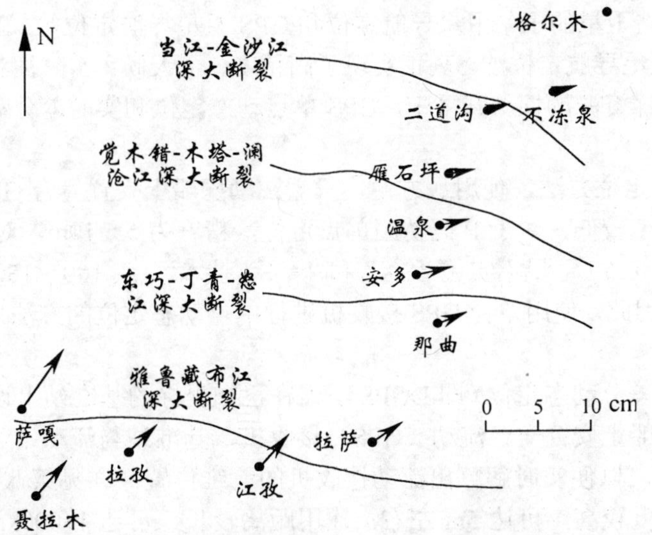

图 9-7　青藏高原地壳运动 GPS 监测站（1993 年和 1995 年）年水平运动矢量图

表 9-2　青藏高原中、南部各块体水平运动速率比较

块体名称	由 GPS 技术测定的水平运动速率（mm/yr）	由地质、地球物理资料求得的水平运动速率(mm/yr)
喜马拉雅块体	44	42.3[a]
冈底斯次级块体	30	31.4[b]
羌塘次级块体	23	21.6[c]

a.取喜马拉雅褶皱带“中部”数值;

b.取西藏块体“后缘”与“中部”之平均值;

c.取西藏块体“前缘”数值。

我国的地壳运动监测网(由 A、B、C 级网组成)也即将建立。其中 A 级网边长 50～100km，1～2 年监测一次，用于研究区域应变模型；B 级网边长 15～25km，每年监测 3～4 次，用于研究特定断层活动特征；C 级网边长 5～10km，它将根据 A、B 级网监测结果分析后，设置于地表活跃的地带，进行连续实时监测，为地震预报服务。

20 世纪 90 年代以来，世界上许多国家都纷纷布设了地壳运动 GPS 监测网，用于大地测量与地球动力学研究，用于地震和火山喷发预报。GPS 技术在这一方面的应用，已成为大地测量学、地球动力学和地震学界的热门课题。

9.4 GPS 在海洋资源勘探与开采中的应用

大海茫茫，一望无际。在海上进行海底资源勘探，无论是地球物理勘探、重力勘探或海洋磁力测量勘探，其勘探成果都离不开定位测量，否则，将毫无意义。

海上导航定位有诸多方法。有观测自然天体（如太阳、月亮、星星）的经典天文导航定位（星历导航），有使用无线电技术的导航定位（如欧米加、罗兰-C），有使用陀螺平台的惯性导航，有使用人造卫星的子午卫星导航定位和 GPS 卫星导航定位等。上述各种导航定位方法中，只有 GPS 卫星导航定位法，真正实现了高精度、全天候、实时性和全球性导航定位的目标。当今，在海洋资源勘探与开采中，GPS 单点动态定位和实时差分动态定位技术，是最理想的定位手段。

GPS 单点动态定位方法，使用最方便，只需在勘探船上安置一台 GPS 接收机便可进行动态定位，但其精度较低，对于 P 码伪距单点定位，精度为 5～10m，对于 C/A 码伪距单点定位，精度为 20～40m（卫星不实施“SA”和“A-S”技术），或 100～150m（卫星实施“SA”和“A-S”技术）。因此，使用单台 GPS 接收机进行单点动态定位的方法，只适用于海上资源的普查。

测码伪距实时差分动态定位（即 DGPS），需在已知坐标的基准站上设置一台基准（GPS）接收机，而在勘探船上安置一台流动（GPS）接收机，基准站与流动站（船）之间由通讯链进行数据实时传输，以便实时解算出流动接收机的三维位置（详见第八章）。该方法所用设备较多，但定位精度较高，可达 5m 左右，作用距离较长，可达 1 000km（随数据链功率大小而变）。因此，测码伪距实时差分动态定位方法，可用于海上资源的详查。

基于载波相位测量的测相伪距实时差分动态定位（RTK）方法，所需设备与 DGPS 技术类似，但对数据链和实时数据处理软件的要求更高（详见第八章）。其实时差分定位精度，在 15～30km 测程范围内，优于 0.1m。它可用于海上资源开采的钻井平台定位、平台沉降监测，或再复位作业。但由于其测程较短，当作业区远离大陆（30km 以外时），须利用作业区邻近的岛礁作为基准站，并事先用静态相对定位方法进行岛礁与大陆的联测，以求得基准站的准确坐标。

9.5 GPS 在航空摄影测量中的应用

9.5.1 概述

航空摄影测量，就是利用航空摄影得到的地面像片，通过一系列外业和内业处理加工，将中心投影的像片，制作成符合一定比例尺大小和地图图式要求的地图的一门技术。它在电子计算机问世之前，是通过光学、机械模拟方法进行摄影光束的几何反转来制作地图的。该方法称为模拟法摄影测量或经典摄影测量。此方法精度较低，外业（调绘、测定像控点坐标等）和内业劳动强度大，成图周期长达几年，且产品单一。在电子计算机时代，上述光学机械模拟方法，很快被计算机用严密公式解算的解析方法所代替，出现了解析摄影测量方法。解析摄影测量中的一项任务是空中三角测量，它需要先用测量仪器实测一定数量控制点的地面坐标，然后用计算机方法求解像片上加密点的地面坐标。这一过程，在 20 世纪中期，是使用常规测量仪器（如经纬仪、测距仪、全站仪）进行野外测量完成的。这是一项费力、费时的工作。在 GPS 技术问世以后，虽然可更方便地在野外测定像控点的坐标，但仍未能从根本上解决摄影成图外业工作量大、周期长的缺点。

20 世纪 90 年代中期，由于 GPS 差分动态定位技术的迅猛发展，GPS 辅助航空摄影测量新技术便应运而生。它只需在野外测定极少量的地面控制点（甚至可以完全取消外业控制测量），极大地减少外业工作量，因而，不仅缩短了成图周期，降低了成本，而且由于每个航空摄影站都可用 GPS 定位求得其地面坐标，增强了空中三角测量的图形强度，因而加密点坐标精度有所提高。根据分析，GPS 差分动态定位的精度，完全可以满足各种比例尺航摄成图的需要。

9.5.2 GPS 辅助航空摄影测量方法原理及前景

GPS 辅助航空摄影测量，就是在航摄飞机上安置机载 GPS 接收机，在测区的已知地面点上安置基准站 GPS 接收机，进行差分动态定位，求定摄影瞬间航摄相机的三维坐标的一种航空摄影测量方法。由于机载 GPS 天线相位中心与航摄相机光学投影中心存在位置偏差，摄影瞬间与 GPS 定位时刻不重合，GPS 测量所使用的 WGS-84 坐标系与成图所使用的地方坐标系不一致，以及存在测量误差等原因，因而必须进行一系列改正、归算和平差工作。下面，对此进行讨论。

一、测定机载 GPS 天线相位中心在 WGS-84 坐标系中的坐标

一般采用后处理差分动态定位方法。对于成图比例尺小于 1∶2.5 万者，可使用 DGPS 技术；比例尺大于 1∶1 万者，应使用 RTK 技术。

由于航摄飞机在起飞或航线转弯时，不能保持水平飞行，这时 GPS 接收机观测的卫星信号将会失锁，因此，必须采用整周模糊度在航解算技术（即 OTF 技术）。如此，机载 GPS 接收机不必在飞机起飞前静止进行初始化测量，且在航摄过程中可按常规航摄那样飞行。

进行差分动态定位时，在航摄区域内或附近安置一至二台基准站接收机。这些基准站应有地方坐标系和 WGS-84 坐标系的坐标值。如果没有，可在航摄前用 GPS 静态相对定位的方法，将基准站与 3 个已知地方坐标的控制点联测，用约束平差法求得基准站的地方坐标和 WGS-84 坐标以及两坐标系间的转换参数，用于求解摄影站和加密点的地方坐标。差分动态定位的作业方法详见第八章。

二、求解摄影相机曝光时刻机载 GPS 天线相位中心位置

GPS 差分动态定位测定的是 GPS 观测历元机载 GPS 天线相位中心的位置，而 GPS 辅助航空摄影测量所需要的是相机某一曝光时刻的相机位置，两者在时刻上是不重合的，因此，相机曝光时刻的位置（先假设它与 GPS 天线相位中心重合），必须由相邻的 GPS 观测历元所测定的位置推求。

如果在航摄相机曝光的时刻，由相机发出一脉冲信号，通过 GPS 接收机的外部事件注记（Event Mark）接口输入接收机，并在 GPS 接收机所记录的观测数据流中，注记该脉冲的输入时刻，那么，便能够以该输入时刻为引数，由相邻的 GPS 观测历元天线位置内插（或拟合）对应于某一曝光时刻机载 GPS 天线相位中心的位置（X_A，Y_A，Z_A）。

内插（或拟合）的精度取决于：Event Mark 时标的精度和所选用的内插模型是否与内插（或拟合）区间内机载 GPS 天线的动态变化曲线的符合程度两个因素。前一因素，由于 Event Mark 时标的精度可达±2μs，即便飞机飞行速度高达 400m/s（超音速），也只有 0.8mm 的误差，因此，可忽略不计。而第二个因素引入的误差，取决于 GPS 数据的采样率和内插（或拟合）的方法两方面：GPS 数据采样率越高，内插（或拟合）误差越小；内插（或拟合）点的

位置越接近飞行曲线，内插（或拟合）误差就越小。由于在航线飞行中，飞机一般接近匀速直线运动，因此，GPS 数据采样率选择 1 次/秒，并采用直线内插或二次多项式模型即可。实践表明，选择内插时刻前后各二个历元观测值进行二次多项式拟合精度较高。

三、机载 GPS 天线相位中心偏离摄影中心的位置改正

GPS 辅助航空摄影测量的 GPS 天线都安装在飞机顶部，而摄影机却安置于飞机底部，两者的中心是不重合的。由于 GPS 天线和摄影机与飞机是刚性连接的，因此，两者的偏差可表示为像方坐标系里的 3 个偏心分量（u，v，w），并可用常规测量方法事先测定之。

若假设（X_A，Y_A，Z_A）为机载 GPS 天线相位中心的坐标，（X_S，Y_S，Z_S）为摄影中心的坐标，则它们存在下面关系：

$$\begin{pmatrix} X_S \\ Y_S \\ Z_S \end{pmatrix} = \begin{pmatrix} X_A \\ Y_A \\ Z_A \end{pmatrix} - R_{ypr} \begin{pmatrix} u \\ v \\ w \end{pmatrix} \tag{9-1}$$

式中，R_{ypr} 为由航摄像片 3 个姿态角（y，p，r）所确定的定向旋转矩阵。

$$R_{ypr} = R_x(r)R_y(p)R_z(y) \tag{9-2}$$

其中，y（Yaw）是航向角，p（Pitch）是俯仰角，r(Roll)是横滚角。关于姿态角（y，p，r）的测定及其在 GPS 辅助航空摄影测量中的应用，可参考有关文献。

由于在航摄过程中，为使航摄相机主光轴朝下对准飞行航迹，有时需要对航摄相机的座架作适当调整，这些小角度变化量可从相机座架上观测获得。这种调整可表示为旋转矩阵 R_C。如此，式（9-1）应改写成：

$$\begin{pmatrix} X_S \\ Y_S \\ Z_S \end{pmatrix} = \begin{pmatrix} X_A \\ Y_A \\ Z_A \end{pmatrix} - R_{ypr} R_C \begin{pmatrix} u \\ v \\ w \end{pmatrix} \tag{9-3}$$

至此，已由式（9-3）求得摄影瞬间摄影中心在 WGS-84 坐标系中的坐标（X_S，Y_S，Z_S）。

四、由 WGS-84 坐标系向地方坐标系的转换及高程基准问题

如上所述，由 GPS 差分动态定位求得的摄影瞬间摄影中心的位置是属于 WGS-84 坐标系的，而所需要的空中三角测量加密成果应为地方坐标系的坐标。因此，必须使用已求得的两坐标系转换参数按照 8.3.6 所述方法进行坐标系统转换；或者以不少于 3 个地面控制点（其中至少一个为航摄地面基准站）在地方坐标系中的坐标为约束条件，进行三维约束平差，求解摄影中心在地方坐标系中的坐标。

此外，上述求得的高程是大地高，还必须使用几何水准资料，按照 8.3.11 中所述方法转换（拟合）为正常高。

五、GPS 辅助空中三角测量联合平差

理论研究与实验分析表明，GPS 辅助空中三角测量联合平差，采用 GPS 辅助光束法区域网平差最为严密。GPS 辅助光束法区域网平差的函数模型，是在自检校光束法区域网平差的基础上，辅之以 GPS 摄影站坐标与摄影中心坐标的几何关系及其系统误差改正模型后所得到的一个基础方程。

GPS 辅助光束法区域网平差，以在航摄区域内实测少数地面控制点（例如航摄区域四角

布点或周边布点）为最佳，它可以较理想地消除系统误差，使实测精度与理论精度基本符合。表 9-3 是 1994 年 5 月，由原武汉测绘科技大学负责实施的太原市机载 GPS 航摄成图试验取得的 GPS 辅助光束法区域网平差结果。表中 m_t 是以平差获得的地物点坐标之协方差矩阵求得的理论精度；m_Δ 是以野外检查点坐标互差 Δ 求得的实测精度。

由表 9-3 中四角布点的 GPS 辅助光束法区域网平差结果精度可见，该方法已能够满足测绘 1∶5 000 大比例尺地图的精度要求。随着 GPS 动态差分定位技术的日趋成熟与完善，GPS 辅助航空摄影测量方法，完全可以取代经典解析摄影测量方法。

我国在太原市机载 GPS 航摄成图试验取得成功之后，又在北京市、海南省和中越边境等地区，进行了 GPS 辅助航空摄影测量的生产作业，取得了重大的社会效益和经济效益。

可以预见，GPS 辅助航空摄影测量的成功，将导致地理信息系统、全球环境遥感监测和自然灾害遥感实时监测的技术革命。

表 9-3　GPS 辅助光束法区域网平差结果

平差方法	单位权中误差 σ_0（cm）	精度（cm）			
		X　Y		Z	
		m_t	m_Δ	m_t	m_Δ
无地面控制点	9.7	11.3	23.2	24.0	35.2
四角布点	10.4	6.5	7.9	23.3	18.1

9.6　GPS 在其它领域的应用简介

9.6.2　在气象服务中的应用简介

我们知道，大气的温度、压力、密度和水汽含量，是描述大气状态的重要参数，而这些参数值及其变化又是气象（天气）预报的客观依据。大气的温度、压力、密度和水汽含量，统称为气象参数，传统测定气象参数的方法有无线电探测法、卫星红外线探测法和微波探测法等。无线电探测法，虽然观测精度较好，垂直分辨率高，但全球覆盖很不均匀，在占地球面积约 70%的海洋上和南极洲上空几乎没有数据。卫星红外线探测虽然可以获得较好的全球覆盖率和较高的水平分辨率，但垂直分辨率和时间分辨率很低。

利用 GPS 技术来遥感气象参数的研究始于 20 世纪 90 年代。其基本原理是，GPS 卫星发送的 GPS 信号穿过大气层里的对流层（距海平面约 50km 以下的近地空间）时，受到对流层折射影响，会产生信号传播时间的延迟和路径弯曲。其中路径弯曲很小，可忽略不计，而信号的延迟量平均可达 2m 左右。在 GPS 定位测量中，我们通常是采用模型改正的方法来消除或削弱对流层时延对定位结果的影响。那么，如果 GPS 观测站的位置已精确测定，则我们可通过对 GPS 卫星的观测，反过来推求对流层的延迟量（即折射率），而对流层的折射率是气温 T、气压 P 和水汽压力 e 的函数，由此，可依一定的关系式求得相应的气象参数 T，P，e。

在第四章，我们已讨论过对流层折射的基本原理。对流层折射对测定 GPS 卫星到测站距离的影响可分为干空气影响和湿空气影响两部分。其中干空气影响是气压 P 和气温 T 的函数，湿空气影响是水汽压力 e 和 T^2 的函数。干空气的影响约占对流层总折射率的 90%，它比较稳定；湿空气影响虽然小得多，但它极不稳定，比较难以准确估计，而恰恰它又是降水预报的重要依据。

非常遗憾，我们不能从 GPS 观测值的对流层总折射量中分离出干空气与湿空气的影响，为此，必须借助其它方法和模型，先求得干空气折射量，然后与由 GPS 观测值求得的对流层总折射量一起处理，求得湿空气的影响，并反演出空气中的水汽含量，进行降水量预报。

使用 GPS 技术测定气象参数的优点是：全球覆盖、费用低、精度高，特别是垂直分辨率高，是传统方法无法比拟的。这种方法在热带地区应用效果最好，因为那里气温相对变化小，而水汽场的时空变化却很大。

9.6.2 导航方面的应用简介

众所周知，GPS 技术是为满足运动载体实时精密导航要求而发展起来的。它的出现，使航海、航空发生了一次重大革命。随着导航理论和技术的进步和 GPS 接收机价格的一降再降，目前，GPS 的导航应用已涉及海、陆、空运动载体的实时定位，以及交通管理与监控等各个领域，如航天、航空器的精密导航、船舰导航、车辆的交通引导与监控管理等等。

GPS 导航与传统的导航技术比较，具有更快、更准、更灵活、更廉价和全球性、全天候等诸多优点，它还可以与数字化地图（航行图）相结合，随时随地显示运动载体在地图上的位置，并为用户选择抵达目的地的最佳路线，从而大大缩短航行时间，节省费用。

1991 年春天，美国在海湾战争中成功地应用 GPS 技术，他们为部队装备了上千台 GPS 导航接收机（如图 1-8b），使武器的命中率大为提高，使各部队更好地在大沙漠中协同作战，为捕获最佳战机，以最小的伤亡换取最大的胜利，发挥了重大作用。战后，对 GPS 技术在现代战争中的作用有这样的评价：GPS 技术是武器威力的“倍增器”。

GPS 导航定位技术在导航方面应用的最主要特点是：实时、动态和长距离。因而，通常使用测码（P 码或 C/A 码）伪距实时动态定位模式。根据对导航精度要求的不同，还可分为实时动态 GPS 单点定位导航方式和实时动态差分 GPS 定位导航方式两类。下面，就此两类导航方式的应用作进一步说明。

一、实时动态单点定位导航的应用

这种定位导航方式最简单，用户只需在运动载体上安置一台有码 GPS 接收机，接收 GPS 卫星发送的测码伪距信号（P 码和 C/A 码），并根据单点定位原理进行实时解算，便可测定运动载体相应于观测（采样）历元的瞬时三维位置、三维速度，甚至还可提供航行方位、航程和最佳航行路线，并在数字化航行图上显示运动载体的实时位置，使用户一目了然。由于是实时动态单点定位，因此定位精度较差，当使用 P 码时，约 5～10m；使用 C/A 码时，约 20～40m（卫星不实施 SA 和 A-S 技术时）。这种导航方式，主要应用于航天、航空器（如地球卫星、航天飞机、飞机、火箭）、船舰、车辆的在航导航和测定时间等方面。

如果运动载体上除安置了 GPS 接收机外，还有数据传输与通信设备，则可将载体的实时位置和其它有关信息，传输给交通管理中心或指挥中心，而管理（指挥）中心便可对运动载体进行监控、调度，实现遥控的目的。这种复合导航系统，已成功地应用于公安系统、银行系统、城市公共交通系统、旅游业，以及报警与救援等工作中。

二、实时动态差分 GPS 定位导航的应用

实时动态差分 GPS 定位技术，即 DGPS 技术，它的工作原理和施测方法，在第七章和第八章中已详细讨论过。该导航系统由基准站 GPS 接收机、数据（传输）链和运动载体 GPS 接收机及数据实时处理等设备组成。它由于采用了差分定位模式，因而可有效地削弱卫星星

历误差、信号传播误差和时钟误差等对定位精度的影响，使实时动态差分定位精度较实时动态单点定位精度有较大幅度的提高，当使用 P 码时，定位精度约 1m；使用 C/A 码时，定位精度约 3～5m。

这种使用单个基准站的精密导航系统，在数据链的有效作用距离（可长达 1 000km）内，可应用于飞机进场与降落、船舰进港，以及其它运动载体的精密导航与监控管理。

为了扩大精密导航的覆盖范围，可布设由多个基准站组成的局域差分 GPS 导航系统（LADGPS—Local Area DGPS），或广域差分 GPS 导航系统（WADGPS—Wide Area DGPS）。它们可以在更大区域内实现精密导航，并提高导航系统的可靠性。

9.6.1 在大气物理学中的应用简介

大气物理学研究的内容很多，这里所讨论的是如何利用 GPS 技术探测电离层中电子密度的问题。

我们知道，在距离海平面 50～1 000km 高度的大气层是电离层。由于太阳辐射的作用，电离层中的部分气体分子将被电离而形成大量的自由电子和正离子。随着太阳辐射强度的变化（有昼夜变化、季节性变化、太阳活动的 11 年周期变化等），电离层中所含的自由电子的密度也随之发生剧烈的变化（可相差几倍至十几倍）。对这种变化的探测和定量描述，对于无线电通信和航天、航空、航海的安全至关重要。探测电离层活动情况，有各种各样的方法和手段，其中 GPS 技术是一种既方便又经济的一种手段。

下面，我们简要讨论一下 GPS 技术探测电离层电子密度的基本原理。

GPS 信号由 GPS 卫星发射后，将穿过电离层和对流层，然后到达 GPS 接收机进行伪距测量。信号穿过电离层时，将产生时间延迟 δt，使根据所测定的 GPS 信号传播时间 Δt 求得的站星距离发生偏差，这就是电离层折射误差。

对于载波相位测量而言，L_1 和 L_2 载波的电离层折射改正分别为：

$$\Delta D_{\text{iono}}^{L_1}=\frac{A}{f_1^2}\quad \Delta D_{\text{iono}}^{L_2}=\frac{A}{f_2^2} \tag{9-4}$$

式中，$A=-40.3\,c\int_s N_e\,dS$　　（9-5）

f_1、f_2 分别是 L_1、L_2 载波信号的频率；

co 为电磁波在真空中的传播速度；

Ne 为电离层中的电子密度。

在载波相位测量定位中，是想办法求得电离层折射改正量，或者想办法消除电离层折射的影响，以求得不受该折射影响的站星几何距离的。其中有一种办法是由 L_1 和 L_2 的载波相位观测值 φ_1 和 φ_2 组成所谓的宽巷观测值 $\Delta\varphi$（$\Delta\varphi=\varphi_1-\varphi_2$）和窄巷观测值 $\sum\varphi$（$\sum\varphi=\varphi_1+\varphi_2$）。由于宽巷观测值和窄巷观测值的电离层时延分别为：

$$\begin{cases}(\delta t)_W=\dfrac{A}{f_1\cdot f_2}\\[2ex](\delta t)_N=-\dfrac{A}{f_1\cdot f_2}\end{cases} \tag{9-6}$$

它们大小相等，符号相反。因此，在载波相位测量定位中，可对宽巷观测值和窄巷观测值取中数，即：

$$\varphi_C' = \frac{1}{2}(\Delta\varphi + \sum\varphi) \tag{9-7}$$

便可消除电离层折射对定位结果的影响。

反之，为了求得电离层折射的信息，可将宽巷观测值与窄巷观测值相减得：

$$\frac{1}{2}(\Delta\varphi - \sum\varphi) = \frac{A}{f_1 \cdot f_2}，\ 即 A = \frac{f_1 \cdot f_2}{2}(\Delta\varphi - \sum\varphi) \tag{9-8}$$

由上式和式（9-4）可得：

$$\begin{cases} \Delta D_{\text{iono}}^{\text{L}_1} = \dfrac{A}{f_1^2} = \dfrac{1}{2} \cdot \dfrac{f_2}{f_1}(\Delta\varphi - \sum\varphi) \\ \Delta D_{\text{iono}}^{\text{L}_2} = \dfrac{A}{f_2^2} = \dfrac{1}{2} \cdot \dfrac{f_1}{f_2}(\Delta\varphi - \sum\varphi) \end{cases} \tag{9-9}$$

因而，我们便能够由双频载波相位观测值φ_1和φ_2，组成宽巷观测值$\Delta\varphi$和窄巷观测值$\sum\varphi$，并用式（9-9）求得电离层折射对 L_1 和 L_2 载波伪距测量值的影响，用式（9-8）求得系数 A。

由式（9-5）知，系数 A 是电离层电子密度 Ne 的函数。依此，我们便可反演电离层电子密度信息。至于如何反演，不再细述，有兴趣的读者，可查阅有关资料。

参考文献

边馥苓，GIS 地理信息系统原理与方法，北京：测绘出版社，1996。

蔡宏翔，GPS 技术在济南国际机场定位定向中的应用，地壳形变与地震，1996，16（增刊）。

蔡宏翔，琼州海峡跨海工程高精度 GPS 控制网的建立，测绘科技通讯，1998，2。

蔡宏翔、王昆杰，双频 GPS 接收机天线相位中心的测定，陕西天文台台刊，1994，17。

蔡宏翔、陈尊充，GPS 水准测定正常高的方法及汕头特区实测结果分析，勘察科学技术，1996，1。

蔡宏翔、刘经南、葛茂荣，青藏高原地壳运动与形变的 GPS 研究，陕西天文台台刊，1996，19。

陈刚、曾云、胡友健，用 GPS 进行短基线平面控制测量的精度分析，城市勘测，2001，4。

陈健、晁定波，椭球大地测量学，北京：测绘出版社，1989。

陈俊勇，地面参照系的现代定向理论和地球自传运动，北京：测绘出版社，1991。

陈世范，GPS 气象观测应用的研究进展与展望，气象学报，1999（57），2。

程新文等，测量与工程测量，武汉：中国地质大学出版社，2000。

杜道生、陈军、李征航，RS、GIS、GPS 的集成与应用，北京：测绘出版社，1995。

傅文祥、潘宝玉，GPS 网不同加密方式对点位精度影响的探讨，测绘通报，1999，3。

高布锡，天文地球动力学原理，北京：科学出版社，1997。

高井祥、张华海、余学祥，GPS 网与地面网约束条件的序贯平差，河海大学学报，1999（27），1。

高星伟、葛茂荣，GPS/GLONASS 单点定位的数据处理，测绘通报，1999，4。

葛茂荣、过静珺、葛胜杰，GLONASS 卫星坐标的计算方法，测绘通报，1999，2。

管泽林、宁津生，地球形状及外部重力场，北京：测绘出版社，1981。

国家质量技术监督局，GB/T 18314—2001 全球定位系统（GPS）测量规范，北京：中国标准出版社，2001。

韩明锋、丁万庆、谢世杰，GPS 误差概论，测绘通报，1999，5。

胡明城、鲁福，现代大地测量学（上、下册），北京：测绘出版社，1993。

胡友健等，用 GPS 快速静态定位进行短基线平面控制测量的试验，矿山测量，2002，1。

金标仁、申文斌、晁定波，地球动力学参考系理论，武汉：原武汉测绘科技大学出版社，1994。

金国雄、刘大杰、施一民，GPS 卫星定位的应用与数据处理，上海：同济大学出版社，1994。

李德仁，GPS 用于摄影测量与遥感，北京：测绘出版社，1996。

李德仁、关泽群，空间信息系统的集成与实现，武汉：原武汉测绘科技大学出版社，2000。

李延兴、胡新康、赵承坤，GPS 监测网数据处理方案研究，测绘学报，1999（28），1。

李征航、徐德宝、董挹英、刘彩璋，空间大地测量理论基础，武汉：原武汉测绘科技大学出版社，1998。

刘基余、李德仁等，GPS 动态载波相位测量的航摄飞行试验及其分析，导航，1995，2。

刘基余等，全球定位系统原理及其应用，北京：测绘出版社，1993。

刘经南、陈俊勇等，广域差分 GPS 原理和方法，北京：测绘出版社，1999。

卢双珍，DGPS 在土地利用调查中的应用——以昆明市呈贡县大渔村小流域土地利用调查为例，应用技术，遥感信息，2002，6。

陆仲连、吴晓平，人造地球卫星与地球重力场，北京：测绘出版社，1994。

罗和平，GPS 测算法及其实现研究，硕士研究生学位论文，武汉：原武汉测绘科技大学出版社，2000。

马杏垣，中国岩石圈动力学纲要，国家地震局编委会编，中国岩石圈动力学图集，北京：地质出版社，1987。

宁津生、陈军、晁定波，数字地球与测绘，北京和广州：清华大学出版社、暨南大学出版社，2001。

孙礼、王银锋、何川、张其善，GPS 信号捕获与跟踪策略确定及实现，北京航空航天大学学报，1999（25），2。

童铠，卫星导航系统在我国的应用与发展，中国空间技术研究院，计算机世界网，2001，1。
王侠、于相慧、赵明晶、王宸生，人造卫星轨道要素的计算，吉林地质，1999（18），2。
王泽民、张学廉，昼夜垂直角时序观测值的频谱分析，大气折射研究专辑，武汉：原武汉测绘科技大学出版社，1992。
魏子卿、葛茂容，GPS 相对定位的数学模型，北京：测绘出版社，1998。
吴延忠、李贵琦，地球同步卫星定位，北京：解放军出版社，1992。
肖景林、王怀章，GPS 测量技术及展望，东北水利水电，1999，3。
熊永清，GPS 卫星填空分布函数及其对精密定位路查椭球的影响，上海天文台年刊，1999，20。
熊永清，双星定位系统中的几何方法定轨，上海天文台年刊，1999，20。
薛锋、罗昀，浅论千兆网环境下的城市公众 GIS，测绘科学，2003，2。
薛培元译，2000 年世界航天大事，Space News，2000，12。
余学祥、张华海，GPS 网平面坐标转换的约束平差，工程勘察，1999，3。
於宗俦、鲁林成，测量平差基础，北京：测绘出版社，1983。
张公忠，现代网络技术教程，北京：电子工业出版社，2000。
张献州、齐华，GPS 与 GIS 结合的现状与发展，铁路航测，1999，2。
钟连琨，GPS 网观测方案的精度估算及优化，工程勘察，1999，2。
周泽远等，电测波测距原理，北京：测绘出版社，1998。
周忠谟等，GPS 卫星测量原理与应用，北京：测绘出版社，1997。
朱华统，常用大地坐标系及其变换，北京：解放军出版社，1990。
祝永刚、徐正扬，惯性测量系统的原理与应用，北京：测绘出版社，1989。
Air Force Space Command Capstone Requirements Document for Global Positioning，Velocity, and Time Determination Capbility, July 23,1997.
Assistant Secretary of Defense For Command, Control, Communications, and Intelligence ，Global Positioning System Standard Positioning Service Performance Standard,Department of Defence，October, 2001.
Bisnath, Richard B. Langley，GPS Phase-Connected, Precise Point Positioning of Low Earth Orbiters, Poster Presented at GNSS 2001, May,8—11,2001.
Cheng Ho，First Chinese Navsat In Operation, Space Daily，Nov. 22, 2000.
Department of Defense World Geodetic System 1984，National Imagery and Mapping Agency Technical Report, NIMA TR8350.2 Third Edition, January 3,2000.
Frank Van Diggelen and Charles Abraham, Indoor GPS: The No-Chip Challenge,GPS World，September 1, 2001.
Global Positioning System (GPS) III System Definition And Risk Reduction (Sd/Rr),Statement Of Objectives (Soo) ，August 30，2001.
GPS Joint Program Office,ICD-GPS-200: GPS Interface Control Document,ARINC Research,1997.
H. Brown, Secretary，A Technical Report to the Secretary of Transportation on a National Approach to Augmented GPS Services, U.S. Department of Commerceronald，December, 1994.
Hoffmann-Wellenhof, B. H. Lichtenegger, and J. Collins,GPS: Theory and Practice,3rd ed,New York: Springer-Verlag, 1994.
John A. Volpe Nationgal Transportation System Center,Vulnerability Assessment of the Transportation Infrastructure Relying on the Global Positioning System，Final Report, August 29, 2001.
Joint Direct Attack Munition, The Boeing Company Military Aircraft and Missile Systems，April, 2001.

Kaplan, Elliott D. ed., Understanding GPS: Principles and Applications. Boston: Artech House Publishers,1996.

Leick, Alfred, GPS Satellite Surveying, 2nd. ed, New York: John Wiley & Sons,1995.

Mr. J. R. Ryan，GPS Risk Assessment Study，Final Report, Air Transport Association，January,1999.

National Imagery and Mapping Agency, Department of Defense World Geodetic System 1984: Its Definition and Relationship with Local Geodetic Systems, NIMA TR8350.2 Third Edition, Bethesda, MD: National Imagery and Mapping Agency, July 4,1997.

Nicholas Johnson, David Rodvold, Tsikada and Parus, Europe and Asia in Space 1993, WAAS Independent Review Board Completes Report Federal Aviation, Administration for Immediate Release，April 10, 2001.

On the Implementation of the Federal Target Program “Global Navigation System”(GLONASS)，Ministry of Foreign Affairs of the Russian Federation，December 26, 2001.

Parkinson, Bradford W. and James J. Spilker ,eds., Global Positioning System: Theory and Practice, Volumes I and II,Washington, DC: American Institute of Aeronautics and Astronautics, Inc., 1996.

Proposal for a Council Regulation on the establishment of the Galileo Joint Undertaking Brussels, Commission of the European Communities 20.6.2001COM(2001) 336 final2001/0136 (CNS).

Public Release Version，NAVSTAR GPS User Equipment Introduction, September, 1996.

The White House Office of Science and Technology Policy National Security Council，U.S. Global Positioning System Policy, March 29, 1996.

Time Service Dept, U.S. Naval Observatory, DCUSNO NAVSTAR Global Positioning System, Department of Defense (DoD) and the Department of Transportation (DoT),1994.

Todd Walter，WAAS MOPS: Practical Examples, Stanford University，1997.

Erik Masella, Michel Gonthier and Michel Dumaine，Precise Kinematic Positioning Experiments with a Low-Cost RTK GPS Engine，the IEEE PLANS'98 Conference Proceedings,1998.

Wells, David, ed Guide to GPS Positioning, Fredericton, NB, Canada: Canadian GPS Associates, 1989.

www.garmin.com，GPS Guide for beginner, Garmin Corporation, 2000.

附录 术语及缩写词

英文	英文缩写	中文
Aberration of Light		光行差
Absolute Positioning		绝对定位
Acceleration due to the Atmospheric Drag		大气阻力摄动加速度
Acceleration due to the Non-spherical and Inhomogeneous Mass Distribution within the Earth		非球形引力摄动加速度
Accelerations due to Direct and Earth-reflected Solar Radiation Pressure		太阳光压、地球反射光压
Accelerations due to Earth and Oceanic Tides		固体潮和海潮摄动加速度
Accelerations due to the Sun and the Moon		日、月引力摄动加速度
Adjustment		平差
Age of Data Offset	ADO	数据龄期
Almanac		星座历书
Altitude		高程
Ambiguity		整周模糊度
Amplitude of the Harmonic Correction Term to the Angle of Inclination		轨道倾角调和改正项振幅
Amplitude of the Harmonic Correction Term to the Argument of Latitude		纬度幅角调和改正项振幅
Amplitude of the Harmonic Correction Term to the Orbit Radius		卫星地心距调和改正项振幅
Analytical Integration		分析法
Anomalistic Year		近点年
Anti-Spoofing	A-S	反电子欺骗
Apparent Annual Motion		周年视运动
Apparent Diurnal Motion		周日视运动
Apparent Solar Time		视太阳时
Arbitrary Projection		任意投影
Arc Measurement		子午圈弧度测量法
Argument of Perigee		近地点角距

Aristotle		亚里斯多德（希腊哲学家）
Ascension		阿松森群岛
Astronomical Coordinate System		天文坐标系
Astronomical Distance		向径
Astronomical Latitude		天文纬度
Astronomical Longitude		天文经度
Astronomical Meridian Plane		天文子午面
Atmospheric Refraction		大气折射
Atomic Second		原子秒
Atomic Time	AT	原子时
Authalic Projection		等积投影
Authorized Users		特许用户
Autumnal Equinox		秋分点
Backup Master Control Station		备用主控站
Barycentric Dynamic Time	BDT	太阳系质心力学时
Beidou Navigation System		北斗导航系统
Bessel		白塞尔（德国天文学家）
Besselian Year		白塞尔年
Bit Per Second	BPS	比特率
Bureau International de l'Heure	BIH	国际时间局
Calendar		历法
Canis Majo		大犬座
Carrier Beat Phase Measurements		载波相位测量
Carrier Phase		载波相位
Celestial Axis		天轴
Celestial Coordinate Systems		天球坐标系
Celestial Equator		天球赤道
Celestial Meridian		天球子午线
Celestial Poles		天极
Celestial Sphere		天球
Central Gravitational Force		中心引力
Central Meridian		中央子午线（轴子午线）
Cesium	CS	铯钟
Clock Bias		钟差影响
Clock Correction Parameters		时钟改正参数

Clock Date Reference Time		卫星钟参考历元
Clock Pulse		时标脉冲（钟脉冲）
Coarse/Acquisition Code	C/A	C/A 码
Colorado		科罗拉多
Conservative Force		保守力
Constant of Gravitation		引力常数
Control Segment		(GPS)地面监控部分
Conventional Inertial System	CIS	协议惯性坐标系
Conventional International Origin	CIO	国际协议原点
Conventional Terrestrial Pole	CTP	协议地极
Conventional Terrestrial System	CTS	协议地球坐标系统
Correlation Matrix		协因数阵
Covariance		协方差
Cycle Slip		整周跳变（周跳）
Cygnus		天鹅座
Data Message		数据码
Datum-centered Ellipsoid		总地球椭球
Declination		赤纬
Defence Mapping Agency	DMA	(美国)国防部制图局
Deflection of Vertica		垂线偏差
Deneb		天津四
Department of Defense	DoD	美国国防部
Diego Garcia		迭哥伽西亚
Differential GPS	DGPS	差分 GPS
Dilution of Precision	DOP	精度因子
Direct Solar Radiation Pressure		直接太阳光压
Dispersion		弥散现象
Displacement Phase		相位移
Dissipative Force		耗散力
Disturbing Potential		摄动位
Doppler Shift		多普勒频移
Draconic Year		交点年
Dragon		天龙座
Dual Difference	DD	双差
Dynamic Time	DT	力学时

Earth Ellipsoid		地球椭球
Earth Orientation Parameter	EOP	地球定向参数
Earth-reflected Solar Radiation Pressure		地球反射光压
Eccentric Anomaly		偏近点角
Eccentricity		轨道椭圆偏心率
Ecliptic		黄道
Ecliptic Poles		黄极
Elements of Coordinate System		轨道坐标系
Ellipsoid of Gyration		旋转椭球
Ellipsoidal Height		大地高
Ephemeris Second		历书秒
Ephemeris Time	ET	历书时
Epoch		历元
Epoch of Perigee Passage		卫星过近地点的时刻
Equal-angle Projection		等角投影
Eratosthenes		埃拉托色尼斯（希腊天文学家）
Error Equation		误差方程
European Commission	EC	欧盟委员会
European Geo-stationary Navigation Overlay Service	EGNOS	欧洲地球静止卫星导航增强系统
European Space Agency	ESA	欧洲空间局
Excess Path Length		过剩路径长度
Fast Ambiguity Resolution Approach	FARA	快速解算整周未知数方法
Federal Aviation Administration	FAA	美国联邦航空局
Feedback Shift Register		反馈移位寄存器
Fictitious Year		假年
First Eccentricity		椭球第一偏心率
Flattening Factor		扁率
Frme		帧
Gaithersburg		盖茨堡
Galileo Program		伽利略计划（欧盟）
Gate Circuit		门电路
Gauss-Kruger Planimetric Rectangular Coordinate System		高斯－克吕格平面直角坐标系

Gauss-Kruger Projection		高斯－克吕格投影
Geocentric Celestial Sphere		地心天球
Geocentric Geodetic Coordinate System		地心大地坐标系
Geocentric Space Rectangular Coordinate System		地心空间直角坐标系
Geodetic Latitude		大地纬度
Geodetic Longitude		大地经度
Geoid		大地水准面
Geoid Separatio		大地水准面差距
Geometric DOP	GDOP	几何精度因子
Geostationary Earth Orbit Satellite		地球同步卫星
Geostationary Satellite		地球同步卫星
Global Navigation Satellite System	GLONASS	全球导航卫星系统(俄罗斯)
Global Navigation Satellite System	GNSS	全球卫星导航系统（欧盟）
GPS Constellation		GPS 卫星星座
Gradient		梯度
Gravitational Equipotential Surface		重力等位面
Gravitational Potential Function		引力位函数
Gravitational Shift		引力频移
Greenwich Apparent Sidereal Time	GAST	格林尼治视恒星时（瞬时春分点的格林尼治恒星时）
Gregorian Calendar		格里历
Ground Antenna		注入站
Ground Earth Station		地球站(WAAS)
Hand Over Word	HOW	交接字
Hawaii		夏威夷
Hipparchus		依巴谷（希腊天文学家）
Horizontal DOP	HDOP	水平精度因子
Hour Circle		时圈
Hyperbolic Navigation System		双曲线导航系统
Imaginary Sphere		虚球
Inclination of Orbit		轨道面倾角
Inclination of Orbit at Reference Time		参考时刻轨道倾角
Inertial Navigation		惯性导航
Inertial System		惯性坐标系

Initial Astronomical Meridian Plane		起始天文子午面
Initial Epoch		起始历元
Initial Geodetic Meridian Plane		起始大地子午面
Initialization		初始化
Instantaneous Celestial Systems	ICS	瞬时天球坐标系
Instantaneous Orbital Elements		瞬时轨道根数
Instantaneous Pole		瞬时极
Instantaneous Rotation Axis		瞬时自转轴
Instantaneous Terrestrial System	ITS	瞬时地球坐标系
International Astronomical Union	IAU	国际天文联合会
International Atomic Time	IAT	国际原子时
International Earth Rotation Service	IERS	国际地球自转服务组织
International Union of Geodesy and Geophysics	IUGG	国际大地测量与地球物理联合会
Ionosphere		电离层
Ionospheric Delay		电离层延迟
Ionospheric Delay Model Parameters		电离层折射参数
Ionospheric Refraction		电离层折射
Issue of Data, Ephemeris	IODE	星历参数发布
Issue of Data,Clock	IODC	卫星钟参数发布
Johannes Kepler		开普勒（德国天文学家）
Joint Direct Attack Munition	JDAM	联合制导攻击武器
Julian Calendar		儒略历
Julian Day	JD	儒略日
Kepler Ellipse		开普勒椭圆
Kepler Orbital Element		开普勒轨道根数
Keplerian Motion		开普勒运动
Keplerian Orbit		开普勒轨道
Kepler's Equation		开普勒方程
Kinematic Positioning		动态定位
Kepler's Three Laws of Planetary Motion		开普勒三大定律
Kinematic Absolute Positioning with Carrier Beat Phase Measurements		载波相位测量动态绝对定位

Kinematic Absolute Positioning with Pseudo Range Measurements		测码伪距动态绝对定位
Krasovski Ellipsoid of 1938		克拉索夫斯基椭球 1938
Kwajalein		卡瓦加兰
Lagrange's Perturbation Equations		拉格朗日受摄运动方程（拉格朗日行星运动方程）
Latitude		纬度
Leap Second		闰秒（跳秒）
Level Surface		水准面
Linearized Equation		线性化方程
Local Area Differential GPS	LADGPS	局域差分 GPS
Local Ellipsoid		参心椭球
Local Ellipsoidal Coordinate System	LECS	参心坐标系
Long Period Perturbation		长周期摄动
Long Range Navigation	LORAN	罗兰（系统）
Longitude		经度
Lunar Calendar		太阴历
Lunisolar Calendar		阴阳历
Lyra		天琴座
Magellan, Ferdinand		麦哲伦（葡萄牙航海家）
Magnetic Storm		磁暴
Map Projection		地图投影
Master Control Station		GPS 主控站
Mathematical Expectation		数学期望
Maximum Likelihood Estimate		最大似然估计法
Mean Anomaly		平近点角
Mean Anomaly at Reference Time		参考时刻平近点角
Mean Ecliptic Longitude		太阳平黄经
Mean Equatorial Sun		赤道平太阳
Mean Observatory		平均天文台
Mean Motion Difference from Computed Value		平均运行速度差
Mean Pole		平均极点
Mean Sidereal Time		平恒星时
Mean Solar Day		平太阳日

Mean Solar Time		平太阳时
Method of Least Squares		最小二乘法
Minimum Variance Unbiased Estimate		最小方差无偏估计量
Modelocked Laser		锁模激光
Modulated Light		调制光波
Modulator		调制器
Modulo-2 Sum		模二相加
Monitor Station		GPS 监测站
Moon's Path		白道
Multipath		多路径效应
Narrow Lane		窄巷
National Bureau of Standards	NBS	（美国）国家标准局
Naval Weapon Laboratory	NWL	(美国)海军武器实验室
Navigation Message		导航电文
Navigation System Timing and Ranging/ Global Positioning System	NAVSTAR/GPS	授时与测距导航系统/全球定位系统
Navy Navigation Satellite System	NNSS	海军导航卫星系统
Necessary Observation		必要观测
Negative Leap Second		负跳秒
Newcomb Theory		纽康理论
Newtonian Perturbation Equations		牛顿受摄运动方程
Non-Inertial System		非惯性坐标系
Normal		法线
Normal Distribution		正态分布
Normal Equation		法方程
Normal Population		正态总体
North Celestial Pole	NCP	北天极
North Ecliptic Pole		北黄极
Number of Satellites Visible		可视卫星的数量
Numerical Integration		数值法
Nutation		章动
Nutation Ellipse		章动椭圆
Obscura		掩星
Observation Equation		观测方程
On-board GPS-based Autolanding System		机载 GPS 自动着陆系统

Orthometric Elevation		正高
Orthomorphic Projection		正形投影
Osculating Orbital Elements		密切轨道根数
Perspective Projection		透视投影
Perturbative Force		摄动力
Perturbed Motion		受摄运动
Perturbed Orbit		摄动轨道
Perturbed Orbit Correction Parameters		轨道摄动改正参数
Pitch		俯仰角
Plumb Line		铅垂线
Polar Displacement		极移
Polaris		北极星
Polynomial Coeffients of Satellite Vehicle Clock Correction		卫星钟差改正参数
Posidonius		波斯丹尼（希腊地理学家）
Position DOP	PDOP	空间精度因子
Positive Leap Second		正跳秒
Precession		岁差
Precise Code		P 码
Precise Positioning Service	PPS	精密定位服务
Precision Estimation		精度估计
Prime Meridian		起始天文子午线
Projection		投影
Pseudo Body-fixed System		准地固坐标系
Pseudo Random Noice	PRN	伪随机噪声码
Pseudo Range		伪距
Pseudo Range Measurements		伪距测量
Pseudo Range Observation Equation		伪距观测方程
Pulse Counter		脉冲计数器
Pulser		脉冲发生器
Pythagoras		毕达哥拉斯（希腊哲学家）
Random Error		偶然误差
Random Noice		随机噪声码
Ranging Code		测距码
Rank		秩

Rate of Inclination Orbit		轨道倾角变率
Rate of Right Ascension		升交点赤经变率
Real Time Kinematic	RTK	实时动态相对定位技术
Received Pulse		反射脉冲
Receiver Clock Bias		接收机钟差
Redundant Observations		多余观测
Reference Ellipsoid		参考椭球
Reference Point		参考点
Reference Pulse		参考脉冲
Reference Time Ephemeri		卫星星历参考历元
Related Function		自相关系数
Relative Positioning		相对定位
Right Ascension	RA	赤经
Right Ascension of Ascending Node		升交点赤经
Right Ascension of Ascending Node at Reference Time		参考时刻升交点赤经
Rigid Body		刚体
Roll		横滚角
Royal Greenwich Observatory	RGO	格林尼治天文台
Rubidium	RB	铷钟
Sampling		抽样
Satellite Clock Bias		卫星钟差
Satellite Elevation		卫星高度角
Satellite Elevation Mask Angle		卫星高度截止角
Satellite Laser Ranging	SLR	激光测卫
Satellite Tracking Station		跟踪站
Satellite Vehicle Accuracy		卫星精度
Satellite Vehicle Ephemeris		卫星星历
Satellite Vehicle Heath		卫星工作状态（健康状态）
Schriever Air Force Base		施瑞福空军基地
Secular Perturbation		长期摄动
Selective Availability	SA	选择可用性
Semi-major Axis		椭球长半轴
Service Coverage Standard		GPS 服务覆盖标准
Short Period Perturbation		短周期摄动

Sidereal Day		恒星日
Sidereal Hour		恒时小时
Sidereal Minute		恒时分
Sidereal Time	ST	恒星时
Sidereal Year		恒星年
Sideresl Second		恒时秒
Signal Noise Ratio	SNR	信噪比
Single Difference	SD	单差
Sirius		天狼星
Solar Calendar		太阳历
South Celestial Pole	SCP	南天极
South Ecliptic Pole		南黄极
Space Segment		（GPS）空间星座部分
Square Root of the Semi-major Axi		轨道长半轴方根
Squaring Technique		平方解调技术
Standard Deviation		标准差
Standard Epoch		标准历元
Standard Positioning Service	SPS	标准定位服务
Static Absolute Positioning with Carrier Beat Phase Measurements		载波相位测量静态绝对定位
Static Absolute Positioning with Pseudo Range Measurements		测码伪距静态绝对定位
Static Positioning		静态定位
Statistic		统计量
Stop and Go		走走停停法
Subframe		子帧
Super-Station		全站仪
System Error		系统误差
System Time		系统时间
Telemetry Word	TLM	遥测字
Temporal Datum		时间基准
Terrestrial Dynamic Time	TDT	地球力学时
The International Association of Geodesy	IAG	国际大地测量协会
The International GPS Service for Geodynamics	IGS	国际地球动力学 GPS 服务组织

The Johns Hopkins University Applied Physics Laboratory		霍普金斯大学应用物理实验室（美国）
the Law of Areas		面积定律
the Massachusetts Institute of Technology	MIT	麻省理工学院
the Radius of Curvature in the Prime Vertica		卯酉圈曲率半径
Thuban		右枢星
Time Delay		时间延迟
Time DOP	TDOP	接收机钟差精度因子
Transport Ministers of the European Union		欧盟国家交通部长会议
Transverse Ellipsoid Cylindrical Projection		横轴椭圆柱等角投影
Triple Difference	TD	三差
Tropical Year		回归年
Troposphere		对流层
Tropospheric Delay		对流层延迟
Tropospheric Refraction		对流层折射
True Anomaly		真近点角
True Sidereal Time		真恒星时
True Solar Day		真太阳日
True Solar Time		真太阳时
Tsikada-C		契卡达(导航系统)
Two－Body Problem		二体问题
Undisturbed Motion		无摄运动
Undisturbed Orbit		无摄轨道
Universal Coordinated Time	UCT	协调世界时
Universal Time	UT	世界时
User Segment		（GPS）用户设备部分
Validity Time		时效
Variance		方差
Variance-covariance matrix		方差－协方差阵
Vega		织女星
Vernal Equinox		春分点
Vertical DOP	VDOP	垂直精度因子
Very Low Frequency	VLF	甚低频

Week No		星期编号
Wide Area Augmentation System	WAAS	广域增强系统
Wide Lane		宽波(宽巷)
Wide-area Master Station		主控站(WAAS)
Wide-area Reference Station		参考站(WAAS)
Wild Area Differential GPS	WADGPS	广域差分 GPS
World Geodetic System 1960	WGS-60	1960 年世界大地坐标系
World Geodetic System 1984	WGS-84	1984 年世界大地坐标系
Yaw		航向角
Z Counter		Z 计数
Zero Visibility		零能见度